工程量清单计价一本通系列丛书

钢结构工程工程量清单
计价实务与案例

焦 红 编著

U0391713

中国建筑工业出版社

图书在版编目（CIP）数据

钢结构工程工程量清单计价实务与案例/焦红编著.
北京：中国建筑工业出版社，2014.9
（工程量清单计价一本通系列丛书）
ISBN 978-7-112-17188-0

Ⅰ．①钢…　Ⅱ．①焦…　Ⅲ．①钢结构-建筑工程-
工程造价　Ⅳ．①TU723.3

中国版本图书馆 CIP 数据核字（2014）第 189845 号

　　《钢结构工程工程量清单计价实务与案例》主要研究钢结构工程造价文件编制的基本内容及基本规律。其目的是使从事钢结构工程造价工作的技术人员，具备从理论上清晰明了，从实践上能快速熟练地编制钢结构工程造价文件的能力。

　　本书在编写过程中，力求按照"体现时代特征，突出实用性、创新性"的编写指导思想，吸收现已成熟的钢结构施工新技术和新方法，密切结合现行规范，突出反映工程造价的基本理论和基本原理。在保证基本知识的基础上，本书编写力求对实际工作有一定指导意义，且内容有一定的弹性，钢工程造价案例难度有深有浅，以满足不同层次读者的学习要求。

　　本书主要用于从事建筑工程，特别是钢结构工程造价专业技术人员的专业技术用书，也可作为各大中专院校土木工程、工程造价等相关专业的教学参考书，更可作为建筑工程相关岗位培训的教材以及相关专业选修课的专业用书。

责任编辑：赵晓菲　张　磊
责任设计：张　虹
责任校对：陈晶晶　党　蕾

工程量清单计价一本通系列丛书
钢结构工程工程量清单计价实务与案例
焦　红　编著
*
中国建筑工业出版社出版、发行（北京西郊百万庄）
各地新华书店、建筑书店经销
霸州市顺浩图文科技发展有限公司制版
北京圣夫亚美印刷有限公司印刷
*
开本：787×1092 毫米　1/16　印张：14½　字数：360 千字
2015 年 1 月第一版　　2015 年 1 月第一次印刷
定价：**36.00** 元
ISBN 978-7-112-17188-0
（25432）

前　　言

目前，建筑材料的发展方向是轻质高强，建筑结构的发展方向是大跨、超高层，建筑要绿色、环保，于是钢结构工程大量涌现。特别是 2008 年我国承办奥运会以来，北京及全国各地相继建设了大量的体育场馆，都是钢结构工程。可以说，钢结构工程在我国如雨后春笋般的不断涌现。在这些钢结构工程的建设过程中，我们碰到并解决不少前所未有的钢结构工程技术问题，在设计、施工、造价、项目管理等诸方面都有创新性进步。我们在钢结构工程的发展过程中，不断地总结、完善钢结构工程的建设技术，积累了大量钢结构工程的建设经验。鉴于目前从事钢结构工程的广大技术人员迫切需要深入掌握、细致应用钢结构工程的各方面知识，钢结构工程的工程技术需要迅速普及，单从工程造价角度考虑，我们编写了本书，希望为我国钢结构工程技术的蓬勃发展尽微薄之力。

《钢结构工程工程量清单计价实务与案例》主要研究钢结构工程造价的基本规律，其目的是使从事钢结构工程的技术人员具备编制钢结构工程造价文件的能力。

《钢结构工程工程量清单计价实务与案例》在题材内容上涉及面广，实践性强，它将钢结构工程造价的基本理论、基本原理综合运用，由浅入深的、有条理的、系统的呈现给读者完整的钢结构工程造价编制案例。本书在编写过程中，力求按照"体现时代特征，突出实用性、创新性"的编写指导思想，详述钢结构工程识图、构造及施工的特点，密切结合现行规范，对具体工程实例加以分析、应用，反映基本理论与工程实践的紧密结合。在保证基本知识的基础上，本书编写内容有一定的弹性，有难有易，深入浅出，以便满足不同层次读者的要求。本书力求做到图文并茂、通俗易懂，非常便于教学和自学。

本书主要用于从事建筑工程特别是钢结构工程造价专业技术人员的专业技术用书，也可作为各大中专院校土木工程、工程造价等相关专业的教学参考书，更可作为建筑工程相关岗位培训的教材与相关专业选修课的专业用书。

参加编写本书的作者都具有丰富的钢结构工程实践经验，从事钢结构工程的设计、施工、造价、项目管理且工作在教学一线，有的编者从事建筑工程教学二十几年，可谓积累了大量的教学经验。全书由山东建筑大学焦红统编。山东建筑大学王松岩老师为本书提供大量工程图纸并进行技术指导、山东建筑大学研究生严爽爽进行书稿整理工作。

限于编者水平有限，不足之处在所难免，欢迎发邮件至 289052980@qq.com 提出宝贵意见。

编者

2014 年 5 月

目　录

第1章 绪 论

1.1 我国工程造价与工程造价管理的发展与现状

人们对工程造价的认识是随着时代的发展、生产力的提高和管理科学的不断进步而逐步建立和加深的。造价管理从最初的家居建设项目成本控制，一直发展到现在像三峡工程这样大型的基础设施工程项目的造价管理，人们经历了几千年的不断学习、不断总结经验和不断的探索与创新的过程。而且，至今人们还在不懈地努力，不断地延续这一过程，从而使工程造价和工程造价管理的理论和方法不断地进步和发展，以适应人类社会不断进步的需要。

中华民族是人类对工程造价认识最早的民族之一。在中国的封建社会，许多朝代的官府都大兴土木，这使得工匠们积累了丰富的建筑与建筑管理方面的经验，在经过官员们的归纳、整理，逐步形成了工程项目施工管理与造价管理的理论和方法的初步形态。据我国春秋战国时期的科学技术名著《周礼·考工记》"匠人为沟洫"一节的记载，早在两千多年前我们中华民族的先人就已经规定："凡修沟渠堤防，一定要先以匠人一天的修筑的进度为参照，再以一里工程所需的匠人数和天数来预算这个工程的劳力，然后方可调配人力，进行施工。"这是人类最早的工程预算和工程施工控制与工程造价控制方法的文字记录之一。另据《辑古篆经》的记载，我国唐代的时候就已经有了夯筑城台的定额——功。我国北宋李诚（主管建筑的大臣）所著的《营造法式》一书，汇集了北宋以前建筑造价管理技术的精华。该书中的"料例"和"功限"，就是我们现在所说的"材料消耗定额"和"劳动消耗定额"。这是人类采用定额进行工程造价管理最早的明文规定和文字记录之一。清代的工部（管辖官府建筑的政府部门）所编著的《工程做法》也是体现中华民族在工程项目造价管理理论与方法方面所作历史贡献的一部伟大著作。

但是随着工业革命的到来和资本主义的发展，中华民族开始落后了，这种落后同样也在工程造价管理方面体现出来。

新中国成立后，从1950～1957年，是我国计划经济下的工程项目造价管理概预算定额制度的建立阶段。这一阶段在全面引进、消化和吸收苏联的工程项目概预算管理制暂行度的基础上，我国在1957年颁布了自己的《关于编制工业与民用建设预算的若干规定》。该规定给出了在工程项目各个不同设计阶段的工程造价概预算管理办法，并且明确规定了工程项目概预算在工程造价确定与工程造价控制中的作用。另外当时的国务院和国家计划委员会还先后颁布了《基本建设工程设计与预算文件审核批准暂行办法》、《工业与民用建设设计及预算编制暂行办法》和《工业与民用建设预算编制暂行细则》等一系列国家性的法规和文件。在这一基础上，国家先后成立了一系列的工程标准定额局和处级部门，并于1956年成立了国家建筑经济局。该局随后在全国各地相继成立了自己的分支机构。可以说，从新中国成立到 1957 年这一阶段，是我国在计划经济条件下，工程项目造价管理的体制、工程造价的确定与管理方法基本确立的阶段。

从 1958～1966 年，由于"左倾"错误思想统治了我国的政治、经济以及其他方面，中央放权，工程项目概预算的管理和定额管理的权限全部下放，其结果是造成了全国在工程项目造价管理方法和规则的全面混乱。由于当时只强调算政治账，不算经济账，在这种错误思想的指导下，使得当时许多工程项目概预算部门被撤销，许多设计部门的概预算人员被精简下放。这样就大大地削弱了我国的工程造价管理工作，所以从 1958～1966 年这一阶段是我国刚刚创建的工程造价管理体系、工程造价管理方法与支持体系遭到重创的阶段。

由于文化大革命的开始，从 1967～1976 年，我国工程项目造价管理与工程项目概预算编制单位，以及工程造价定额管理机构不是被撤销，就是被砸烂。刚刚建了起来的工程造价管理队伍和人员或是改行，或是流失。大量刚刚积累起来的工程造价基础资料基本上被销毁。这种倒行逆施，造成了当时许多工程项目处于无设计概算、施工无预算、竣工无决算的混乱局面。虽然在 1973 年国家制定了一套《关于基本建设概算管理办法》，但是这一制度并未得到真正的贯彻落实。所以从 1967～1976 年这一阶段是我国工程项目造价管理的制度、方法以及工作体系和专业人员队伍完全被"极左"的狂热所摧毁和破坏的阶段，是新中国工程项目造价管理体系全面毁灭的阶段。

自 1977 年开始，到 20 世纪 90 年代初期，是我国工程造价管理工作恢复、整顿和发展的阶段。随着国家工作重点向以经济建设为中心的全面转移，从 1977 年我国开始恢复和重建国家的工程造价管理机构。1983 年成立了国家基本建设标准定额局，随后又在1988 年将国家标准定额局从国家计委划归到了建设部，成立了建设部标准定额司。接下来在建设部标准定额司、各专业部委和各省市自治区建委的领导下，组建了各省市和专业部委自己的定额管理机构（定额管理站、定额管理总站等）。这一阶段，全国颁布了大量关于工程造价管理方面的文件和一系列的工程造价概预算定额、工程造价管理方法以及工程项目财务与经济评价的方法和参数等一系列指南、法规和文件。其中最重要的有：《建设项目经济评价方法》、《建设项目经济评价参数》、《中外合资经营项目经济评价方法》、《全国统一建设工程预算基础定额》、《全国统一安装工程预算基础定额》、《建设项目工程招投标管理办法》、《基本建设项目财务管理的若干规定》等。尤其是 1990 年 7 月，中国工程造价管理协会成立以后，我国在工程造价管理理论和方法的研究方面和实践方面都大大加快了步伐。与此同时，国内的许多高等院校和学术机构开始介绍、引进当时国际上先进的工程造价管理理论、方法和技术。这些使得从 1977 年到 20 世纪 90 年代初期这一阶段成为我国在工程造价管理理论和实践方面都获得了快速发展的一个阶段。

自 1992 年开始，随着我国改革力度的不断加大，经济建设的加速和向中国特色的社会主义市场经济的转变，工厂造价管理模式、理论和方法同样也开始了全面的变革。我国传统的工程造价概预算定额管理模式中由于许多计划经济下行政命令与行政干预的影响，已经越来越无法适应市场经济的需要。当时我国的工程造价管理体制、基本理论和方法与改革开放的现实出现了很大的不相容性。因此，自 1992 年全国工程建设标准定额工作会议以后，我国的工程造价管理体制从原来的引进苏联的"量价统一"的工程造价定额管理模式，开始向"量价分离"，逐步实现以市场机制为主导，由政府职能部门实行协调监督，与国际惯例全面接轨的工程项目造价管理新模式的转变。随后的一段时间里，从深圳到上海，从北京到广州，全国各地的工程造价管理机构开始了我国工程造价管理模式、工程造价管理理论和工程造价管理方法的探索和改革，并且不断有许多好的工程造价管理经验和方法在全国获得推广。

从 1995 年开始准备到 1997 年，建设部和人事部共同组织试行和实施全国造价工程师执业资格考试和认证工作。同时，从 1997 年开始由建设部组织我国工程造价咨询单位的资质审查和批准工作。这方面的工作对我国工程项目造价管理的发展带来了很大的促进。现在我国的注册造价工程师和工程造价咨询单位都已经相继诞生。工程造价管理的许多专业性工作已经按照国际通行的中介咨询服务的方式在运作。所有这些进步使得 20 世纪 90 年代后期成了我国工程项目造价管理在适应经济体制转化和与国际工程项目造价管理惯例接轨方面发展最快的一个时期。

随着我国建筑市场的快速发展，招投标制及合同制的逐步推行，我国加入 WTO、与国际接轨等要求，我国工程造价管理工作应逐步走向由政府宏观调控、市场竞争形成建筑工程价格的工程造价管理模式，2003 年 7 月 1 日起实施《建设工程工程量清单计价规范》（GB 50500—2003），使我国计价工作向"政府宏观调控、企业自主报价、市场形成价格、社会全面监督"的目标迈出了坚实的一步。经过修订，《建设工程工程量清单计价规范》（GB 50500—2008），自 2008 年 12 月 1 日起实施。经过 5 年的实施，进一步的修订，《建设工程工程量清单计价规范》（GB 50500—2013），于 2012 年 12 月 25 日发布，2013 年 7 月 1 日实施。

1.2 工程造价与工程造价管理的发展与现状

在资本主义发展最早的英国，从 16 世纪开始出现了工程项目管理专业分工的细化，当时施工的工匠开始需要有人帮助他们去确定或估算一项工程需要的人工和材料，以及测量和确定已经完成的项目工作量，以便据此从业主或承包商处获得应得的报酬。正是这种需要使得工料测算师 QS（Quantity Surveyor）这一从事工程项目造价确定和控制的专门职业在英国诞生了。在英国和英联邦国家，人们仍然沿用这一名称去称呼那些从事工程造价管理的专业人员。也就是说，随着工程造价管理这一专门职业的诞生和发展，人们开始了对工程项目造价管理理论和方法的全面而深入的专业研究。

到 19 世纪，以英国为首的资本主义国家在工程建设中开始推行招标投标制度，这一制度要求工料测算师在工程项目设计完成之后而尚未开展建设施工之前，为业主或承包商进行整个工程工作量的测量和工程造价的预算，以便为项目业主确定标底，并为项目承包者确定投标书的报价。这样工程预算专业就正式诞生了。这使得人们对工程造价管理中有关工程造价的确定理论和方法的认识日益深入，与此同时，在业主和承包商为取得最大投资效益的动机驱动下，许多早期的工料测算师开始研究和探索工程造价管理中有关在工程项目设计和实施过程中，如何开展工程造价管理控制的理论和方法。随着人们对工程造价确定和控制的理论和方法的不断深入研究，一种独立的职业和一门专门的学科—工程造价管理就首先在英国诞生了。英国在 1868 年经皇家批准后成立了"英国特许测量师协会 RICS"（Royal Institute of Charted Surveyors），其中最大的一个分会是工料测算师分会。这一工程造价管理专业协会的创立，标志着现代工程造价管理专业的正式诞生，使得工程造价管理走出了传统的管理阶段，进入了现代工程造价管理的阶段。

从 20 世纪三四十年代开始，由于资本主义经济学的发展，使得许多经济学的原理开始应用到了工程造价领域。工程造价管理从一般的工程造价的确定和简单的工程造价控制的初始阶段，开始向重视投资效益的评估、重视工程项目的经济与财务分析等方向发展。在 20 世纪 30 年代末期，已经有人将简单的项目投资回收期计算、项目净现值分析与计算和项目的内部收益率分析与计算等现代投资经济与财务分析的方法应用到了工程项目投资成本/效益评价中，并且成立了"工程经济学——EE"（Engineering Economics）等与工程造价管理有关的基础理论和方法。同时有人将加工制造业使用的成本控制方法进行改造，并引入到了工程项目的造价控制中。工程造价管理理论与方法的这些进步，使得工程项目的经济效益大大提高，也使得全社会逐步认识到了工程造价管理科学及其研究的重要性，并且使得工程造价管理专业在这一时期得到了很大发展。尤其是在第二次世界大战以后的全球重建时期，大量的工程项目上马为人们进行工程项目造价管理的理论研究和实践提供了许多的机会，由于许多新理论和新方法在这一时期得以创建和采用，使得工程造价管理在这一时期取得了巨大的发展。

到 20 世纪 50 年代，1951 年澳大利亚工料测算师协会 AIQS（Australian Institute of Quantity Surveyors）宣布成立。1956 年，美国造价工程师协会 AACE（American Association of Cost Engineers）正式成立。1959 年，加拿大工料测算师协会 CIQS（Canadian Institute of Quantity Surveyors）也宣布成立。在这一时期前后，其他一些发达国家的工程造价管理协会也相继成立。这些发达国家的工程造价管理协会成立后，积极组织本协会的专业人员，对工程造价管理工作中的工程造价的确定、工程造价的控制、工程风险造价的管理等许多方面的理论和方法开展了全面的研究。同时，他们还和一些大专院校和专业的研究团体合作，深入地进行工程造价的管理理论体系与方法体系的研究。在创立了工程造价的管理的基本理论与方法的基础上，发达国家的一些大专院校又建立了相应的工程造价管理的专科、本科、甚至硕士研究生的专业教育，开始全面培养工程造价管理方面的人才。这使得 20 世纪 50~60 年代，成了工程造价管理从理论与方法的研究，到专业人才的培养和管理实践推广等各个方面都有了很大发展的时期。

从 20 世纪 70~80 年代，各国的造价工程师协会先后开始了自己的造价工程师职业资格认证工作，他们纷纷推出了自己的造价工程师或工料测算师资质认证所必须完成的专业课程教育以及实践经验和培训的基本要求。这些工作对工程造价管理学科的发展起了很大的推动作用。与此同时，美国国防部、能源部等政府部门，从 1967 年开始提出了《工程项目造价与工期控制系统的规范》C/SCSC（Cost/Schedule Control Systems Criteria）。该规范经过反复修订，得到了不断的完善，美国现在使用的《工程项目造价与工期控制系统的规范》就是 1991 年的修订本。英国政府也在这一时期制定了类似的规范和标准，为在市场经济条件下政府性投资项目的工程造价管理理论与实践作出了贡献。特别值得一提的是，在 1976 年，由当时美国、英国、荷兰造价工程师协会以及墨西哥的经济、财务与造价工程学会发起成立了国际造价工程联合会 ICEC（The International Cost Engineering Council），联合会成立后，在联合全世界造价工程师及其协会、工料测算师及其协会和项目经理及其协会三方面的专业人员和专业协会方面，在推进工程造价管理理论与方法的研究与实践方面都作了大量的工作。国际造价工程师联合会成立 20 多年来，积极组织其二十几个会员国的各个造价工程师协会分别或共同工作，以提高人类对工程造价管理理论、方法与实践的全面认识。所有这些发展和变化，使得 20 世纪 70～80 年代成了工程造价管理在理论、方法和实践等各个方面全面发展的阶段。

经过多年的努力，20 世纪 80 年代末至 90 年代初，人们对工程造价管理理论与实践的研究进入了综合与集成的阶段。各国纷纷在改进现有的工程造价确定与控制理论和方法的基础上，借助其他管理领域在理论和方法上的最新的发展，开始了对工程造价管理更为深入而全面的研究。在这一时期，以英国工程造价管理学界为主，提出了"全生命周期造价管理 LCC"（Life Cycle Costing）的工程项目投资评估与造价管理的理论和方法。在稍后一段时间，以美国为主的工程造价管理学界，推出了"全面造价管理 TCM"（Total Cost Management）这一涉及工程项目战略资产管理、工程项目造价管理的概念和理论。自从 1991 年有人在美国造价工程师协会的学术年会上提出全面造价管理这一名称和概念以来，美国造价工程师协会为推动自身发展和工程造价管理理论与实践的进步，在这一方面进行了一系列的研究和探讨，在工程造价管理领域全面造价管理理论和方法的创立与发展做出了巨大的努力。美国造价工程师协会为推动全面造价管理理论和方法的发展，还于 1992 年更名为"国际全面造价管理促进协会"。从此，国际上的工程造价管理研究与实践就进入到了一个全新阶段，这一阶段的主要标志就是对工程项目全面造价管理理论和方法的研究。

但是，自 20 世纪 90 年代初提出全面造价管理的概念至今，全世界对全面造价管理的研究仍然处于有关概念和原理研究上。在 1998 年 6 月，美国辛辛那提举行的"国际全面造价管理促进协会 1998 年度学术年会"上，国际全面造价管理协会仍然把这次会议的主题定为"全面造价管理——21 世纪的工程造价管理技术"。这一主题一方面告诉我们，全面造价管理的理论和技术方法是面向未来的，另一方面也告诉我们全面造价管理的理论和方法至今尚未成熟，但它是 21 世纪的工程造价管理的主流。可以说，20 世纪 90 年代是工程造价管理步入全面造价管理的阶段。

1.3 钢结构工程造价的发展及现状

1.3.1 我国钢结构工程的发展与现状

我国是最早用铁建造结构的国家之一，比较著名的是铁链桥和一些纪念性建筑，比西方国家早数百年。但是在 18 世纪末的工业革命兴起后，西方国家的冶金技术和土木工程得到了快速发展，而此时的中国，由于封建制度下的生产力发展极其缓慢，特别是在新中国成立前的百年历史中，钢结构发展几乎完全停滞。

20 世纪 50～60 年代，在苏联的经济技术援助下，我国钢结构迎来了第一个初盛期，在工业厂房、桥梁、大型公共建筑和高耸构筑物等方面都取得了卓越的成就，至今仍发挥着巨大的作用，如鞍钢、包钢、武钢、沈阳飞机制造厂、大连造船厂、北京体育馆（跨度 57m 的两铰拱）、人民大会堂（跨度 60.9m 的钢屋架）、武汉长江大桥（全长 1670m）等，并且编制了我国第一部钢结构行业规范《钢结构设计规范》（规结 4-54），缩小了与发达国家间的差距。

20 世纪 60 年代中后期至 70 年代，尽管我国冶金工业有了较大的发展，但各部门需要的钢材量也越来越多，国家提出在建筑业节约钢材的政策，并且在执行过程中出现了一定的失误，限制了钢结构的合理使用与发展，钢结构发展进入低潮。但这一时期的行业规范有了实质性的进展，独立编制了《弯曲薄壁型钢结构技术规范草案》（1969 年）、《钢结构工程施工及验收规范》（GBJ 18—66）和《钢结构设计规范》（TJ 17—74），标志着我国的钢结构设计技术已走上了独立发展的道路。

20 世纪 80 年代，我国引进国外现代钢结构建筑技术，如上海宝山钢铁厂（105 万 m^2）、山东石横火力发电厂等，促进了各种钢结构厂房的建成；深圳、北京、上海等地也相继兴建了一些高层钢结构建筑，如深圳发展中心大厦（高 165m，是我国第一幢超过 100m 的钢结构高层建筑）、北京京广大厦（高 208m），迎来了钢结构发展的又一次高峰。

自 20 世纪 90 年代至今，我国钢材产量持续多年世界第一，2004 年的产量达到 2 亿多吨，国家相继出台了多项鼓励建筑用钢政策，使得钢结构行业步入快速发展期，钢结构的发展日新月异，规模更大、技术更新，呈现出数百年来未曾有过的兴旺景象，被称为建筑行业的"朝阳产业"。代表建筑有深圳帝王大厦（高 325m）、上海金贸大厦（高 460m）、上海东方明珠电视塔（高 468m）、水立方、鸟巢、国家大剧院等一大批体量大、跨度大、造型新颖前卫的钢结构建筑不断在全国涌现。在这一时期，网架结构、门式刚架结构、钢管结构、多（高）层钢结构等都得到了快速发展。

尽管我国钢结构发展迅猛，但主要集中应用于工业厂房、大跨度或超高层建筑中，钢结构建筑在全部建筑中的应用比例还非常低，还不到 1%，而美国、瑞典、日本等国的钢结构房屋面积已达到总建筑面积的 40% 左右。我国建筑用钢在钢材总产量中的比例也很低，为 20%～30%，低于发达国家的 45%～55%，而且我国绝大多数建筑用钢是用于钢筋混凝土结构和砌体结构中的钢筋，钢结构用钢（板材、型材等）还不到建筑用钢的 2%。因此，我国钢结构还是一个很年轻的行业，总体水平与西方发达国家相比，仍有较大的差距。

1.3.2　钢结构工程造价的发展与现状

综上所述，钢结构由于具有强度高、自重轻、抗震性能好、施工速度快、地基费用省、占用面积小、外形美观、易于产业化等优点，近年来在我国得以迅速地发展，已逐步改变了由混凝土结构和砌体结构一统天下的局面。尤其是我国建筑业朝着安全、抗震、环保、效益型方向发展，钢结构建筑这一可持续发展的"绿色产业"，成为现代化建筑的必然趋势，是当前乃至今后很长一段时间内我国建设领域和建筑技术发展的重点。

但是，从工程造价角度来讲，钢结构多年来只作为定额的一个分部工程列出，项目不全，步距较大；同时由于钢材材料价格波动频繁，采用定额形式进行钢结构工程计价，不满足当前钢结构的发展要求；应用《计价规范》进行钢结构工程计价，也有不少问题。许多中小型钢结构企业的企业定额没有制备或制备不全，实行清单计价肯定存在很大的难度；另外有些大型钢结构工程由于面临新技术、新材料的问题，国家测算的施工定额也存在严重缺项现象，即项目还需要进一步细化、增加。由此看来，钢结构工程的计量与计价在目前计价规范的基础上要做的工作还很多。再次，从事钢结构工程的技术人员，从从业人数、技术知识、实践经验等各方面，远远没有满足当前编制钢结构工程造价文件的需要，这在一定程度上也制约了钢结构工程的发展。

1.4 《建设工程工程量清单计价规范》

1.4.1 实施

随着我国建设市场的快速发展，招标投标制、合同制的逐步推行，以及加入世界贸易组织（WTO）与国际惯例接轨等要求，工程造价计价依据改革不断深化。为改革工程造价计价方法，推行工程量清单计价，建设部标准定额研究所受建设部标准定额司的委托，于 2002 年 2 月 28 日开始组织有关部门和地区工程造价专家编制了《建设工程工程量清单计价规范》（GB 50500—2003）（以下简称《计价规范》），经建设部批准为国家标准，于 2003 年 7 月 1 日正式实施。

工程量清单计价方法，是建设工程招标投标中，招标人按照国家统一的工程量计算规则提供工程数量，由投标人依据工程量清单自主报价，并按照经评审低价中标的工程造价计价方式。

实行工程量清单计价，是工程造价深化改革的产物；是规范建设市场秩序，适应社会主义市场经济发展的需要；是为促进建设市场有序竞争和企业健康发展的需要；有利于我国工程造价管理政府职能的转变；是适应我国加入世界贸易组织，融入世界大市场的需要。

1.4.2 编制的指导思想和原则

根据建设部令第 107 号《建筑工程施工发包与承包计价管理办法》，结合我国工程造价管理现状，总结有关省市工程量清单试点的经验，参照国际上有关工程量清单计价通行的做法，编制中遵循的指导思想是按照政府宏观调控、市场竞争形成价格的要求，创造公平、公正、公开竞争的环境，以建立全国统一的、有序的建筑市场，既要与国际惯例接轨，又考虑我国的实际。

编制工作除了遵循上述指导思想外，主要坚持以下原则：

（1）政府宏观调控、企业自主报价、市场竞争形成价格的原则。

（2）与现行预算定额既有机结合又有所区别的原则。

（3）既考虑我国工程造价管理的现状，又尽可能与国际惯例接轨的原则。

1.4.3 特点

1. 强制性

强制性主要表现在：（1）由建设主管部门按照强制性国家标准的要求批准颁布，规定全部使用国有资金或国有资金投资为主的大中型建设工程应按《计价规范》规定执行。（2）明确工程量清单是招标文件的组成部分，并规定了招标人在编制工程量清单时必须遵守的规则，做到四统一，即统一项目编码、统一项目名称、统一计量单位、统一工程量计算规则。

2. 实用性

附录中工程量清单项目及计算规则的项目名称表现的是工程实体项目，项目名称明确清晰，工程量计算规则简洁明了；特别还列有项目特征和工程内容。易于编制工程量清单时确定具体项目名称和投标报价。

3. 竞争性

竞争性主要表现在两个方面：(1)《计价规范》中的措施项目，在工程量清单中只列"措施项目"一栏，具体采用什么措施由投标人根据企业的施工组织设计，视具体情况报价。(2)《计价规范》中人工、材料和施工机械没有具体的消耗量，投标企业可以依据企业的定额和市场价格信息，也可以参照建设行政主管部门发布的社会平均消耗量定额进行报价，《计价规范》将报价权交给了企业。

4. 通用性

采用工程量清单计价将与国际惯例接轨，符合工程量计算方法标准化、工程量计算规则统一化、工程造价确定市场化的要求。

5.《建筑工程工程量清单计价规范》(GB 50500-2008) 修订概况

《建筑工程工程量清单计价规范》(GB 50500—2008)（以下简称《08 规范》）是在原《建筑工程工程量清单计价规范》(GB 50500—2003)（以下简称《03 规范》）的基础上进行修订的。《03 规范》实施以来，对规范工程招标中的发、承包计价行为起到了重要作用，为建立市场形成工程造价的机制奠定了基础。但在使用中也存在需要进一步完善的地方，如《03 规范》主要侧重于工程招标投标中的工程量清单计价，对工程合同签订、工程计量与价款支付、工程变更、工程价款调整、工程索赔和工程结算等方面缺乏相应的内容，不适应深入推行工程量清单计价改革工作。

为此，建设部标准定额司于 2006 年开始组织修订，由标准定额研究所、四川省建设工程造价管理总站等单位组织编制组。修订中分析《03 规范》存在的问题，总结各地方、各部门推行工程量清单计价的经验，广泛征求各方面的意见，按照国家标准的修订程序和要求进行修订工作。

《08 规范》新增加条文 92 条，包括强制性条文 15 条，增加了工程量清单计价中有关招标控制价、投标报价、合同价款的约定、工程计量与价款支付、工程价款调整、工程索赔和工程结算、工程计价争议处理等内容，并增加了条文说明。

6.《建筑工程工程量清单计价规范》(GB 50500—2013) 简介

《建筑工程工程量清单计价规范》(GB 50500—2013)（以下简称《2013 规范》）是最新颁布的规范，专业划分更加精细。将《2008 规范》6 个专业重新进行了精细化调整：将建筑、装饰专业进行合并为一个专业，将仿古从园林专业中分开，拆解为一个新专业，同时新增了构筑物、城市轨道交通、爆破工程 3 个专业。这样《13 规范》成为由建筑与装饰、安装工程、市政工程、园林绿化工程、矿山工程、仿古建筑工程、构筑物工程、城市轨道交通工程、爆破工程组成的 9 个专业。

《2013 规范》术语定义更加明确。新增招标工程量清单、已标价工程量清单、工程量偏差等的阐释，同时术语定义更加明确。

《2013 规范》对措施项目提出清晰明确要求，施行综合单价。同时，对非国有投资的项目执行计价方式说明、计价风险说明等条款改为黑色条文。取消定额测定费，增加了工伤保险，与市场发展同步。同时很多条款责任划分更加明确，对于一些纠纷可执行性更强。《2013 规范》新增了"合同解除的价款结算与支付"，明确了发承包双方应承担的责任，提高了工程造价管理的规范性。《2013 规范》新增了"工程计价资料与档案"章节说明，明确了工程造价文档资料管理的规范性。

总的来说，《2013 规范》对工程造价管理的专业性要求会越来越高，同时更好地营造公开、公平、公正的市场竞争环境，以及对争议的处理会越来越明确，可执行性更强。相信《计价规范》会在工程造价领域的应用迈上一个新的台阶。

综上所述，《清单计价规范》是建筑工程计价的主要依据之一。不仅对工程量计算规则、计量单位、小数点等做了具体规定，同时，计价规范还制定了严格的工程量清单、报价及计价等一系列表格，限于篇幅，本书在此不做详述，希望广大读者认真学习并掌握《2013 规范》。

第2章 工程造价基本概念及计价依据

2.1 基本建设程序

2.1.1 基本建设的概念

基本建设是国民经济各部门固定资产的再生产，即是人们使用各种施工工具对各种建筑材料、机械设备等进行建造和安装，使之成为固定资产的过程。其中包括生产性和非生产性固定资产的更新、改建、扩建和新建。与此相关的工作，如征用土地、勘察、设计、筹建机构、培训生产职工等也包括在内。

基本建设一般有5部分的内容：建筑工程，设备安装工程，设备购置，工具、器具及生产家具的购置，其他基本建设工作。

2.1.2 工程建设项目的划分

工程建设项目，是通过建筑业的勘察设计、施工活动以及其他有关部门的经济活动来实现的。它包括从项目意向、项目策划、可行性研究和项目决策，到地质勘察、工程设计、建筑施工、安装施工、生产准备、竣工验收和联动试车等一系列非常复杂的技术经济活动，既包括物质生产活动，又包括非物质生产活动。

建设工程建设项目是一个系统工程，根据工程建设项目的组成内容和层次不同，从大到小，依次可做如下划分：

1. 建设项目

建设项目是指按照一个总体设计或初步设计进行施工的一个或几个单项工程的总体。建设一个项目，一般来说是指进行某一项工程的建设，广义地讲是指固定资产的建构，也就是投资进行建筑、安装和购置固定资产的活动以及与此联系的其他工作。

建设项目一般针对一个企业、事业单位（即建设单位）的建设而言，如某工（矿）企业、某学校等。

为方便对建设工程管理和确定建筑产品价格，将建设项目的整体根据其组成进行科学的分解，可划分为若干单项工程、单位工程、分部工程、分项工程和子项工程。

2. 单项工程

单项工程是指在一个建设项目中，具有独立的设计文件，竣工后可以独立发挥生产能力或效益的工程。如学校中的一栋教学楼、某工（矿）企业中的车间等。单项工程具有独立存在意义，有许多单位工程组成。

3. 单位工程

单位工程是指竣工后不能独立发挥生产能力或效益，但具有独立设计，可以独立组织施工的工程。如教学楼中的土建工程、水暖工程等；生产车间中的管道工程和电气安装工程等。

4. 分部工程

分部工程是单位工程的组成部分。按照工程部位、设备种类和型号、工种和结构的不同，可将一个单位工程分解成若干个分部工程。如土建工程中土石方工程、砌筑工程、屋面工程等。

5. 分项工程

分项工程是分部工程的组成部分，也是建筑工程的基本构成要素。按照不同的施工方法、不同的材料、不同的结构构件规格，可将一个分部工程分解成若干个分项工程。如基础工程中的垫层、回填等。分项工程是可以通过较为简单的施工过程生产出来，并可以适当地计量单位测算或计算其消耗的假想建筑产品。分项工程没有独立存在实用意义，它只是建筑或安装工程构成的一部分，是建筑工程预算中所取定的最小计算单元，是为了确定建筑或安装工程项目造价而划分出来的假定性产品。

综上所述，一个建设项目由一个或几个单项工程组成，一个单项工程由几个单位工程组成，一个单位工程可划分为若干个分部、分项工程。工程概预算的编制工作就是从分项工程开始，计算不同专业的单位工程造价，汇总各单位工程造价形成单项工程造价，进而综合成为建设项目总造价。因此，分项工程是组织施工作业和编制施工图预算的最基本单元，单位工程是各专业计算造价的对象，单项工程造价是各专业的汇总。

2.1.3 基本建设程序

基本建设程序就是基本建设工作中必须遵循的先后次序。它包括从项目设想、选择、评估、决策、设计、施工到竣工验收、投入生产等整个工作必须遵循的先后次序。

基本建设程序的主要阶段包括：项目建议书阶段、可行性研究阶段、设计阶段和建设准备阶段、施工阶段、竣工验收阶段和项目后评估阶段。

建设工程周期长，规模大，造价高，因此，按照建设程序要分阶段进行，相应的也要在不同阶段进行多次计价，以保证工程造价确定与控制的科学性。多次计价是逐步深化、逐步细化、逐步接近实际造价的过程，其计价过程，如图 2-1 所示。

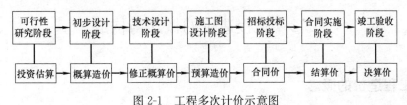

图 2-1 工程多次计价示意图

1. 投资估算

在编制项目建议书阶段和可行性研究阶段，必须对投资需要量进行估算。投资估算是指在项目建议书阶段和可行性研究阶段对拟建项目所需投资，通过编制估算文件预先测算和确定的过程，也称为估算造价。投资估算造价是决策、筹资和控制造价的主要依据。

2. 概算造价

概算造价是指在初步设计阶段，根据设计意图，通过编制工程概算文件预先测算和确定的工程造价。概算造价较投资估算造价准确性有所提高，但它受估算造价的控制。概算造价的层次性十分明显，分为建设项目概算总造价、各个单项工程概算综合造价、各个单位工程概算造价。

3. 修正概算造价

修正概算造价是指在采用三阶段设计的技术设计阶段，根据技术设计的要求，通过编制修正概算文件，预先测算和确定的工程造价。它对初步设计概算进行修正调整，比概算造价准确，但受概算造价控制。

4. 预算造价

预算造价是指在施工图设计阶段，根据施工图纸通过编制预算文件，预先测算和确定的工程造价。它同样受前一阶段所确定的工程造价的控制，但比概算造价或修正概算造价更为详尽和准确。

5. 合同价

合同价是指在工程招投标阶段通过签订《总承包合同》、《建筑安装工程承包合同》、《设备材料采购合同》，以及《技术和咨询服务合同》确定的价格。合同价属于市场价格的性质，它是由承包双方，即商品和劳务买卖双方根据市场行情共同议定和认可的成交价格，但它并不等同于实际工程造价。

6. 结算价

结算价是指在合同实施阶段，在工程结算时按照合同调价范围和调价方法，对实际发生的工程量增减、设备和材料价差等进行调整后计算和确定的价格。结算价是该工程的实际价格。

7. 决算价

决算价是指竣工决算阶段，通过为建设单位编制竣工决算，最终确定的实际工程造价。

工程造价的多次性计价是一个由粗到细、由浅到深、由概略到精确的计价过程，也是一个复杂而重要的管理系统。计价过程各环节之间相互衔接，前者制约后者，后者补充前者。

国家要求，决算不能超过预算，预算不能超过概算。

2.2　工程造价的概念与构成

2.2.1　工程造价的概念

1. 工程造价的定义

目前工程造价有两种含义，但都离不开市场经济的大前提。

第一种含义：工程造价是指建设一项工程预期开支的全部固定资产投资费用。也就是一项工程通过建设形成相应的固定资产、无形资产所需一次性费用的总和。显然这一含义是从投资者——业主的角度来定义的。投资者选定一个投资项目，为了获得预期的效益，就要通过项目评估进行决策，然后进行设计招标、工程招标，直至竣工验收等一系列投资管理活动。在投资活动中支付的全部费用形成了固定资产和无形资产。所有这些开支就构成了工程造价。从这个意义上说，工程造价就是工程投资费用，建设项目工程造价就是建设项目固定资产投资。

第二种含义：工程造价指工程价格。即为建成一项工程，预计或实际在土地市场、设备市场、技术劳务市场，以及承发包市场等交易活动中所形成的建筑安装工程的价格和建设工程总价格。显然，工程造价的第二种含义是以社会主义商品经济和市场经济为前提的。它以工程这种特定的商品形式作为交易对象，通过招投标、承发包或其他交易方式，在进行多次性预估的基础上，最终由市场形成的价格。

通常是把工程造价的第二种含义只认定为承发包价格。应该肯定，承发包价格是工程造价中一种重要的，也是最典型的价格形式。它是在建筑市场上通过招投标，由需求主体投资者和供给主体建筑商共同认可的价格。

所谓工程造价的两种含义是以不同角度把握同一事物的本质。从建设工程投资者来说，面对市场经济条件下的工程造价就是项目投资，是"购买"项目要付出的价格；同时也是投资者作为市场供给主体时"出售"项目时定价的基础。对于承包商、供应商和规划、设计等机构来说，工程造价是他们作为市场供给主体出售商品和劳务价格的总和，或是特指范围的工程造价，如建筑安装工程造价。

区别工程造价两种含义的理论意义在于，为投资者和以承包商为代表的供应商在工程建设领域的市场行为提供理论依据。当政府提出减低工程造价时，是站在投资者的角度充当着市场需求主体的角色；当承包商提出要提高工程造价、提高利润率，并获得更多的实际利润时，是要实现一个市场供给主体的管理目标。这是市场运行机制的必然。不同利益主体绝不能混为一谈。同时，两种含义也是对单一计划经济理论的一个否定和反思。区别两种含义的现实意义在于，为实现不同的管理目标，不断充实工程造价的管理内容，完善管理方法，更好的为实现各自的目标服务，从而有利于推动建筑业乃至整个社会的经济增长。

工程造价的特点依赖于工程建设的特点，工程造价有以下的特点：

（1）工程造价的大额性

能够发挥投资效用的任何一项工程，不仅实物形体庞大，而且造价高昂。工程造价的大额性使它关系到各方面重大经济利益，同时也会对宏观经济产生重大影响。这就决定了工程造价的特殊地位，也说明了造价管理的重要意义。

（2）工程造价的个别性、差异性

任何一项工程都有特定的用途、功能、规模。因此，对每一工程的结构、造型、空间分割、设备配置和内外装饰都有具体要求，所以工程内容和实物形态都有个别性、差异性。产品的差异性决定了工程造价的个别性差异。同时，每项工程所处地区、地段都不同，使这一特点得到强化。

（3）工程造价的动态性

任何一项工程从决策到竣工交付使用，都有一个较长的建设期，而且由于不可控因素影响，在施工期内许多影响工程造价的动态因素，如工程变更、设备材料价格变动、政策性费率、汇率等的变动，这种变化必然会影响到造价的变动。所以，工程造价在整个建设期中处于不确定状态，直至竣工决算后才能最终确定工程的实际造价。

（4）工程造价的层次性

工程造价的层次性取决于工程的层次性，一个工程项目往往含有多项能够独立发挥专业效能的单项工程。一个单项工程又是由能够各自发挥专业效能的单位工程组成。与此相适应，工程造价有 3 个层次：建设项目总造价、单项工程造价和单位工程造价。如果专业分工更细，单位工程（如土建工程）的组成部分——分部分项工程也可以成为交工对象。从造价的计算和工程管理的角度看，工程造价的层次性也是非常突出的。

（5）工程造价的兼容性

造价的兼容性首先表现在它具有两种含义，其次表现在造价构成因素的广泛性和复杂性。在工程造价中，首先，成本因素非常复杂。其中为获得建设工程用地支出费用、项目科研和规划费用与政府一定时期政策（特别是产业政策和税收政策）相关的费用占有相当的份额。再次，盈利的构成也较为复杂，资金成本较大。

2. 工程造价的职能和作用

（1）工程造价的职能

工程造价的职能既是价格职能的反映，也是价格职能在工程领域的特殊表现。工程造价的职能除一般商品价格职能以外，它还有自己特殊的职能。

1）工程造价的预测职能

无论投资者或承包商都要对拟建工程进行预先测算。投资者对价格进行预先测算，工程造价不仅作为项目决策依据，同时也是筹集资金、控制造价的依据。承包商对工程造价的测算，既为投标决策提供依据，也为投标报价和成本管理提供依据。

2）工程造价的控制职能

控制职能表现在 2 个方面：一方面是对投资的控制，即在投资的各个阶段，根据对造价的多次性预估，对造价进行全过程多层次的控制；另一方面是对承包商为代表的商品和劳务供应企业的成本控制。在价格一定的条件下，企业实际成本开支决定企业的盈利水平。成本越高盈利越低，成本高于造价就危及到企业的生存。所以企业要以工程造价来控制成本，利用工程造价提供的信息资料作为成本控制的依据。

3）工程造价的评价职能

工程造价是评价总投资和分项投资合理性和投资效益的主要依据之一。在评价土地价格、建筑安装产品和设备价格的合理性时，就必须利用工程造价资料；在评价建设项目偿贷能力、获利能力和宏观效益时，也可依据工程造价。工程造价也是评价建筑安装企业管理水平和经营成果的重要依据。

4）工程造价的调控职能

工程建设直接关系到经济增长，也直接关系到国家重要资源分配和资金流向，对国计民生都产生重大影响。所以国家对建设规模、结构进行宏观调控是在任何条件下都不可缺的，对政府投资项目进行直接调控和管理也是非常必要的。这些都要用工程造价作为经济杠杆，对工程建设中的物资消耗水平、建设规模、投资方向等进行调控和管理。

（2）工程造价的作用

工程造价涉及国民经济各部门、各行业，涉及社会生产中的各个环节，也直接关系到人民群众的生活和城镇居民的居住条件，所以它的作用范围和影响程度都很大。其作用主要有以下几点：

1）建设工程造价是项目决策的工具。建设工程投资大、生产和使用周期长等特点决定了项目决策的重要性。工程造价决定着项目的一次性投资费用。

　　2）建设工程造价是制定投资计划和控制投资的有效工具。

　　3）建设工程造价是筹集建设资金的依据。

　　4）建设工程造价是合理利益分配和调节产业结构的手段。

　　5）工程造价是评价投资效果的重要指标。

　　建设工程造价是一个包含着多层次工程造价的体系，就一个工程项目来说，它既是一个建设项目的总造价，又包含单项工程的造价和单位工程的造价，同时也包含单位生产能力的造价，或每平方米建设面积的造价等。所有这些，使工程造价本身形成了一个指标体系。所以它能够为评价投资效果提供多种指标，并能够形成新的价格信息，为今后类似项目的投资提供参考系。

　　3. 工程造价管理的含义

　　工程造价管理有两种含义：（1）建设工程投资费用管理。（2）工程价格管理。工程造价确定依据的管理和工程造价专业队伍建设的管理则是为这两种管理服务的。

　　工程投资费用管理，属于投资管理范畴。明确地说，它属于建设工程投资管理范畴。

　　作为工程造价的第二种含义的管理，即是工程价格管理，属于价格管理的范畴。在社会主义市场经济条件下，价格管理分两个层次。在微观上讲，是生产企业在掌握市场价格信息的基础上，为实现管理目标而进行的成本控制、计价、定价和竞价的系统活动。它反映了微观主体按支配价格运动的经济规律，对商品价格进行能动的计划、预测、监控和调整，并接受价格对生产的调节。在宏观层次上，是政府根据社会经济发展的要求，利用法律手段、经济手段和行政手段对价格进行管理和调控，以及通过市场管理规范市场主体价格行为的系统活动。工程建设关系国计民生，同时，政府投资公共、公益性项目在今后仍然会占相当份额。因此，国家对工程造价的管理，不仅承担一般商品价格的调控职能，而且在政府投资项目上也承担着微观主体的管理职能，是工程造价管理的一大特色。区别两种管理职能，进而制定不同的管理目标，采用不同的管理方法是必然的发展趋势。

　　4. 工程造价管理的基本内容

　　工程造价管理的基本内容就是合理地确定和有效地控制工程造价，见表 2-1 所示。

　　所谓工程造价的合理确定，就是在建设程序的各个阶段，合理确定投资估算、概算造价、预算造价、承包合同价、结算价、竣工结算价。

各阶段工程造价的确定　　　　　　　　　　　　　　　　　　　　表 2-1

项目建议书阶段	按照有关规定,应编制初步投资估算。经有关权威部门批准,作为拟建项目列入国家中长期计划和开展前期工作的控制造价
可行性研究阶段	按照有关规定编制的投资估算,经有关权威部门批准,即为该项目控制造价
初步设计阶段	按照有关规定编制的初步设计总概算,经有关权威部门批准,即作为拟建项目工程造价的最高限额。对初步设计阶段,实行建设项目招标承包制签订《承包合同协议》的,其合同价也应在最高限价(总概算)相应的范围内
施工图设计阶段	按规定编制施工图预算,用以核实施工图阶段预算造价是否超过批准的初步设计概算
招标阶段	对施工图预算为基础的招投标的工程,承包合同价也是以经济合同形式确定的建筑安装工程总造价
工程实施阶段	按照承包方实际完成的工程量,以合同价为基础,同时考虑物价上涨所引起的造价变动,考虑到设计中难以预计的而在施工阶段实际发生的工程和费用,合理确定结算价
竣工验收阶段	全面汇集在工程建设过程中实际花费的全部费用,编制竣工决算,如实体现该建设工程的实际造价

工程造价的有效控制，就是在优化建设方案、设计方案的基础上，在建设程序的各个阶段，采用一定的方法和措施把工程造价控制在合理的范围和核定的造价限额以内。具体说，要用投资估算价控制设计方案的选择和初步设计概算造价；用概算造价控制技术设计和修正概算造价；用概算造价或修正概算造价控制施工图设计和预算造价。以求合理使用人力、物力和财力，取得较好的投资效益。（控制造价在这里强调的是控制项目投资）

2.2.2　工程造价的构成

建设项目投资含固定资产投资和流动资产投资两部分，建设项目总投资中的固定资产投资与建设项目的工程造价在量上相等。工程造价的构成按工程项目建设过程中各类费用的支出或花费的性质、途径等来确定，是通过费用划分和汇集所形成的工程造价的费用分解构成。工程造价基本构成中，包括用于购买工程项目所含各种设备的费用，用于建筑施工和安装所需的支出的费用，用于委托工程勘察设计应支付的费用，用于购置土地所需的费用，也包括用于建设单位自身进行项目筹建和项目管理所花费的费用等。总之，工程造价是工程项目按照建设内容、建设规模、建设标准、功能要求和使用要求等全部建成并验收合格交付使用所需的全部费用。

我国现行的工程造价的构成主要划分为设备及工、器具购置费用、建筑安装工程费用、工程建设其他费用、预备费、建设期贷款利息等几项，如图 2-2 所示。

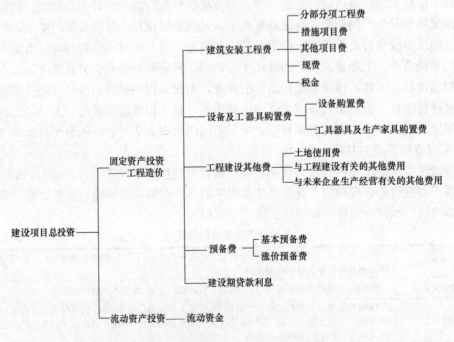

图 2-2　我国现行工程造价的构成图

1. 我国现行的建筑安装工程费用构成

建筑工程费用由分部分项工程费用、措施项目费用、其他项目费用、规费和税金组成。这是工程量清单计价模式下的建筑工程费用项目组成，如图 2-3 所示。这种费用组成，把实体消耗所需的费用、非实体消耗所需的费用、招标人特殊要求所需的费用分别列出，清晰、简单，突出非实体消耗的竞争性。分部分项工程费用、措施项目费用、其他项目费用均实行"综合单价"，体现了与国际惯例做法的一致性。考虑我国的实际情况，将规费、税金单独列出。

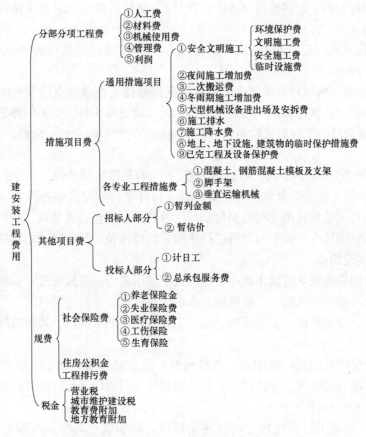

图 2-3 建筑工程费用项目组成图

下面逐项分析建筑工程费用项目的组成。

(1) 分部分项工程费用

分部分项工程费由人工费、材料费、机械使用费、管理费、利润组成。

1) 人工费

人工费指为直接从事建筑安装工程施工的生产工人支付的有关费用。人工单价内容包括：基本工资、辅助工资、工资性津贴、福利费、劳动保护费。

A. 基本工资：指按企业工资标准发放给生产工人的基本工资。

B. 辅助工资：指生产工人除法定节假日以外非工作时间的工资。包括职工学习、探亲、女工哺乳期的工资，病假在 6 个月以内的工资及产、婚、丧假期的工资等。

C. 工资性津贴：指在基本工资之外的各类补贴。包括：物价补贴、煤和燃气补贴、交通补贴、住房补贴和流动施工津贴等。

D. 福利费：指按规定标准计提的生产工人福利费。

E. 劳动保护费：指按国家有关部门规定标准发放的生产工人劳动保护用品的购置费及修理费，防暑降温费，以及在有碍身体健康环境中施工的保健费用等。

2）材料费

材料费指施工过程中耗用的，构成工程实体的原材料、辅助材料、构配件（半成品）、零件的费用，以及材料、构配件的检验试验费用。

材料单价内容包括：材料原价（或供应价格）、材料运杂费、采购及保管费、检验试验费等 4 项费用（元/每计量单位）。

A. 材料原价（或供应价格）：指材料的出厂价、进口材料抵岸价格或市场批发价（元/每计量单位）。

B. 材料运杂费：指材料自来源地运至工地仓库或指定堆放地点所发生的装、卸、运输费用，以及运输、装卸过程中不可避免的损耗，运输过程中包装材料的摊销等费用。

C. 采购及保管费：指材料采购和保管、供应所发生的采购费、仓储费、工地保管费、仓储损耗费等。

采购及保管费＝（材料原价＋材料运杂费）×采购及保管费率（元/每计量单位）

D. 检验试验费：指规范规定的对建筑材料、构件进行鉴定、检查所发生的费用。包括自设试验室进行试验所耗用的材料和化学药品等费用。不包括新结构、新材料的试验费和建设单位对具有出厂合格证明的材料进行检验，对构件做破坏性试验的费用。

3）施工机械使用费

施工机械使用费指施工机械作业所发生的机械使用费用及机械安装、拆卸、场外运输费等。它包括土（石）方机械、打桩机械、水平运输机械、垂直运输机械、混凝土及砂浆机械、泵类机械、焊接机械、动力机械、地下工程机械、加工机械、其他机械等机械使用的费用。

机械台班单价内容包括：折旧费、大修理费、经常修理费、机上人工费、燃料动力费、机械安拆和场外运输费、养路费及车船使用税等 7 项费用（元/台班）。或机械台班单价＝租赁单价（元/台班）。

A. 折旧费：指施工机械在规定的使用年限内，陆续收回其原值及购置资金的时间价值。

折旧费＝预算价格×（1－残值率）×时间价值系数/耐用总台班（元/台班）

B. 大修理费：指施工机械按规定的大修理间隔台班进行必要的大修理，以恢复其正常功能所需的费用。

大修理费＝一次大修理费×寿命期内大修理次数/耐用总台班（元/台班）

C. 经常修理费：指施工机械除大修理以外的各级保养和临时故障排除所需的费用。

D. 机上人工费：指机上司机（司炉）和其他操作人员的工作台班人工费及上述人员工作台班以外的人工费。

E. 燃料动力费：指施工机械在运转作业中所消耗的固体燃料、液体燃料及水、电等费用。燃料动力费＝∑（台班燃料动力消耗数量×相应燃料单价）（元/台班）

F. 除大型机械安拆和场外运输费以外的其他机械安拆和场外运输费。

G. 养路费及车船使用税：指施工机械按国家规定和省有关部门规定应交纳的养路费、车船使用税、保险费及年检费等。

4）管理费

是指建筑安装企业组织施工生产和经营管理所需费用。包括：

A. 管理人员工资：是指管理人员的基本工资、工资性补贴、职工福利费、劳动保护费等。

B. 办公费：指企业办公用的文具、纸张、账表、印刷、邮电、书报、会议、水电燃气等费用。

C. 差旅交通费：指职工因公出差的差旅费、住勤补助费、市内交通费和午餐补助费、职工探亲路费、劳动力招募费、工伤人员就医路费，工地转移费及管理部门使用的交通工具油料、燃料、养路费及牌照费等。

D. 固定资产使用费：指属于固定资产的房屋、设备、仪器等的折旧、大修、维修或租赁费等。

E. 工具用具使用费：指不属于固定资产的工具、器具、家具、交通工具、检验用具、消防用具等的购置、维修和摊销费用等。

F. 劳动保险费：是指由企业支付离退休职工的易地安家补助费、职工退职金、6个月以上的病假人员工资、职工死亡丧葬补助费、抚恤费、按规定支付给离休干部的各项经费。

G. 工会经费：是指企业按职工工资总额计提的工会经费。

H. 职工教育经费：是指企业为职工学习先进技术和提高文化水平，按职工工资总额计提的费用。

I. 财产保险费：是指施工管理用财产、车辆保险。

J. 财务费：是指企业为筹集资金而发生的各种费用。

K. 税金：是指企业按规定缴纳的房产税、车船使用税、土地使用税、印花税等。

L. 其他：包括技术转让费、技术开发费、业务招待费、绿化费、广告费、公证费、法律顾问费、审计费、咨询费等。

5）利润

利润是指完成工程合同获得的盈利。

（2）措施项目费

措施费是指为完成工程项目施工，发生于该工程施工准备和施工过程中的技术、生活、安全、环境保护等方面的项目。有通用措施项目和专业措施项目构成。通用措施项目包括下列列项：

1）安全文明施工。含环境保护费、文明施工费、安全施工费、临时设施费。

环境保护费：是指施工现场为达到环保部门要求所需要的各项费用。

文明施工费：是指施工现场文明施工所需要的各项费用。

安全施工费：是指施工现场安全施工所需要的各项费用。

临时设施费：指施工企业为进行建筑工程施工所必需的生活和生产用临时建筑物、构筑物和其他临时设施等的搭设、维修、拆除费或摊销费。临时设施包括：临时生活设施、办公室、文化娱乐用房、构筑物、仓库、加工棚及规定范围内供水、供电（用电设施除外）、排水管道等。

2）夜间施工增加费：指因工程结构及施工工艺要求，必须进行夜间施工所发生的降低工效、夜班补助、夜间施工照明设备摊销及照明用电等费用。

3）二次搬运费：指因施工现场场地窄小等特殊情况，经过批准的施工组织设计，施工用主要材料需二次倒运所发生的费用。

4）冬雨期施工增加费：是指在冬雨期施工期间，为保证工程质量，采取保温、防护措施所增加的费用，以及因工效和机械作业降低所增加的费用。

5）大型机械设备进出场及安拆费：是指机械整体或分体，自停放场地运至施工现场或由一个施工地点运至另一个施工地点，所发生的机械进出场运输转移费用及机械在施工现场进行安装、拆卸所需的人工费、材料费、机械费、试运转费和安装所需的辅助设施的费用。

6）施工排水：是指为确保工程在正常条件下施工，采取各种排水措施降低地下水位所发生的各种费用。

7）施工降水：是指为确保工程在正常条件下施工，采取各种降水措施降低地下水位所发生的各种费用。

8）地上、地下设施，建筑物的临时保护措施费：是指施工期间，为降低或保证地下管线、地下设施及周围一定范围内的已有建筑建筑，不受施工影响而采取的保护措施所发生的费用。

9）已完工程及设备保护费：是指竣工验收前，对已完工程及设备进行保护所需费用。

各专业工程措施费需要造价师根据具体的工程性质和实际情况进行选择列项。由于本书是关于建筑钢结构的造价文件的编制，所以读者请参考图 2-3 所示。

（3）规费

根据国家法律、法规规定，由省级政府或省级有关权力部门规定施工企业必须缴纳的，应计入建筑安装工程造价的费用。包括：

1）社会保险费：包括养老保险费、失业保险费、医疗保险费、工伤保险、生育保险。

① 养老保险费：是指企业按国家的规定标准为职工缴纳的养老保险费。

② 失业保险费：是指企业按照国家规定标准为职工缴纳的失业保险费。

③ 医疗保险费：是指企业按照国家规定标准为职工缴纳的基本医疗保险费。

④ 工伤保险费：是指企业按国家的规定标准为职工缴纳的工伤保险费。

⑤ 生育保险费：是指企业按国家的规定标准为职工缴纳的生育保险费。

2）住房公积金：是指企业按规定标准为职工缴纳的住房公积金。

3）工程排污费：是指施工现场按规定缴纳的工程排污费。

（4）税金

税金是指国家税法规定的应计入建筑工程造价内的营业税、城市维护建设税、教育费附加及地方教育附加。国家为了集中必要的资金，保证重点建设，加强基本建设管理，控制固定资产投资规模，对各施工企业承包工程的收入征收营业税，以及对承建工程单位征收的城市建设维护税和教育附加费、地方教育附加。该费用由施工企业代收，与税务部门进行结算。

2. 设备及工具器具购置费用

设备及工、器具购置费用是由设备购置费用和工器具及生产家具购置费组成的，它是固定资产投资中的积极部分。在生产性工程建设中，设备及工器具购置费用占工程造价比重的增大，意味着生产技术的进步和资本有机构成的提高。

（1）设备购置费

设备购置费是指建设项目购置或自制的达到固定资产标准的各种国产或进口设备、工具、器具的购置费用。它由设备原价和设备运杂费构成（式2-1）。

$$设备购置费＝设备原价＋设备运杂费 \qquad (式2-1)$$

上式中，设备原价指国产设备或进口设备的原价；设备运杂费指除设备原价之外的关于设备采购、运输、途中包装及仓库保管等方面支出费用的总和。

设备原价的计算详见其他参考书，本书在此不再讲述。

（2）工具、器具及生产家具购置费

工具、器具及生产家具购置费，是指新建或扩建项目初步设计规定的，保证初期正常生产必须购置的没有达到固定资产标准的设备、仪器、工卡模具、器具、生产家具和备品备件等的购置费用。一般以设备购置费为计算基数，按照部门或行业规定的工具、器具及生产家具费率计算。计算公式为（式2-2）：

$$工具、器具及生产家具购置费＝设备购置费×定额费率 \qquad (式2-2)$$

3. 工程建设其他费

工程建设其他费用，是指从工程筹建起到工程竣工验收交付使用止的整个建设期间，除建筑安装工程费用和设备及工器具购置费用以外的，为保证工程建设顺利完成和交付使用后能够正常发挥效用而发生的各项费用。

工程建设其他费用，按其内容大体可分为三类：第一类指土地使用费。第二类指与工程建设有关的其他费用。第三类指与未来企业生产经营有关的其他费用。

（1）土地使用费

任何一个建设项目都固定于一定地点与地面相连接，必须占用一定量的土地，也就必然要发生为获得建设用地而支付的费用，这就是土地使用费。它是指通过划拨方式取得土地使用权而支付的土地征用及迁移补偿费，或者通过土地使用权出让方式取得土地使用权而支付的土地使用权出让金。

1）土地征用及迁移补偿费

土地征用及迁移补偿费，是指建设项目通过划拨方式取得无限期的土地使用权，依照《土地管理法》等规定所支付的费用。其内容包括：土地补偿费；青苗补偿费和被征用土地上的房屋、水井、树木等附着物补偿费；安置补助费；缴纳的耕地占用税或城镇土地使用税、土地登记费及征地管理费等；征地动迁费；水利水电工程水库淹没处理补偿费；建设单位在建设过程中发生的土地复垦费用和土地损失补偿费用以及建设期间临时占地补偿费。

2）土地使用权出让金

土地使用权出让金，指建设项目通过土地使用权出让方式，取得有限期的土地使用权，依照《城镇国有土地使用权出让和转让暂行条例》规定，支付的土地使用权出让金。其内容包括以下几项：

① 明确国家是城市土地的唯一所有者，并分层次、有偿、有限期地出让、转让城市土地。第一层次是城市政府将国有土地使用权出让给用地者，该层次由城市政府垄断经营。出让对象可以是有法人资格的企事业单位，也可以是外商。第二层次及以下层次的转让则发生在使用者之间。

② 城市土地的出让和转让可采用协议、招标、公开拍卖等方式。

协议方式是由用地单位申请，经市政府批准同意后双方洽谈具体地块及地价。该方式适用于市政工程、公益事业用地以及需要减免地价的机关、部队用地和需要重点扶持、优先发展的产业用地。

招标方式是在规定的期限内，由用地单位以书面形式投标，市政府根据投标报价、所提供的规划方案以及企业信誉综合考虑，择优而取。该方式适用于一般工程建设用地。

公开拍卖是指在指定的地点和时间，由申请用地者叫价应价，价高者得。这完全是由市场竞争决定，适用于盈利高的行业用地。

3）在有偿出让和转让土地时，政府对地价不作统一规定，但应坚持以下原则：地价对目前的投资环境不产生大的影响；地价与当地的社会经济承受能力相适应；地价要考虑已投入的土地开发费用、土地市场供求关系、土地用途和使用年限。

4）关于政府有偿出让土地使用权的年限，各地可根据时间、区位等各种条件作不同的规定，一般可在 30～99 年之间。

土地有偿出让和转让，土地使用者和所有者要签约，明确使用者对土地享有的权利和对土地所有者应承担的义务：有偿出让和转让使用权，要向土地受让者征收契税；转让土地如有增值，要向转让者征收土地增值税；在土地转让期间，国家要区别不同地段、不同用途向土地使用者收取土地占用费。

（2）与工程建设有关的其他费用

根据项目的不同，与项目建设有关的其他费用的构成也不尽相同，一般包括以下各项。在进行工程估算及概算中可根据实际情况进行计算。

1）建设单位管理费

建设单位管理费是指建设项目从立项、筹建、建设、联合试运转、竣工验收、交付使用及后评估等全过程管理所需的费用。

① 建设单位开办费。指新建项目为保证筹建和建设工作正常进行所需办公设备、生活家具、用具、交通工具等购置的费用。

② 建设单位经费。包括：工作人员的基本工资、工资性补贴、职工福利费、劳动保护费、劳动保险费、办公费、差旅交通费、工会经费、职工教育经费、固定资产使用费、工具用具使用费、技术图书资料费、生产人员招募费、工程招标费、合同契约公证费、工程质量监督检测费、工程咨询费、法律顾问费、审计费、业务招待费、排污费、竣工交付使用清理及竣工验收费、后评估等费用。不包括应计入设备、材料预算价格的建设单位采购及保管设备材料所需的费用。

建设单位管理费按照单项工程费用之和（包括设备、工器具购置费和建筑安装工程费用）×建设单位管理费率计算。

2）勘察设计费

勘察设计费是指为本建设项目提供项目建议书、可行性研究报告及设计文件等所需费用。

① 编制项目建议书、可行性研究报告及投资估算、工程咨询、评价以及为编制上述文件所进行勘察、设计、研究试验等所需费用；

② 委托勘察、设计单位进行初步设计、施工图设计及概预算编制等所需费用；

③ 在规定范围内由建设单位自行完成的勘察、设计工作所需费用。

勘察设计费中，项目建议书、可行性研究报告按国家颁布的收费标准计算，设计费按国家颁布的工程设计收费标准计算。

3）研究试验费

研究试验费是指为建设项目提供和验证设计参数、数据、资料等所进行的必要的试验费用以及设计规定在施工中必须进行试验、验证所需费用。包括自行或委托其他部门研究试验所需人工费、材料费、试验设备及仪器使用费等。这项费用按照设计单位根据本工程项目的需要提出的研究试验内容和要求计算。

4）建设单位临时设施费

建设单位临时设施费是指建设期间建设单位所需临时设施的搭设、维修、摊销费用或租赁费用。

临时设施包括临时宿舍、文化福利及公用事业房屋与构筑物、仓库、办公室、加工厂以及规定范围内的道路、水、电、管线等临时设施和小型设施。

5）工程监理费

工程监理费是指建设单位委托工程监理单位对工程实施监理工作所需费用。

6）工程保险费

工程保险费是指建设项目在建设期间根据需要实施工程保险所需的费用。包括以各种建筑工程及其在施工过程中的物料、机器设备为保险标的建筑工程一切险，以安装工程中的各种机器、机械设备为保险标的安装工程一切险，以及机器损坏保险等。

7）引进技术和进口设备其他费用

引进技术及进口设备其他费用，包括出国人员费用、国外工程技术人员来华费用、技术引进费、分期或延期付款利息、担保费以及进口设备检验鉴定费。

8）工程承包费

工程承包费是指具有总承包条件的工程公司，对工程建设项目从开始建设至竣工投产全过程的总承包所需的管理费用。具体内容包括组织勘察设计、设备材料采购、非标设备设计制造与销售、施工招标、发包、工程预决算、项目管理、施工质量监督、隐蔽工程检查、验收和试车直至竣工投产的各种管理费用。该费用按国家主管部门或省、自治区、直辖市协调规定的工程总承包费取费标准计算。

（3）与未来企业生产经营有关的其他费用

1）联合试运转费

联合试运转费是指新建企业或新增加生产工艺过程的扩建企业在竣工验收前，按照设计规定的工程质量标准，进行整个车间的负荷或无负荷联合试运转发生的费用支出大于试运转收入的亏损部分。费用内容包括：试运转所需的原料、燃料、油料和动力的费用，机械使用费用，低值易耗品及其他物品的购置费用和施工单位参加联合试运转人员的工资等。试运转收入包括试运转产品销售和其他收入。不包括应由设备安装工程费项下开支的单台设备调试费及试车费。联合试运转费一般根据不同性质的项目按需要试运转车间的工艺设备购置费的百分比计算。

2）生产准备费

生产准备费是指新建企业或新增生产能力的企业，为保证竣工交付使用进行必要的生产准备所发生的费用。费用内容包括：

① 生产人员培训费，包括自行培训、委托其他单位培训的人员的工资、工资性补贴、职工福利费、差旅交通费、学习资料费、学习费、劳动保护费等。

② 生产单位提前进厂参加施工、设备安装、调试等以及熟悉工艺流程及设备性能等人员的工资、工资性补贴、职工福利费、差旅交通费、劳动保护费等。

生产准备费一般根据需要培训和提前进厂人员的人数及培训时间，按生产准备费指标进行估算。

应该指出，生产准备费在实际执行中是一笔在时间上、人数上、培训深度上很难划分的、活口很大的支出，尤其要严格掌握。

3）办公和生活家具购置费

办公和生活家具购置费是指为保证新建、改建、扩建项目初期正常生产、使用和管理所必须购置的办公和生活家具、用具的费用。改、扩建项目所需的办公和生活用具购置费，应低于新建项目。其范围包括办公室、会议室、资料档案室、阅览室、文娱室、食堂、浴室、理发室、单身宿舍和设计规定必须建设的托儿所、卫生所、招待所、中小学校等家具用具购置费。

4. 预备费、建设期贷款利息

（1）预备费

预备费又称不可预见费。按我国现行规定，预备费包括基本预备费和涨价预备费。

1）基本预备费

基本预备费是指在初步设计及概算内难以预料的工程费用，费用内容包括：

① 在批准的初步设计范围内，技术设计、施工图设计及施工过程中所增加的工程费用；设计变更、局部地基处理等增加的费用。

② 一般自然灾害造成的损失和预防自然灾害所采取的措施费用。实行工程保险的工程项目费用应适当降低。

③ 竣工验收时为鉴定工程质量对隐蔽工程进行必要的挖掘和修复费用。

基本预备费是按设备及工器具购置费，建筑安装工程费用和工程建设其他费三者之和为计取基础乘以基本预备费率进行计算（式 2-3）。

$$基本预备费＝（设备及工器具购置费＋建筑安装工程费＋$$
$$工程建设其他费）×基本预备费率　　　　　　　　（式 2-3）$$

基本预备费率的取值应执行国家及部门的有关规定。

2）涨价预备费

涨价预备费是指建设项目在建设期间内由于价格等变化引起工程造价变化的预测预留费用。费用内容包括：人工、设备、材料、施工机械的价差费，建筑安装工程费及工程建设其他费调整，利率、汇率调整等增加的费用。

涨价预备费的测算方法，一般根据国家规定的投资综合价格指数，以估算年份价格水平的投资额为基数，采用复利方法计算。计算公式为（式 2-4）所示。

$$PF = \sum_{t=1}^{n} I_t \left[(1+f)^t - 1 \right] \qquad （式 2-4）$$

式中　PF——涨价预备费；

　　　n——建设期年份数；

I_t——建设期中第 t 年的投资计划额，包括设备及工具器具购置费、建筑安装工程费、工程建设其他费及基本预备费；

f——年均投资价格上涨率。

【例 2-1】 某建设项目，建设期为 3 年，各年投资计划额如下：第一年贷款 7200 万元，第二年 10800 万元，第三年 3600 万元，年均投资价格上涨率为 6%，求建设项目建设期间涨价预备费。

解： 第一年涨价预备费为：$PF_1=I_1[(1+f)-1]=7200 \times 0.06$

第二年涨价预备费为：$PF_2=I_2[(1+f)^2-1]=10800 \times (1.06^2-1)$

第三年涨价预备费为：$PF_3=I_3[(1+f)^3-1]=3600 \times (1.06^3-1)$

所以，建设期的涨价预备费为：

$$PF=7200 \times 0.06+10800 \times (1.06^2-1)+3600 \times (1.06^3-1)=2454.54 （万元）$$

（2）建设期贷款利息

建设期贷款利息包括向国内银行和其他非银行金融机构贷款、出口信贷、外国政府贷款、国际商业银行贷款以及在境内外发行的债券等在建设期间内应偿还的借款利息。

当总贷款是分年均衡发放时，建设期利息的计算可按当年借款在年中支用考虑，即当年贷款按半年计息，上年贷款按全年计息。计算公式为（式 2-5）所示。

$$q_j=\left(P_{j-1}+\frac{1}{2}A_j\right) \cdot i \qquad\text{（式 2-5）}$$

式中　q_j——建设期第 j 年应计利息；

P_{j-1}——建设期第 $(j-1)$ 年末贷款累计金额与利息累计金额之和；

A_j——建设期第 j 年贷款金额；

i——年利率。

国外贷款利息的计算中，还应包括国外贷款银行根据贷款协议向贷款方以年利率的方式收取的手续费、管理费、承诺费；以及国内代理机构经国家主管部门批准的以年利率的方式向贷款单位收取的转贷费、担保费、管理费等。

【例 2-2】 某新建项目，建设期为 3 年，分年均衡进行贷款，第一年贷款 300 万元，第二年 600 万元，第三年 400 万元，年利率为 12%，建设期内利息只计息不支付，计算建设期贷款利息。

解： 在建设期，各年利息计算如下：

$$q_1=\frac{1}{2}A_1 \cdot i=\frac{1}{2} \times 300 \times 12\%=18 （万元）$$

$$q_2=\left(P_1+\frac{1}{2}A_2\right) \cdot i=\left(300+18+\frac{1}{2} \times 600\right) \times 12\%=74.16 （万元）$$

$$q_3=\left(P_2+\frac{1}{2}A_3\right) \cdot i=\left(318+600+74.16+\frac{1}{2} \times 100\right) \times 12\%=143.06 （万元）$$

所以，建设期贷款利息 $=q_1+q_2+q_3=18+74.16+143.06=235.22$（万元）

2.3　工程造价的基本计价依据

目前，我国建筑工程造价的计价依据，根据不同的计价阶段，其计价依据有所不同，包括国家及相关部门测算的各种定额、《2013 规范》、国家及其相关部门颁布的应执行的法律、法规及其造价文件、材料价格、企业定额、工程合同等等。本书在此从原理上简单论述，建筑工程各个阶段工程计价的基本依据，定额、《2013 规范》、企业定额。

2.3.1　施工定额的概念及其作用

所谓定额，就是一种标准，是在一定的生产条件下，用科学的方法制定出的完成单位质量合格产品所必需的劳动力、材料、机械台班的数量标准。在建筑工程定额中，不仅规定了该计量单位产品的消耗资源数量标准，而且还规定了完成该产品的工程内容、质量标准和安全要求。

定额的制定是在认真分析研究和总结广大工人生产实践经验的基础上，实事求是地广泛搜集资料，经过科学分析研究后确定的。定额的项目内容经过实践证明是切实可行的，因而能够正确反映单位产品生产所需要的数量。所以，定额中各种数据的确定具有可靠的科学性。

在建筑工程施工过程中，为了完成一定计量单位建筑产品的生产，消耗的人力、物力是随着生产条件和生产水平的变化而变化的。所以，定额中各种数据的确定具有一定的时效性。

定额分类很多，下面我们谈谈施工定额，它是一切定额的基础定额。

1. 施工定额的概念

施工定额是在正常施工条件下，生产单位合格产品所消耗的人工、材料、机械台班的数量标准。

施工定额是企业内部用于建筑施工管理的一种定额。根据施工定额可以直接计算出不同工程项目的人工、材料和机械台班的需要量，它是编制施工预算、编制施工组织设计以及施工队向工人班组签发施工任务单和限额领料卡的依据。

2. 施工定额的作用

(1) 供建筑施工企业编制施工预算。

(2) 是编制施工项目管理规划及实施细则的依据。

(3) 是建筑企业内部进行经济核算的依据。

(4) 是与工程队或班组签发任务单的依据。

(5) 供计件工资和超额奖励计算的依据。

(6) 作为限额领料和节约材料奖励的依据。

(7) 是编制预算定额和单位估价表的基础。

施工定额是建筑企业内部使用的定额。它使用的目的是提高企业的劳动生产率，降低材料消耗，正确计算劳动成果和加强企业管理。

施工定额是以工作过程为标定对象，定额制定的水平要以"平均先进"的水平为准，在内容和形式上要满足施工管理中的各项需要，以便于应用为原则；制定方法要通过实践和长期积累的大量统计资料，并应用科学的方法编制。所谓平均先进水平，是指在施工任务饱满、动力和原料供应及时、劳动组织合理、企业管理健全等正常条件下，大多数工人可以通过努力达到，少数工人可以接近，个别工人可以超过的水平。

2.3.2 施工定额组成

施工定额由劳动消耗定额、材料消耗定额、机械台班定额组成。

1. 劳动消耗定额

(1) 劳动定额的概念

劳动消耗定额简称劳动定额或人工定额，它规定在一定生产技术组织条件下，完成单位合格产品所必需的劳动消耗量的标准。这个标准是国家和企业对工人在单位时间内完成的产品数量和质量的综合要求，它是表示建筑安装工人劳动生产率的一个先进合理指标。

全国统一劳动定额与企业内部劳动定额在水平上具有一定的差距。企业应以全国统一劳动定额为标准，结合单位实际情况，制定符合本企业实际的企业内部劳动定额，不能完全照搬照套。

劳动定额按其表示形式有时间定额和产量定额两种。

1) 时间定额：是指在一定的生产技术和生产组织条件下，某工种、某技术等级的工人小组和个人完成单位合格产品所必须消耗的工作时间。定额时间包括工人有效的工作时间、必需的休息时间和不可避免的中断时间。时间定额以工日为单位，每一个工日按 8 小时计算，计算方法见（式 2-6）、（式 2-7）所示。

$$单位产品时间定额(工日)=\frac{1}{每工产量} \qquad (式 2-6)$$

$$单位产品时间定额(工日)=\frac{小组成员工日数的总和}{台班产量(班组完成产品数量)} \qquad (式 2-7)$$

2) 产量定额：是指在一定的生产技术和生产组织条件下，某工种、某技术等级的工人小组和个人，在单位时间（工日）内完成合格产品的数量。其计算方法（式 2-8）、（式 2-9）所示。

$$产量定额=\frac{1}{单位产品时间定额（工日）} \qquad (式 2-8)$$

$$台班产量=\frac{小组成员工日数的总和}{单位产品时间定额（工日）} \qquad (式 2-9)$$

产量定额的计量单位，以单位时间的产品计量单位表示，如 m^3、m^2、kg 等。

产量定额是根据时间定额计算的，其高低与时间定额成反比，两者互为倒数关系，即（式 2-10）：

$$时间定额=\frac{1}{产量定额}，产量定额=\frac{1}{时间定额} \qquad (式 2-10)$$

(2) 劳动定额的作用

劳动定额的作用主要表现在组织生产和按劳分配两个方面。具体作用如下：

1) 劳动定额是制定建筑工程定额的依据。

2) 劳动定额是计划管理下达施工任务书的依据。

3) 劳动定额是作为衡量劳动生产率的标准。

4) 劳动定额是按劳分配和推行经济责任制的依据。

5) 劳动定额是推广先进技术和劳动竞赛的基本条件。

6) 劳动定额是建筑企业经济核算的依据。

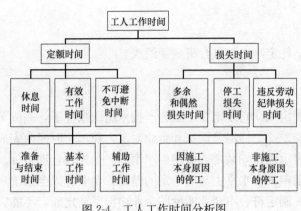

图 2-4　工人工作时间分析图

7）劳动定额是确定定员编制与合理劳动组织的依据。

（3）工作时间分析

由于工人的工作和机械工作的特点不同，工作时间应按工人工作时间和机械工作时间两部分进行分析。工人工作时间分析图，如图 2-4 所示。

1）工人工作时间分析

工人工作时间分为定额时间和非定额时间两部分。

定额时间是完成某一部分建筑产品所必须消耗的工作时间。它是由休息时间、有效工作时间和不可避免的中断时间三部分构成。

① 休息时间：是指工人为了恢复体力所必需的暂时休息以及生理需要（如喝水、小便等）所消耗的时间。

② 不可避免的中断时间：是由于施工技术操作或施工组织本身的特点所必须中断的时间。如汽车司机等候装货、安装工人等候屋架起吊所消耗的时间。

③ 有效工作时间：是指对工人完成生产任务起着积极效果所消耗的时间。它包括准备与结束时间、基本工作时间和辅助工作时间。

准备与结束时间是指工人在工作开始前的准备工作（如研究图纸、技术交底、领取工具等）和下班前或任务完成后的结束工作（如工具清理、工作地点的清理等）；基本工作时间是指工人直接完成某项产品所必须消耗的工作时间；辅助工作时间是指为完成基本工作而需要的辅助工作时间，如浇筑混凝土前的润湿模板等。

非定额时间是指非生产必需的工作时间（损失时间）。它是由多余和偶然工作损失时间、停工损失时间和违反劳动纪律的损失时间三部分构成。

① 多余和偶然工作损失时间：是指在正常施工条件下不应发生的或是意外因素造成的时间消耗。如产品质量不合格的返工等。

② 违反劳动纪律的损失时间：是指工人迟到、早退、擅自离岗、工作时间闲谈等影响工作时间，也包括个别工人违反劳动纪律而影响他人无法工作的工时损失。

③ 停工损失时间：是指工作班内工人停止工作而造成的工时损失。它可以分为施工本身造成的和非施工本身造成的两种停工时间。施工本身造成的停工：是指由于施工组织不当造成的停工（如停工待料等）。非施工本身造成的停工：是指由于外部原因造成的停工（如气候变化、停水、停电等）。

2）机械工作时间分析

机械工作时间分为定额时间和非定额时间两部分。机械工作时间分析图，如图 2-5 所示。

机械定额时间是由有效工作时间、不可避免的无负荷时间和不可避免的中断时间三部分构成。

① 有效工作时间：包括正常负荷下的工作时间和降低负荷下的工作时间。正常负荷

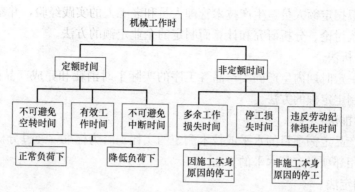

图 2-5 机械工作时间分析图

下的工作时间是指机械在其说明书规定的正常负荷下进行工作的时间。降低负荷下的工作时间是指由于受施工的操作条件、材料特性的限制，造成机械在低于其规定的负荷下工作的时间，如汽车装运货物，其体积大质量轻而不能充分利用其吨位。

② 不可避免的中断时间：是指由于技术操作和施工过程组织的特性，而造成的机械工作中断时间，其中又分为：与操作有关的不可避免的中断时间，如汽车装、卸货的停歇时间；与机械有关的不可避免的中断时间，如工人在准备与结束工作时使机械暂停的中断时间；因工人必须休息而引起的机械工作中断时间。

③ 不可避免的无负荷时间是由于施工过程的特性和机械的特点而引起的空转时间。如铲运机返回到铲土地点。

机械的非定额时间是指非生产必需的工作时间（损失时间）。它由多余的工作时间、停工损失时间和违反劳动纪律的损失时间三部分构成。

① 多余的工作时间：是指可以避免的机械无负荷下的工作或者在负荷下的多余工作。前者如工人没及时给混凝土搅拌机装料而引起的空转，后者如混凝土搅拌机搅拌混凝土时超过规定的搅拌时间。

② 停工损失时间：是指由于施工本身和非施工本身所造成的停工时间。施工本身造成的停工时间是指由于施工组织不当、机械维护不良而造成的停工；非施工本身造成的停工时间是指由于外部原因造成的停工如气候变化、停水、停电等。

③ 违反劳动纪律的损失时间是指工人迟到、早退及其他违反劳动纪律的行为而引起的机械停歇。

（4）劳动定额编制的依据

1）《施工及验收规范》和《施工操作规程》。

2）《建筑安装工人技术等级标准》。

3）《安全技术操作规程》和企业有关安全规定。

4）现行建筑材料产品质量标准。

5）有关定额测定和统计资料。

（5）劳动定额制定的基本方法

劳动定额制定的基本方法通常有经验估算法、统计分析法、比较类推法和技术测定法4种。

1）经验估算法

一般是指根据定额人员、生产技术管理人员和老工人的实践经验，并参照有关的技术资料，通过座谈讨论、分析研究和计算而制定的企业定额的方法。

2）统计分析法

它是根据一定时期内生产同类产品各工序的实际工时消耗和完成产品的数量的统计，经过整理分析制定定额的方法。

3）比较类推法

是以同类产品定额项目的水平或技术测定的实耗工时为标准，经过分析比较类推出同一组定额中的相邻项目定额水平的方法。

4）技术测定法

是指在正常施工条件下，对施工过程各工序工作时间的各个组成要素，进行工日写实、测定观察，分别测定每一工序的工时消耗，然后通过测定的资料进行分析计算来制定定额的方法。

上述四种方法可以结合具体情况具体分析，灵活运用，在实际工作中常常是几种方法并用。

（6）劳动定额的应用

劳动定额的应用非常广泛，下面举例说明劳动定额在生产计划中的一般用途。

【例 2-3】　某工程有 79m³ 一砖单面清水墙，每天有 12 名工人在现场施工，时间定额是 1.37 工日/m³。试计算完成该工程所需施工天数。

解：完成该工程所需劳动量=1.37×79=108.23（工日）

需要的施工天数=108.23÷12≈9（天）

【例 2-4】　某住宅有内墙抹灰面积 3315m²，计划 25 天完成任务。内墙的抹灰产量定额为 10.20m²/工日。问安排多少人才能完成该项任务。

解：该工程所需劳动量=3315÷10.20=325（工日）

该工程每天需要人数=325÷25=13（人）

2. 材料消耗定额

（1）材料消耗定额的概念

材料消耗定额是指在节约与合理使用材料的条件下，生产单位合格产品所必须消耗的一定规格的建筑材料、半成品或构配件的数量标准。它包括材料的净用量和必要的工艺性损耗数量，（式 2-11）所示。

$$材料的消耗量=材料的净用量+材料损耗量 \qquad （式 2-11）$$

材料的损耗量与材料的净用量之比的百分数为材料的损耗率。用公式表示为（式 2-12）、（式 2-13）所示。

$$材料的损耗率=\frac{材料的损耗量}{材料的净用量}×100\% \qquad （式 2-12）$$

或：
$$材料的损耗量=材料净用量×材料损耗率 \qquad （式 2-13）$$

材料的损耗率是通过观测和统计得到的，通常由国家有关部门确定。

材料消耗定额不仅是实行经济核算，保证材料合理使用的有效措施，而且是确定材料需用量、编制材料计划的基础，同时也是定额承包或限额领料、考核和分析材料利用情况的依据。

（2）制定材料消耗定额的基本方法

材料消耗定额是通过施工过程中材料消耗的观测测定，在实验室条件下的实验以及技术资料的统计和理论计算等方法制订的。

1）观测法

观测法是在节约和合理使用材料的前提下，用来观察、测定施工现场各种材料消耗定额的方法。用这种方法拟定难以避免的损耗数量最为适宜，因为该部分数字用统计和计算的方法是不可能得到的。

正确选择测定对象和测定方法，是提高用观测法制定定额的重要条件。同时，还要注意所使用的建筑材料品种和质量应符合设计和施工技术规范的要求。

2）试验法

试验法是指在实验室中进行试验和测定，确定材料消耗定额的方法。它只适用于在实验室条件下，测定混凝土、沥青、砂浆、油漆等材料消耗。

由于实验室工作条件与施工现场条件存在一定的差别，施工中的某些因素对材料消耗量的影响不一定能充分考虑到。因此，对测算出的数据还要用观测法校核修正。

3）统计法

统计法是通过对施工现场用料的大量统计资料的分析计算，以拟定材料消耗定额的方法。此法简单易行，不需要专门的人进行观测和试验，但不能分别确定出材料的净用量和材料的损耗量。其精确程度受统计资料的影响和实际使用材料的影响，存在较大的片面性。

采用此法时，必须要准确统计和测算与相应部位的产品完全对应起来的耗用材料。在施工现场中的某些材料，往往难以区分用在各个不同部位上的准确数量。因此，要有意识地加以区分，才能得到有效的统计数据，保证定额的准确性。

4）计算法

计算法是根据建筑材料、施工图纸等用理论计算的方法来确定材料消耗定额的方法。这种方法主要用于制定块料、板类材料的消耗定额。如砖、油毡、装饰工程中的镶贴等。

块料面层一般是指有一定的规格尺寸的瓷砖、花岗石板、大理石板及各种装饰板材，通常以 10m² 为单位，其计算公式为（式 2-14）所示。

$$10m^2 面层用量 = \frac{10}{(块长+拼缝) \times (块宽+拼缝)} \times (1+损耗率) \qquad （式 2-14）$$

【例 2-5】 石膏装饰板规格为 500mm×500mm，其拼缝宽度 2mm，损耗率 1%，计算 10m² 需用石膏板的块数。

解：石膏装饰板材消耗量 $= \dfrac{10}{(0.5+0.002) \times (0.5+0.002)} \times (1+1\%) = 40$（块）

上述 4 种方法，各有优缺点，在制定定额时几种方法可以结合使用，相互验证。

3. 机械台班消耗定额

机械台班消耗定额，简称机械台班定额。它是指施工机械在正常的施工条件下，合理地均衡地组织劳动和使用机械时，该机械在单位时间（台班）内的生产效率。

机械台班定额按其表现形式不同可分为机械时间定额和机械产量定额两种。

（1）机械时间定额

机械时间定额是指在合理的劳动组织与合理使用机械条件下，生产某一单位合格产品所必须消耗的机械台班数量。计算单位是用"台班"或"台时"表示。

工人使用一台机械，工作一个班次（8h）称为一个台班。它既包括机械本身的工作时间，又包括使用该机械的工人的工作。

（2）机械产量定额

机械产量定额是指在合理的劳动组织与合理使用机械条件下，规定某种机械在单位时间（台班）内，必须完成合格产品的数量。其计算单位是用产品的计量单位来表示的。

机械时间定额与机械产量定额互为倒数关系，（式 2-15）。

$$机械时间定额 = \frac{1}{机械台班产量定额} \qquad （式 2-15）$$

由于机械必须有工人小组配合，所以列出单位合格产品的时间定额，必须同时列出工人的时间定额，（式 2-16）。

$$单位产品人工时间定额（工日） = \frac{小组成员工日数总和}{台班产量} \qquad （式 2-16）$$

机械施工以考核产量定额为主，时间定额为辅。

2.3.3　消耗量定额

1. 消耗量定额的概念

消耗量定额是完成一定计量单位的合格产品所消耗的人工、材料和机械台班的数量标准。统一的消耗量定额是一种社会平均消耗水平，是一种综合性的定额。

目前我国实行清单计价，实行工程量清单计价模式需要建立企业内部施工定额。但是，目前施工企业企业定额的情况不尽如人意，所以在各个施工企业企业定额不健全的情况下，各省市、地方颁布的消耗量，是目前施工企业进行报价的主要依据之一。

消耗量定额的作用：

（1）是编制建筑安装工程预算，确定工程造价，进行工程拨款及竣工结算的依据。

（2）是编制招标控制价，投标报价的基础资料。

（3）是建筑企业贯彻经济核算制，考核工程成本的依据。

（4）是编制地区单位估价表和概算定额的基础。

（5）是设计单位对设计方案进行技术经济分析比较的依据。

预算定额的编制遵循了"平均合理"的原则，按照产品生产中所消耗的社会必要劳动时间来确定其水平，即社会平均水平。

消耗量定额的编制依据有。

（1）现行的施工定额和全国统一基础定额。

（2）现行的设计规范、施工及验收规范、质量评定标准和安全操作规程。

（3）通用标准图集和定型设计图纸，有代表性的设计图纸和图集。

（4）新技术、新结构、新材料和先进经验资料。

（5）有关科学实验、技术测定、统计分析资料。

（6）现行的人工工资标准、材料预算价格和施工机械台班预算价格。

（7）现行的预算定额及其编制的基础资料和有代表性的补充单位估价表。

2. 消耗量定额消耗指标的确定

人工、材料和机械台班的消耗指标，是消耗量定额的重要内容。消耗量定额水平的高低主要取决于这些指标的合理确定。

消耗量定额是一种综合性的定额，是以复合施工过程为标定对象，在企业定额的基础上综合扩大而成，在确定各项指标前，应根据编制方案所确定的定额项目和已选定的典型图纸，按定额子目和已确定的计算单位，按工程量计算规则分别计算工程量，在此基础上再计算人工、材料和机械台班的消耗指标。

（1）人工消耗指标的内容

消耗量定额中人工消耗指标包括了各种用工量。有基本用工、辅助用工、超运距用工、人工幅度差4项，其中后3项综合称为其他工。

1）基本用工：是指完成分项工程或子项工程的主要用工量。如铺地砖工程中的铺砖、调制砂浆、运地砖、运砂浆的用工量。

2）辅助用工：是指在现场发生的材料加工等用工。如筛砂子、淋石灰膏等增加的用工。

3）超运距用工：是指预算定额中材料及半成品的运输距离超过劳动定额规定的运距时所需增加的工日数。

4）人工幅度差：是指在劳动定额中未包括，而在正常施工中又不可避免的一些零星用工因素。这些因素不能单独列项计算，一般是综合定出一个人工幅度差系数，即增加一定比例的用工量，纳入消耗量定额。国家现行规定人工幅度差系数为10%。

人工幅度差包括的因素：工序搭接和工种交叉配合的停歇时间；机械的临时维护、小修、移动而发生的不可避免的损失时间；工程质量检查与隐蔽工程验收而影响工人操作时间；工种交叉作业造成已完工程局部损坏而增加的修理用工时间；施工中不可避免的少数零星用工所需要的时间。

消耗量定额子目中的用工数量，是根据它的工程内容范围和综合取定的工程数量，在劳动定额相应子目的人工工日基础上，经过综合，加上人工幅度差计算出来的。其基本计算公式为（式2-17）～（式2-23）所示。

$$基本用工数量＝\sum(工序或工作过程工程量×时间定额) \quad （式2-17）$$
$$超运距用工数量＝\sum(超运距材料数量×时间定额) \quad （式2-18）$$

其中，

$$超运距＝消耗量定额规定的运距－劳动定额规定的运距 \quad （式2-19）$$
$$辅助工用工数量＝\sum(加工材料的数量×时间定额) \quad （式2-20）$$
$$人工幅度差(工日)＝(基本工＋超运距用工＋辅助用工)×人工幅度差系数 \quad （式2-21）$$
$$合计工日数量(工日)＝基本工＋超运距用工＋辅助用工＋人工幅度差用工 \quad （式2-22）$$
$$或合计工日数量(工日)＝(基本工＋超运距用工＋辅助用工)×(1＋人工幅度差系数) \quad （式2-23）$$

（2）材料消耗指标的内容

材料消耗指标的构成包括构成工程实体的材料消耗、工艺性材料损耗和非工艺性材料损耗 3 部分。

直接构成工程实体的材料消耗是材料的有效消耗部分，即材料的净用量；工艺性材料损耗是材料在加工过程中的损耗（如边角余料）和施工过程中的损耗（如落地灰等）；非工艺性材料损耗，如材料保管不善、大材小用、材料数量不足和废次品的损耗等。

前两部分构成工艺消耗定额，施工定额即属此类，加上第三部分，即构成综合消耗定额，消耗量定额即属此类（由于考虑材料的非工艺性损耗，所以预算定额的材料消耗量大于施工定额的材料消耗标准，这是预算定额编制水平与施工定额编制水平的差距所在）。

1）主要材料净用量的计算

一般根据设计施工规范和材料规格采用理论方法计算后，再按定额项目综合的内容和实际资料适当调整确定。

2）材料损耗量的确定

材料损耗量，包括工艺性材料损耗和非工艺性材料损耗。其损耗率在正常条件下，采用比较先进的施工方法，合理确定。

3）次要材料的确定

在工程中用量不多、价值不大的材料，可采用估算等方法计算其用量后，合并为一个"其他材料"的项目，以百分数表示。

4）周转性材料消耗量的确定

周转性材料是指在施工过程中多次周转使用的工具性材料，如模板、脚手架等。消耗量定额中的周转性材料是按多次使用、分次摊销的方法进行计算的。周转性材料消耗指标有两个：一次使用量和摊销量。

一次使用量，是指在不重复使用的条件下的一次用量指标，它供建设单位和施工单位申请备料和编制作业计划使用。

摊销量，是应分摊到每一计量单位分项工程或结构构件上的消耗数量，（式 2-24）。

$$材料的摊销量=\frac{一次使用量}{周转次数} \qquad （式 2-24）$$

周转次数是指能够反复周转使用的总次数。

（3）机械台班消耗指标的内容

消耗量定额中的施工机械台班消耗指标，是以台班为单位进行计算的，每个台班为 8 小时。定额的机械化水平，应以多数施工企业采用和已推广的先进设备为标准。

编制消耗量定额，以施工定额中各种机械施工项目的台班产量为基础进行计算，还应考虑在合理施工组织条件下的机械停歇因素，增加一定的机械幅度差。

机械幅度差包括的因素有：

1）施工中作业区之间的转移及配套机械相互影响的损失时间。

2）在正常施工情况下机械施工中不可避免的工序间歇。

3）工程结束时工作量不饱满所损失的时间。

4）工程质量检查和临时停水停电等引起机械停歇时间。

5）机械临时维修、小修和水电线路移动所引起的机械停歇时间。

根据以上影响因素，在施工定额的基础上增加一个附加额，这个附加额用相对数表示，称为幅度差系数。大型机械的机械幅度差系数一般取 1.3 左右。

1) 按工人小组产量计算公式为（式 2-25）所示。

小组总产量＝小组总人数×∑（分项计算取定的比重×劳动定额每工综合产量）

$$定额机械台班使用量＝\frac{一次使用量}{周转次数} \qquad （式 2-25）$$

2) 按机械台班产量计算公式为（式 2-26）所示

$$定额机械台班使用量＝\frac{一次使用量}{周转次数}×机械幅度差系数 \qquad （式 2-26）$$

2.3.4 企业定额

1. 企业定额的概念及其意义

企业定额是施工企业根据本企业的施工技术、机械装备和管理水平而编制的人工、材料和施工机械台班的消耗标准。它应该能反映企业的综合实力、技术水准和经营水准，是企业确定工程成本和投标报价的依据。

编制企业定额具有极其重大的意义。

（1）实行工程量清单计价模式需要建立企业内部施工定额

工程量清单计价模式是一种与国际惯例接轨的计价模式，由施工企业自主报价，通过市场竞争形成价格。在现有的计价模式下，同一个工程，同样的工程数量，以同一本预算定额来报价，并不能完全体现出市场竞争，也不能真正确定其工程成本；而在工程量清单计价模式下，各施工企业应建立起内部定额，按照本企业的施工技术水平，装备水平，管理水平及对人工、材料、机械价格的掌握控制情况，对工程利润的预期要求来计算工程报价。这样同一工程，不同企业以各自内部定额为基础作出报价，这才能真正反映出企业成本的差异，在施工企业之间形成实力的竞争，从而真正达到市场形成价格的目的。

（2）企业定额的建立有助于规范建设项目的承发包行为

目前建筑市场的供求情况是僧多粥少，施工企业的任务普遍不足，因此在激烈的市场竞争中，以预算定额为基础的报价被严重下浮，压低，这种恶性的竞争会使施工企业偷工减料，或是层层转包，拖欠工资，工期和质量得不到保证，一些新工艺，新材料也得不到推广和使用，施工企业本身不能获得应有的充足的利润，甚至亏损，会影响企业的进一步发展。施工企业建立内部定额后，根据自身实力和市场价格水平参与竞争，能够反映企业个别成本，并且保证获得一定的利润，这将能规范招投标市场，有利于施工企业在建筑市场的公平竞争中求生存，求发展。

（3）企业定额的建立直接有利于提高企业管理水平，推广先进施工技术，提高市场竞争能力

施工企业要在激烈的市场竞争中处于有利地位，说到底无非就是要降低成本，提高效益。企业定额的编制管理过程中正好能够直接对企业的技术，经营管理水平，工期质量价格等因素进行准确的测算和控制，进而能够控制项目的成本。同时，企业内部施工定额作为企业内部生产管理的标准文件，结合企业自身技术力量，利用科学管理的方法提高企业的竞争力和经济效益，为企业进一步拓展生存的空间打下坚实的基础。

（4）建立企业定额，是加速我国建筑企业综合生产能力发展的需要

我国加入 WTO 后，国外施工企业会进入中国市场，我国施工企业也要走出国门，这两方面都将临着与装备更精良，技术更先进的国际施工力量的竞争。建立企业定额，施工企业可自觉运用价值规律和价格杠杆，及时掌握市场水平，在市场竞争中，不断学习和吸收先进的施工技术，充实和改进企业定额，以先进的企业定额指导企业生产，最终达到企业综合生产能力与企业定额水平共同提高的目的。

随着我国加入 WTO 与工程量计价方法的实施步骤不断加快，作为施工企业，将面临更为严峻的挑战，施工企业必须及早新观念，提高竞争意识，在市场竞争中形成自己成熟有效的价格体系，才能在日趋激烈的国际，国内市场竞争中处于不败之地，因此施工企业如何结合本企业特色和经营状况编制自己的一套企业定额，已经成为当务之急。

2. 企业定额的编制原则

(1) 平均先进原则：指在正常的施工条件下，大多数生产者经过努力能够达到和超过水平，企业施工定额的编制应能够反映比较成熟的先进技术和先进经验，有利于降低工料消耗，提高企业管理水平，达到鼓励先进，勉励中间，鞭策落后的水平。

(2) 简明适用性原则：企业施工定额设置应简单明了，便于查阅，计算要满足劳动组织分工，经济责任与核算个人生产成本的劳动报酬的需要。同时，企业自行设定的定额标准也要符合《建设工程工程量清单计价规范》"四个统一"的要求，定额项目的设置要尽量齐全完备，根据企业特点合理划分定额步距，常用的对工料消耗影响大的定额项目步距可小一些，反之步距可大一些，这样有利于企业报价与成本分析。

(3) 以专家为主编制定额的原则：企业施工定额的编制要求有一支经验丰富，技术与管理知识全面，有一定政策水平的专家队伍，可以保证编制施工定额的延续性、专业性和实践性。

(4) 坚持实事求是，动态管理的原则：企业施工定额应本着实事求是的原则，结合企业经营管理的特点，确定工料机各项消耗的数量，对影响造价较大的主要常用项目，要多考虑施工组织设计，先进的工艺，从而使定额在运用上更贴近实际、技术上更先进，经济上更合理，使工程单价真实反映企业的个别成本。

此外，还应注意到市场行情瞬息万变，企业的管理水平和技术水平也在不断地更新，不同的工程、在不同的时段，都有不同的价格，因此企业施工定额的编制还要注意便于动态管理的原则。

(5) 企业施工定额的编制还要注意量价分离，独立自产，及时采用新技术，新结构、新材料，新工艺等原则。

3. 企业定额的作用

(1) 企业定额可供建筑施工企业编制施工预算。

(2) 企业是编制施工组织设计的依据。

(3) 企业定额是建筑企业内部进行经济核算的依据。

(4) 企业额定是与工程队或班组签发任务单的依据。

(5) 企业定额是计件工资和超额奖励计算的依据。

(6) 企业定额作为限额领料和节约材料奖励的依据。

(7) 企业是编制消耗量定额和单位估价表的基础。

4. 企业定额编制的主要依据和内容

（1）企业施工定额的编制依据

现行的建筑安装工程施工及验收规范，施工图纸，标准图集，企业现场施工的组织方案，现场调查和测算的具体数据，以及新工艺，新材料，新设备的使用情况。

（2）企业施工定额编制的内容

为适应工程量清单计价的要求，企业施工定额应包含工料消耗定额与间接费定额两个部分。这两部分定额编制时应考虑全省或全国统一基础定额的水平，同时更要兼顾企业各方面的实际情况，从而形成一个切实可行，实事求是的企业计价定额。

1）工料消耗定额的编制：工料消耗定额的编制可采用现场观测，调查研究，统计分析，用已有定额换算等方法。其中：

人工消耗量定额的计算方法（式 2-27）、（式 2-28）：

$$定额人工＝基本用工＋其他用工 \qquad （式 2-27）$$
$$其他用工＝超运距用工＋辅助用工＋人工幅度差 \qquad （式 2-28）$$

材料用量消耗定额由净用量与损耗量组成，分为主要材料用量和周转性材料用量，（式 2-29）、（式 2-30）。

$$主要用量＝净用量＋损耗量 \qquad （式 2-29）$$
$$周转材料摊销量使用＝一次性使用量×（1＋施工损耗率）×$$
$$[1＋（周转次数－1）×补损率]/周转次数 \qquad （式 2-30）$$

机械消耗量：是指在合理使用机械和合理施工组织条件下，由人操纵机械时，机械完成单位合格产品所必须消耗的工作时间（即台班）数量的标准。其中人、机共同工作 8 个小时称一个台班，在测算过程中，还要考虑保持机械的正常生产率和工人正常的劳动工效。

机械台班消耗量＝机械－小时纯工作正常生产率×工作台班延续时间×机械正常利用系数×机械幅度差系数

其中：机械 1 小时纯工作正常生产率＝工作时间内生产的产品数量/工作时间

此外，对于租赁机械的台班单价，应根据机械的租赁市场价格通过分析综合确定。

2）除工料消耗定额外，企业还需要根据建筑市场竞争情况和企业内部定额管理水平，财务状况编制一些费用定额，如现场施工措施费定额，管理费定额等。

5. 编制企业定额应该注意的问题

（1）企业定额牵涉到企业的重大经济利益，合理的企业定额的水平能够支持企业正确的决策，提升企业的竞争能力，指导企业提高经营效益。因此，企业定额从编制到施行，必须经过科学、审慎的论证，才能用于企业招投标工作和成本核算管理。

（2）企业生产技术的发展。新材料、新工艺的不断出现，会有一些建筑产品被淘汰，一些施工工艺落伍，因此企业定额总有一定的滞后性，施工企业应该设立专门的部门和组织，及时搜集和了解各类市场信息和变化因素的具体资料，对企业定额进行不断的补充和完善调整，使之更具生命力和科学性，同时改进企业各项管理工作，保持企业在建筑市场中的竞争优势。

（3）在工程量清单计价方式下，不同的工程有不同的工程特征、施工方案等因素，报价方式也有所不同，因此对企业定额要进行科学有效的动态管理，针对不同的工程，灵活使用企业定额，建立完整的工程资料库。

（4）要用先进的思想和科学的手段来管理企业定额，施工单位应利用高速度发展的计算机技术建立起完善的工程测算信息系统，从而提高企业定额的工作效率和管理效能。

　　以上简述建筑工程计价的基本依据。在实际工作中，编制建设工程造价文件，要根据工程不同的建设阶段，来选择计价依据。如《2013 规范》将建设工程的计价分为编制招标控制价、编制投标报价及竣工结算的编制。由于其编制目的和作用不同，其计价依据也有所区别。

　　1. 招标控制价应根据下列依据编制与复核：

　　(1)《2013 规范》。

　　(2) 国家或省级、行业建设主管部门颁发的计价定额和计价办法。

　　(3) 建设工程设计文件及相关资料。

　　(4) 拟定的招标文件及招标工程量清单。

　　(5) 与建设项目相关的标准、规范、技术资料。

　　(6) 施工现场情况、工程特点及常规的施工方案。

　　(7) 工程造价管理机构发布的工程造价信息，当工程造价信息没有发布时，参照市场价；

　　(8) 其他的相关资料。

　　2. 投标报价应根据下列依据编制与复核：

　　(1)《2013 规范》。

　　(2) 国家或省级、行业建设主管部门颁发的计价办法。

　　(3) 企业定额，国家或省级、行业建设主管部门颁发的计价定额和计价办法。

　　(4) 招标文件、招标工程量清单及其补充通知、答疑纪要。

　　(5) 建设工程设计文件及相关资料。

　　(6) 施工现场情况、工程特点及投标时拟定的施工组织设计或施工方案。

　　(7) 与建设项目相关的标准、规范等技术资料。

　　(8) 市场价格信息或工程造价管理机构发布的工程造价信息。

　　(9) 其他的相关资料。

　　3. 竣工结算下列依据编制与复核：

　　(1)《2013 规范》。

　　(2) 工程合同。

　　(3) 发承包双方实施过程中已确认的工程量及其结算的合同价款。

　　(4) 发承包双方实施过程中已确认调整后追加（减）的合同价款。

　　(5) 建设工程设计文件及相关资料。

　　(6) 投标文件。

　　(7) 其他依据。

　　其他计价依据，读者可参看本书的其他章节或其他专著、相关资料。

　　值得我们注意的是，在以上应用《2013 规范》的三个阶段中，无论是投标报价，还是订立合同，或是工程结算，"企业定额"都应起到重要作用，而目前我国大部分施工企业的这个环节非常薄弱。因此，国家应在施工企业制定企业定额方面给予大力扶持和鼓励。并可逐步将施工企业是否拥有并使用自己的"企业定额"，作为衡量其业绩和资质评审的指标之一。从某种意义上说，在评标办法、合同管理、结算制度等外部环境逐步得到改善的条件下，评价工程量清单计价制度是否真正得到推行、《计价规范》是否真正得以贯彻、工程造价计价方法是否与国际通行的作法接轨，在于"企业定额"的普及程度。工程量清单计价制度推广普及之日，应当是施工企业的"企业定额"成熟之时。

第3章 建筑面积的计算

掌握建筑工程建筑面积的计算，是从事工程造价工作的基本技能之一。从建筑工程的设计概算、施工图预算，一直到工程的竣工结算，建筑面积的计算和复核，贯穿始终。一直以来，《建筑面积计算规则》在建筑工程造价管理方面起着非常重要的作用，是建筑房屋计算工程量的主要指标，是计算单位工程平方米预算造价的主要依据，是统计部门汇总发布房屋建筑面积完成情况的基础。正确理解和掌握建筑面积的计算，是工程造价人员及相关技术人员必须掌握的重要知识。

我国《建筑面积计算规则》是在 20 世纪 70 年代依据苏联的做法结合我国的情况制定的。1982 年，国家经委基本建设办公室（82）经基设字 58 号印发了《建筑面积计算规则》，这是对 20 世纪 70 年代的《建筑面积计算规则》的修订。1995 年建设部发布了《全国统一建筑工程预算工程量计算规则》（土建工程 GJD$_{GZ}$—101—95），其中含"建筑面积计算规则"，这是对 1982 年的《建筑面积计算规则》的修订。

随着社会的不断发展，新的结构形式、新技术不断涌现，为了统一我国建筑工程建筑面积的计算，建设部于 2005 年 4 月 15 日颁布了《建筑工程建筑面积计算规范》（GB/T 50353—2005）。该规范是在 1995 年建设部发布的《全国统一建筑工程预算工程量计算规则》的基础上修订而成的。该规范在修订过程中，充分反映出新的建筑结构和新技术等对建筑面积计算的影响，考虑了建筑面积的计算习惯和国际上通用的做法，同时与《住宅设计规范》和《房产测量规范》的有关内容做了协调。经过多年应用，《建筑工程建筑面积计算规范》（GB/T 50353—2013）再次修订，并于 2014 年 7 月 1 日实施。

考虑到建筑面积计算的重要性，且《建筑工程建筑面积计算规范》（GB/T 50353—2013）篇幅不大，本书全文选录，与广大读者共同学习。

3.1 《建筑工程建筑面积计算规范》（GB/T 50353—2013）

2 术　语

2.0.1　建筑面积　construction area
建筑物（包括墙体）所形成的楼地面面积。

2.0.2　自然层　floor
按楼地面结构分层的楼层。

2.0.3　结构层高　structure story height
楼面或地面结构层上表面至上部结构层上表面之间的垂直距离。

2.0.4　围护结构　building enclosure
围合建筑空间的墙体、门、窗。

2.0.5　建筑空间　space

以建筑界面限定的、供人们生活和活动的场所。

2.0.6　结构净高　structure net height

楼面或地面结构层上表面至上部结构层下表面之间的垂直距离。

2.0.7　围护设施　enclosure facilities

为保障安全而设置的栏杆、栏板等围挡。

2.0.8　地下室　basement

室内地平面低于室外地平面的高度超过室内净高的 1/2 的房间。

2.0.9　半地下室　semi-basement

室内地平面低于室外地平面的高度超过室内净高的 1/3，且不超过 1/2 的房间。

2.0.10　架空层　stilt floor

仅有结构支撑而无外围护结构的开敞空间层。

2.0.11　走廊　corridor

建筑物中的水平交通空间。

2.0.12　架空走廊　elevated corridor

专门设置在建筑物的二层或二层以上，作为不同建筑物之间水平交通的空间。

2.0.13　结构层　structure layer

整体结构体系中承重的楼板层。

2.0.14　落地橱窗　french window

突出外墙面且根基落地的橱窗。

2.0.15　凸窗（飘窗）　bay window

凸出建筑物外墙面的窗户。

2.0.16　檐廊　eaves gallery

建筑物挑檐下的水平交通空间。

2.0.17　挑廊　overhanging corridor

挑出建筑物外墙的水平交通空间。

2.0.18　门斗　air lock

建筑物入口处两道门之间的空间。

2.0.19　雨篷　canopy

建筑出入口上方为遮挡雨水而设置的部件。

2.0.20　门廊　porch

建筑物入口前有顶棚的半围合空间。

2.0.21　楼梯　stairs

由连续行走的梯级、休息平台和维护安全的栏杆（或栏板）、扶手以及相应的支托结构组成的作为楼层之间垂直交通使用的建筑部件。

2.0.22　阳台　balcony

附设于建筑物外墙，设有栏杆或栏板，可供人活动的室外空间。

2.0.23　主体结构　major structure

接受、承担和传递建设工程所有上部荷载，维持上部结构整体性、稳定性和安全性的有机联系的构造。

2.0.24 变形缝 deformation joint

防止建筑物在某些因素作用下引起开裂甚至破坏而预留的构造缝。

2.0.25 骑楼 overhang

建筑底层沿街面后退且留出公共人行空间的建筑物。

2.0.26 过街楼 overhead building

跨越道路上空并与两边建筑相连接的建筑物。

2.0.27 建筑物通道 passage

为穿过建筑物而设置的空间。

2.0.28 露台 terrace

设置在屋面、首层地面或雨篷上的供人室外活动的有围护设施的平台。

2.0.29 勒脚 plinth

在房屋外墙接近地面部位设置的饰面保护构造。

2.0.30 台阶 step

联系室内外地坪或同楼层不同标高而设置的阶梯形踏步。

3 计算建筑面积的规定

3.0.1 建筑物的建筑面积应按自然层外墙结构外围水平面积之和计算。结构层高在2.20m及以上的，应计算全面积；结构层高在2.20m以下的，应计算1/2面积。

3.0.2 建筑物内设有局部楼层时，对于局部楼层的二层及以上楼层，有围护结构的应按其围护结构外围水平面积计算，无围护结构的应按其结构底板水平面积计算。结构层高在2.20m及以上的，应计算全面积；结构层高在2.20m以下的，应计算1/2面积。

3.0.3 形成建筑空间的坡屋顶，结构净高在2.10m及以上的部位应计算全面积；结构净高在1.20m及以上至2.10m以下的部位应计算1/2面积；结构净高在1.20m以下的部位不应计算建筑面积。

3.0.4 场馆看台下的建筑空间，结构净高在2.10m及以上的部位应计算全面积；结构净高在1.20m及以上至2.10m以下的部位应计算1/2面积；结构净高在1.20m以下的部位不应计算建筑面积。室内单独设置的有围护设施的悬挑看台，应按看台结构底板水平投影面积计算建筑面积。有顶盖无围护结构的场馆看台应按其顶盖水平投影面积的1/2计算面积。

3.0.5 地下室、半地下室应按其结构外围水平面积计算。结构层高在2.20m及以上的，应计算全面积；结构层高在2.20m以下的，应计算1/2面积。

3.0.6 出入口外墙外侧坡道有顶盖的部位，应按其外墙结构外围水平面积的1/2计算面积。

3.0.7 建筑物架空层及坡地建筑物吊脚架空层，应按其顶板水平投影计算建筑面积。结构层高在2.20m及以上的，应计算全面积；结构层高在2.20m以下的，应计算1/2面积。

3.0.8 建筑物的门厅、大厅应按一层计算建筑面积，门厅、大厅内设置的走廊应按走廊结构底板水平投影面积计算建筑面积。结构层高在2.20m及以上的，应计算全面积；结构层高在2.20m以下的，应计算1/2面积。

3.0.9 建筑物间的架空走廊，有顶盖和围护结构的，应按其围护结构外围水平面积计算全面积；无围护结构、有围护设施的，应按其结构底板水平投影面积计算 1/2 面积。

3.0.10 立体书库、立体仓库、立体车库，有围护结构的，应按其围护结构外围水平面积计算建筑面积；无围护结构、有围护设施的，应按其结构底板水平投影面积计算建筑面积。无结构层的应按一层计算，有结构层的应按其结构层面积分别计算。结构层高在 2.20m 及以上的，应计算全面积；结构层高在 2.20m 以下的，应计算 1/2 面积。

3.0.11 有围护结构的舞台灯光控制室，应按其围护结构外围水平面积计算。结构层高在 2.20m 及以上的，应计算全面积；结构层高在 2.20m 以下的，应计算 1/2 面积。

3.0.12 附属在建筑物外墙的落地橱窗，应按其围护结构外围水平面积计算。结构层高在 2.20m 及以上的，应计算全面积；结构层高在 2.20m 以下的，应计算 1/2 面积。

3.0.13 窗台与室内楼地面高差在 0.45m 以下且结构净高在 2.10m 及以上的凸（飘）窗，应按其围护结构外围水平面积计算 1/2 面积。

3.0.14 有围护设施的室外走廊（挑廊），应按其结构底板水平投影面积计算 1/2 面积；有围护设施（或柱）的檐廊，应按其围护设施（或柱）外围水平面积计算 1/2 面积。

3.0.15 门斗应按其围护结构外围水平面积计算建筑面积。结构层高在 2.20m 及以上的，应计算全面积；结构层高在 2.20m 以下的，应计算 1/2 面积。

3.0.16 门廊应按其顶板水平投影面积的 1/2 计算建筑面积；有柱雨篷应按其结构板水平投影面积的 1/2 计算建筑面积；无柱雨篷的结构外边线至外墙结构外边线的宽度在 2.10m 及以上的，应按雨篷结构板的水平投影面积的 1/2 计算建筑面积。

3.0.17 设在建筑物顶部的、有围护结构的楼梯间、水箱间、电梯机房等，结构层高在 2.20m 及以上的应计算全面积；结构层高在 2.20m 以下的，应计算 1/2 面积。

3.0.18 围护结构不垂直于水平面的楼层，应按其底板面的外墙外围水平面积计算。结构净高在 2.10m 及以上的部位，应计算全面积；结构净高在 1.20m 及以上至 2.10m 以下的部位，应计算 1/2 面积；结构净高在 1.20m 以下的部位，不应计算建筑面积。

3.0.19 建筑物的室内楼梯、电梯井、提物井、管道井、通风排气竖井、烟道，应并入建筑物的自然层计算建筑面积。有顶盖的采光井应按一层计算面积，结构净高在 2.10m 及以上的，应计算全面积，结构净高在 2.10m 以下的，应计算 1/2 面积。

3.0.20 室外楼梯应并入所依附建筑物自然层，并应按其水平投影面积的 1/2 计算建筑面积。

3.0.21 在主体结构内的阳台，应按其结构外围水平面积计算全面积；在主体结构外的阳台，应按其结构底板水平投影面积计算 1/2 面积。

3.0.22 有顶盖无围护结构的车棚、货棚、站台、加油站、收费站等，应按其顶盖水平投影面积的 1/2 计算建筑面积。

3.0.23 以幕墙作为围护结构的建筑物，应按幕墙外边线计算建筑面积。

3.0.24 建筑物的外墙外保温层，应按其保温材料的水平截面积计算，并计入自然层建筑面积。

3.0.25 与室内相通的变形缝，应按其自然层合并在建筑物建筑面积内计算。对于高低联跨的建筑物，当高低跨内部连通时，其变形缝应计算在低跨面积内。

3.0.26 对于建筑物内的设备层、管道层、避难层等有结构层的楼层，结构层高在2.20m及以上的，应计算全面积；结构层高在2.20m以下的，应计算1/2面积。

3.0.27 下列项目不应计算建筑面积：

1 与建筑物内不相连通的建筑部件；

2 骑楼、过街楼底层的开放公共空间和建筑物通道；

3 舞台及后台悬挂幕布和布景的天桥、挑台等；

4 露台、露天游泳池、花架、屋顶的水箱及装饰性结构构件；

5 建筑物内的操作平台、上料平台、安装箱和罐体的平台；

6 勒脚、附墙柱、垛、台阶、墙面抹灰、装饰面、镶贴块料面层、装饰性幕墙，主体结构外的空调室外机搁板（箱）、构件、配件，挑出宽度在2.10m以下的无柱雨篷和顶盖高度达到或超过两个楼层的无柱雨篷；

7 窗台与室内地面高差在0.45m以下且结构净高在2.10m以下的凸（飘）窗，窗台与室内地面高差在0.45m及以上的凸（飘）窗；

8 室外爬梯、室外专用消防钢楼梯；

9 无围护结构的观光电梯；

10 建筑物以外的地下人防通道，独立的烟囱、烟道、地沟、油（水）罐、气柜、水塔、贮油（水）池、贮仓、栈桥等构筑物。

建筑工程建筑面积计算规范部分条文说明

3.0.1 建筑面积计算，在主体结构内形成的建筑空间，满足计算面积结构层高要求的均应按本条规定计算建筑面积。主体结构外的室外阳台、雨篷、檐廊、室外走廊、室外楼梯等按相应条款计算建筑面积。当外墙结构本身在一个层高范围内不等厚时，以楼地面结构标高处的外围水平面积计算。

3.0.2 建筑物内的局部楼层见图1。

3.0.4 场馆看台下的建筑空间因其上部结构多为斜板，所以采用净高的尺寸划定建筑面积的计算范围和对应规则。室内单独设置的有围护设施的悬挑看台，因其看台上部设有顶盖且可供人使用，所以按看台板的结构底板水平投影计算建筑面积。"有顶盖无围护结构的场馆看台"中所称的"场馆"为专业术语，指各种"场"类建筑，如：体育场、足球场、网球场、带看台的风雨操场等。

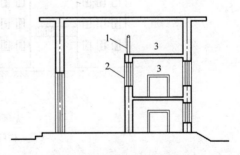

图1 建筑物内的局部楼层
1—围护设施；2—围护结构；3—局部楼层

3.0.5 地下室作为设备、管道层按本规范第3.0.26条执行，地下室的各种竖向井道按本规范第3.0.19条执行，地下室的围护结构不垂直于水平面的按本规范第3.0.18条规定执行。

3.0.6 出入口坡道分有顶盖出入口坡道和无顶盖出入口坡道，出入口坡道顶盖的挑出长度，为顶盖结构外边线至外墙结构外边线的长度；顶盖以设计图纸为准，对后增加及建设单位自行增加的顶盖等，不计算建筑面积。顶盖不分材料种类（如钢筋混凝土顶盖、彩钢板顶盖、阳光板顶盖等）。地下室出入口见图2。

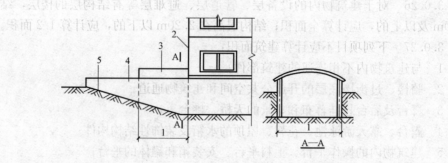

图 2　地下室出入口

1—计算 1/2 投影面积部位；2—主体建筑；3—出入口顶盖；
4—封闭出入口侧墙；5—出入口坡道

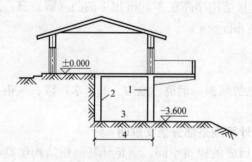

图 3　建筑物吊脚架空层

1—柱；2—墙；3—吊脚架空层；4—计算建筑面积部位

3.0.7　本条既适用于建筑物吊脚架空层、深基础架空层建筑面积的计算，也适用于目前部分住宅、学校教学楼等工程在底层架空或在二楼或以上某个甚至多个楼层架空，作为公共活动、停车、绿化等空间的建筑面积的计算。架空层中有围护结构的建筑空间按相关规定计算。建筑物吊脚架空层见图 3。

3.0.9　无围护结构的架空走廊见图 4，有围护结构的架空走廊见图 5。

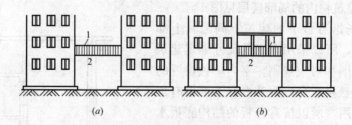

(a)　　　　　　　　(b)

图 4　无围护结构的架空走廊
1—栏杆；2—架空走廊

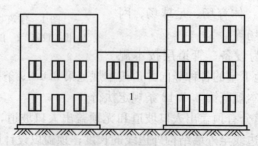

图 5　有围护结构的架空走廊
1—架空走廊

3.0.10 本条主要规定了图书馆中的立体书库、仓储中心的立体仓库、大型停车场的立体车库等建筑的建筑面积计算规则。起局部分隔、存储等作用的书架层、货架层或可升降的立体钢结构停车层均不属于结构层，故该部分分层不计算建筑面积。

3.0.14 檐廊见图6。

3.0.15 门斗见图7。

3.0.16 雨篷分为有柱雨篷和无柱雨篷。有柱雨篷，没有出挑宽度的限制，也不受跨越层数的限制，均计算建筑面积。无柱雨篷，其结构板不能跨层，并受出挑宽度的限制，设计出挑宽度大于或等于2.10m时才计算建筑面积。出挑宽度，系指雨篷结构外边线至外墙结构外边线的宽度，弧形或异形时，取最大宽度。

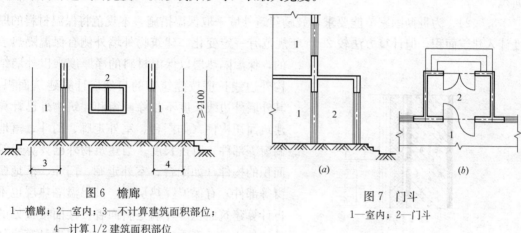

图6 檐廊
1—檐廊；2—室内；3—不计算建筑面积部位；
4—计算1/2建筑面积部位

图7 门斗
1—室内；2—门斗

3.0.18 《建筑工程建筑面积计算规范》GB/T 50353—2005条文中仅对围护结构向外倾斜的情况进行了规定，本次修订后的条文对于向内、向外倾斜均适用。在划分高度上，本条使用的是结构净高，与其他正常平楼层按层高划分不同，但与斜屋面的划分原则一致。由于目前很多建筑设计追求新、奇、特，造型越来越复杂，很多时候根本无法明确区分什么是围护结构、什么是屋顶，因此对于斜围护结构与斜屋顶采用相同的计算规则，即只要外壳倾斜，就按结构净高划段，分别计算建筑面积。斜围护结构见图8。

3.0.19 建筑物的楼梯间层数按建筑物的层数计算。有顶盖的采光井包括建筑物中的采光井和地下室采光井。地下室采光井见图9。

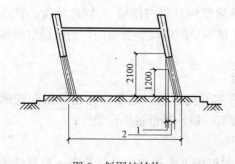

图8 斜围护结构
1—计算1/2建筑面积部位；2—不计算建筑面积部位

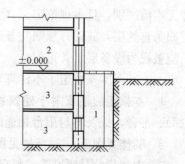

图9 地下室采光井
1—采光井；2—室内；3—地下室

3.0.20　室外楼梯作为连接该建筑物层与层之间交通不可缺少的基本部件，无论从其功能还是工程计价的要求来说，均需计算建筑面积。层数为室外楼梯所依附的楼层数，即梯段部分投影到建筑物范围的层数。利用室外楼梯下部的建筑空间不得重复计算建筑面积；利用地势砌筑的为室外踏步，不计算建筑面积。

3.0.21　建筑物的阳台，不论其形式如何，均以建筑物主体结构为界分别计算建筑面积。

3.0.23　幕墙以其在建筑物中所起的作用和功能来区分。直接作为外墙起围护作用的幕墙，按其外边线计算建筑面积；设置在建筑物墙体外起装饰作用的幕墙，不计算建筑面积。

3.0.24　为贯彻国家节能要求，鼓励建筑外墙采取保温措施，本规范将保温材料的厚度计入建筑面积，但计算方法较 2005 年规范有一定变化。建筑物外墙外侧有保温隔热层的，保温隔热层以保温材料的净厚度乘以外墙结构外边线长度按建筑物的自然层计算建筑面积，其外墙外边线长度不扣除门窗和建筑物外已计算建筑面积构件（如阳台、室外走廊、门斗、落地橱窗等部件）所占长度。当建筑物外已计算建筑面积的构件（如阳台、室外走廊、门斗、落地橱窗等部件）有保温隔热层时，其保温隔热层也不再计算建筑面积。外墙是斜面者按楼面楼板处的外墙外边线长度乘以保温材料的净厚度计算。外墙外保温以沿高度方向满铺为准，某层外墙外保温铺设高度未达到全部高度时（不包括阳台、室外走廊、门斗、落地橱窗、雨篷、飘窗等），不计算建筑面积。保温隔热层的建筑面积是以保温隔热材料的厚度来计算的，不包含抹灰层、防潮层、保护层（墙）的厚度。建筑外墙外保温见图 10。

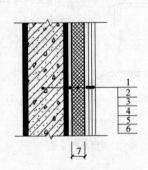

图 10　建筑外墙外保温
1—墙体；2—黏结胶浆；3—保温材料；
4—标准网；5—加强网；6—抹面胶浆；
7—计算建筑面积部位

3.0.25　本规范所指的与室内相通的变形缝，是指暴露在建筑物内，在建筑物内可以看的见的变形缝。

3.0.26　设备层、管道层虽然其具体功能与普通楼层不同，但在结构上及施工消耗上并无本质区别，且本规范定义自然层为"按楼地面结构分层的楼层"，因此设备、管道楼层归为自然层，其计算规则与普通楼层相同。在吊顶空间内设置管道的，则吊顶空间部分不能被视为设备层、管道层。

3.0.27　本条规定了不计算建筑面积的项目：

1　本款指的是依附于建筑物外墙外不与户室开门连通，起装饰作用的敞开式挑台（廊）、平台，以及不与阳台相通的空调室外机搁板（箱）等设备平台部件；

2　骑楼见图 11，过街楼见图 12；

3　本款指的是影剧院的舞台及为舞台服务的可供上人维修、悬挂幕布、布置灯光及布景等搭设的天桥和挑台等构件设施；

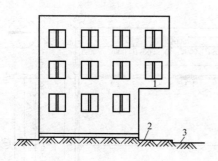
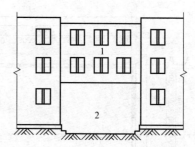

图 11 骑楼   图 12 过街楼

1—骑楼；2—人行道；3—街道

5 建筑物内不构成结构层的操作平台、上料平台（工业厂房、搅拌站和料仓等建筑中的设备操作控制平台、上料平台等），其主要作用为室内构筑物或设备服务的独立上人设施，因此不计算建筑面积；

6 附墙柱是指非结构性装饰柱；

7 室外钢楼梯需要区分具体用途，如专用于消防的楼梯，则不计算建筑面积，如果是建筑物唯一通道，兼用于消防，则需要按本规范第 3.0.20 条计算建筑面积。

3.2 钢结构工程建筑面积计算案例分析

【例 3-1】 某钢结构单层工业厂房，檐高 7.5m，建筑施工平面图，如图 3-1 所示。计算该厂房的建筑面积。

【案例分析】 建筑面积的计算主要根据建筑施工平面图（以下简称建施图）来计算，配合立面图、部分建筑详图如墙体大样图等。该案例建筑面积的计算比较简单，单层工业厂房只计算一层建筑面积（层高满足建筑面积计算规则）。建施图一般有三道尺寸线，该工程平面设计简单，呈"一"字形，按照建筑面积计算规则，建筑面积的计算是建筑物外墙勒脚以上水平面积，所以该工程建筑面积的计算直接采用第三道尺寸即建筑物外墙外围尺寸来计算建筑面积。

$$S = 30.774 \times 54.68 = 1682.72 \text{m}^2$$

注意：1. 计算时将图纸单位 mm 换成 m。

2. 边轴线到建筑物外墙外皮的尺寸 387mm 和 340mm，是由钢柱的尺寸来决定的见图 3-2，有时建施图上没标该尺寸，应该到建筑结构施工平面布置图（以下简称结施图）上去确定钢柱的截面尺寸，再根据定位轴线与钢柱的关系（在钢结构工程设计中，定位轴线有时设计在钢柱截面的中心线上，有时设计在钢柱的外皮上，要注意！）来确定外围尺寸。

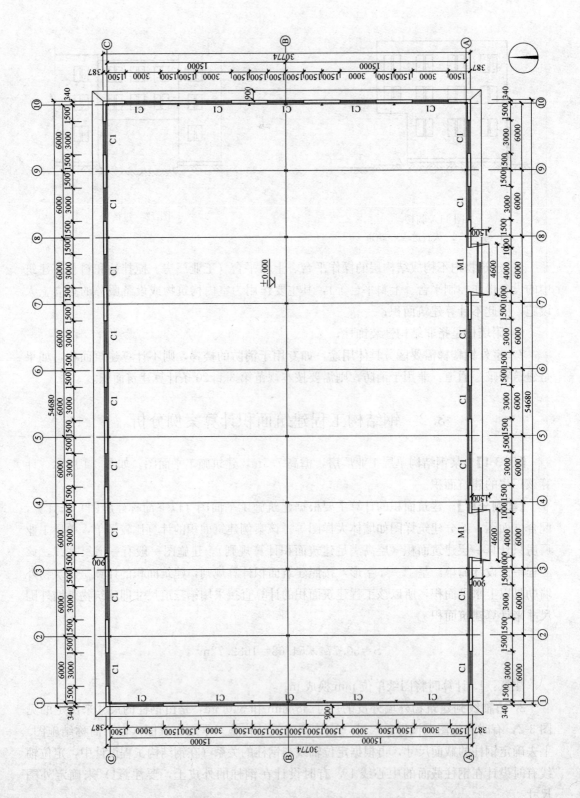

图 3-1　某单层工业厂房建筑平面施工图

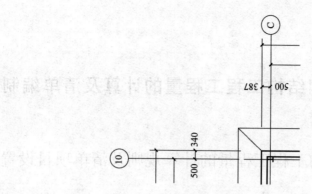

图 3-2 边轴线到建筑物外墙外皮详图

第4章 钢结构工程工程量的计算及清单编制

4.1 钢结构工程工程量的计算规则及清单项目设置

4.1.1 建筑工程工程量的计算

1. 工程量的定义及计量单位的选用

工程量是指以物理计量单位或自然计量单位所表示的各个具体分部分项工程和构配件的实物量。物理计量单位是指需要度量的具有物理性质的单位，如长度以米（m）为计量单位，面积以平方米（m²）为计量单位，体积以立方米（m³）为计量单位，质量以千克（kg）或吨（t）为计量单位等。自然计量单位指不需要度量的具有自然属性的单位，如屋顶水箱以"座"为单位，施工机械以"台班"为单位，等等。

计算单位的选择关系到工程量计算的繁简和准确性，因此，要正确采用各种计量单位。一般可以依据建筑构件的形体特点来确定：当构件三个度量都发生变化时，采用立方米（m³）为计量单位，如土石方工程、混凝土工程等；当构件的厚度有一定的规格而其他两个度量经常发生变化时，采用平方米（m²）为计量单位，如楼地面、屋面工程等；当构件的断面有一定的形状和大小，但长度经常发生变化时，采用 米（m）为计量单位，如扶手、管道等；当构件主要取决于设备或材料的质量时，可以采用千克（kg）或吨（t）为计量单位，如 钢筋工程、钢结构构件等；当构件没有一定的规格，其构造又较为复杂，可采用个、台、组、座等为计量单位，如卫生洁具、照明灯具等。

钢结构工程工程量的计算主要以吨（t）为计量单位。

2. 工程量的作用和计算依据

（1）作用

计算工程量就是根据施工图、工程量计算规则，按照预算要求列出分部分项工程名称和计算式，最后计算出结果的过程。

计算工程量是施工图预算最重要也是工作量最大的一步，其结果的准确性直接影响单位工程造价的确定，这是造价工程师的基本功，需要大量的练习。要求预算人员具有高度的责任心，耐心细致地进行计算。准确计算工程量的前提是要具备识图、熟记工程量计算规则、掌握一定的计算技巧等基本技能。

（2）计算依据

建筑工程工程量计算依据有：项目管理规范实施细则或施工组织设计、施工图纸、《2013规范》颁布的工程量计算规则、预算工作手册等等。

3. 工程量计算的基本要求、步骤和顺序

（1）工程量计算的基本要求

1）工程计量时每一项目汇总的有效位数应遵守下列规定：

以"t"为单位，应保留小数点后三位数字，第四位小数四舍五入；以"m、m^2、m^3、kg"为单位，应保留小数点后两位数字，第三位小数四舍五入；以"个、件、根、组、系统"为单位，应取整数。

钢结构工程工程量主要取决于材料的质量，钢材价值很高，所以其工程量计算时小数点后保留三位。

2）工程量计算规则

工程量计算过程中，计算规则要与规范一致，这样才有统一的计算标准。具体的计算规则详见 4.1.2 建筑工程工程量清单项目设置中金属结构部分。同时，工程量计算的要求还有，工作内容必须与《计价规范》包括的内容和范围一致；计算单位必须与《计价规范》一致；计算式要力求简单明了，按一定顺序排列。为了便于工程量的核对，在计算过程时要注明层次、部位、断面、图号等。工程量计算式一般按照长、宽、高（厚）、的顺序排列。如计算体积时，按照长×宽×高等。

（2）工程量计算的步骤

工程量计算大体上可按照下列步骤进行：

1）计算基数

所谓基数，是指在工程量计算过程中反复使用的基本数据。在工程量计算过程中离不开几个基数，即"三线一面"，如图 4-1 所示。其中"三线"是指建筑平面图中的外墙中心线（$L_中$）、外墙外边线

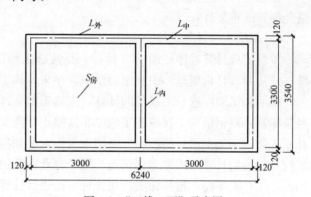

图 4-1 "三线一面"示意图

（$L_外$）、内墙净长线（$L_内$）。"一面"是指底层建筑面积（S_d）。

$L_中 = (3.00 \times 2 + 3.30) \times 2 = 18.60m$；

$L_外 = (6.24 + 3.54) \times 2 = 19.56m$ 或 $L_外 = 18.60 + 0.24 \times 4 = 19.56m$；

$L_内 = 3.30 - 0.24 = 3.06m$；

$S_d = 6.24 \times 3.54 = 22.09m^2$；

利用好"三线一面"，会使许多工程量计算化繁为简，起到事半功倍的作用。例如利用 $L_中$ 可计算外墙基槽土方、垫层、基础、圈梁、防潮层、外墙墙体等工程量；利用 $L_外$ 可计算外墙墙板、散水工程量；利用 $L_内$ 可计算内墙防潮层、内墙墙体等分项工程量；利用 S_d 可计算场地平整、地面垫层、面层等工程量。在计算过程中要尽可能注意使用前面已经计算出来的数据，减少重复计算。

2）编制统计表

所谓统计表，在土建工程中主要是指门窗洞口面积统计表和墙体构件体积统计表。在工程量计算过程中，通常会多次用到这些数据，可以预先把这些数据计算出来供以后查阅使用。例如计算砖墙、墙板工程量时会用到门窗的工程量。

3）编制加工构件的加工委托计划

目前钢结构工程非常多，为了不影响施工进度，一般要把加工的构件提前编制出来，

委托加工厂加工制作。这项工作多由造价人员来做，也有设计人员与施工人员来做的。需要注意的是，此项委托计划应把施工现场自己加工的与委托加工厂加工或去厂家订购的分开编制，以满足施工实际需要。

在做好以上 3 项工作的前提下，可进行下面的工作。

4）计算工程量

5）计算其他项目

不能用线面基数计算的其他项目工程量，如坡道、台阶等，这些零星项目应分别计算，列入各章节中，要特别注意清点，防止遗漏。

6）工程量整理、汇总

最后按《计价规范》的章节及其项目设置的顺序，对工程量进行整理、汇总，核对无误后，为定价做准备。

（3）工程量计算的一般顺序

工程量计算应按照一定的顺序依次进行，这样既可以节省时间加快计算速度，又可以避免漏算或重复计算。

1）单位工程计算顺序

单位工程计算顺序一般有 3 种：一是按施工顺序计算。二是按图纸编号顺序进行计算。三按照《计价规范》中规定的章节顺序来计算工程量。

按照施工顺序进行工程量的计算，先施工的先算，后施工的后算，要求造价人员施工经验丰富，对钢结构工程的施工顺序非常熟悉，能掌握施工全过程，从施工项目的第一个开始工作，到施工项目的最后一个结束工作，了如指掌，否则会出现漏项；按照图纸编号进行工程量的计算，由建施到结施、每个专业图纸由前到后，先算平面，后算立面，再算剖面；先算基本图，再算详图。用这种方法进行计算，要求造价人员对《计价规范》的章节内容要充分熟悉，否则容易出现项目之间的混淆及漏项；按照《计价规范》的章节顺序，由前到后，逐项对照，计算工程量。这种方法，一是要首先熟悉图纸，二是要熟练掌握《计价规范》。特别要注意有些设计采用的新工艺、新材料，或有些零星项目套不上《计价规范》的，要做补充项，不能因《计价规范》缺项而漏项。这种方法比较适合初学者、没有一定的施工经验的造价人员采用。

2）分项工程量计算顺序

分项工程量计算顺序有以下 4 种：

① 按顺时针方向计算

从图的左上角开始，顺时针方向计算，如图 4-2（a）所示。

按顺时针方向计算法就是先从平面图的左上角开始，自左到右，然后再由上到

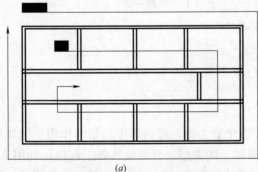

(a)

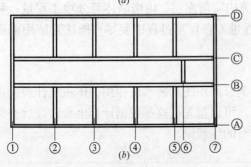

(b)

图 4-2　分项工程量计算顺序图

下，最后转回到左上角为止，按照顺时针方向依次进行工程量计算。可用于计算外墙、外墙基础、外墙基槽、楼地面、顶棚，室内装饰等工程的工程量。

② 按横竖分割计算

按照"先横后竖、先上后下、先左后右"的计算方法计算，如图 4-2 (b) 所示。

先计算横向，先上后下有 D、C、B、A 4 道；后计算竖向，先左后右有 1、2、3、4、5、6、7 共 7 道轴线。一般用于计算刚架、钢框架、内墙、内墙基础等工程量。

③ 按轴线编号顺序计算

这种方法适合于计算钢结构工程的各种钢构件如钢梁、钢柱、刚架及其内外墙基槽、内外墙基础、内外墙砌体、内外墙装饰等。

④ 按图纸上的构配件编号计算

按照图纸结构形式特点，分别计算梁、板、柱、钢梁、钢柱、刚架等。

总之工程量计算方法多种多样，在实际工作中，造价人员要根据自己的工作经验、习惯，采取各种形式和方法，做到计算准确，不漏项、不错项。工程量计算的技巧无外乎这样几条：熟记工程量计算规则；结合设计说明看图纸；利用计算基数；准确而详细的填列工程内容，快速地套项，确定价格和费用。

4.1.2 钢结构工程清单项目设置

以下是摘自《房屋建筑与装饰工程工程量计算规范》GB 50854—2013 金属结构工程部分，建筑钢结构工程工程量清单项目设置、项目特征描述的内容、计量单位及工程量计算规则，根据本部分规范编制。

1. 钢网架

工程量清单项目设置、项目特征描述、计量单位及工程量计算规则应按表 4-1 的规定执行。

钢网架 （编码：010601）　　　　　　　　　　表 4-1

项目编码	项目名称	项目特征	计量单位	工程量计算规则	工作内容
010601001	钢网架	1. 钢材品种、规格 2. 网架节点形式、连接方式 3. 网架跨度、安装高度 4. 探伤要求 5. 防火要求	t	按设计图示尺寸以质量计算。不扣除孔眼的质量，焊条、铆钉、螺栓等不另增加质量	1. 拼装 2. 安装 3. 探伤 4. 补刷油漆

2. 钢屋架、钢托架、钢桁架、钢架桥

工程量清单项目设置、项目特征描述、计量单位及工程量计算规则应按表 4-2 的规定执行。

3. 钢柱

工程量清单项目设置、项目特征描述、计量单位及工程量计算规则应按表 4-3 的规定执行。

4. 钢梁

工程量清单项目设置、项目特征描述、计量单位及工程量计算规则应按表 4-4 的规定执行。

钢屋架、钢托架、钢桁架、钢桥架（编码：010602）　　　　表 4-2

项目编码	项目名称	项目特征	计量单位	工程量计算规则	工作内容
010602001	钢屋架	1. 钢材品种、规格 2. 单榀质量 3. 屋架跨度、安装高度 4. 螺栓种类 5. 探伤要求 6. 防火要求	1. 榀 2. t	1. 以榀计量，按设计图示数量计算。 2. 以吨计量，按设计图示尺寸以质量计算。不扣除孔眼的质量，焊条、铆钉、螺栓等不另增加质量	1. 拼装 2. 安装 3. 探伤 4. 补刷油漆
010602002	钢托架	1. 钢材品种、规格 2. 单榀质量 3. 安装高度	t	按设计图示尺寸以质量计算。不扣除孔眼的质量，焊条、铆钉、螺栓等不另增加质量	
010602003	钢桁架	4. 螺栓种类 5. 探伤要求 6. 防火要求			
010602004	钢桥架	1. 桥架类型 2. 钢材品种、规格 3. 单榀质量 4. 安装高度 5. 螺栓种类 6. 探伤要求			

注：以榀计量，按标准图设计的应注明标准图代号，按非标准图设计的项目特征必须描述单榀屋架的质量。

钢柱（编码：010603）　　　　表 4-3

项目编码	项目名称	项目特征	计量单位	工程量计算规则	工作内容
010603001	实腹钢柱	1. 柱类型 2. 钢材品种、规格 3. 单根柱质量	t	按设计图示尺寸以质量计算。不扣除孔眼的质量，焊条、铆钉、螺栓等不另增加质量，依附在钢柱上的牛腿及悬臂梁等并入钢柱工程量内	1. 拼装 2. 安装 3. 探伤 4. 补刷油漆
010603002	空腹钢柱	4. 螺栓种类 5. 探伤要求 6. 防火要求			
010603003	钢管柱	1. 钢材品种、规格 2. 单根柱质量 3. 螺栓种类 4. 探伤要求 5. 防火要求		按设计图示尺寸以质量计算。不扣除孔眼的质量，焊条、铆钉、螺栓等不另增加质量，钢管柱上的节点板、加强环、内衬管、牛腿等并入钢管柱工程量内	

注：1. 实腹钢柱类型指十字、T、L、H 形等。

　　2. 空腹钢柱类型指箱形、格构等。

　　3. 型钢混凝土柱浇筑钢筋混凝土，其混凝土和钢筋应按本规范附录 E 混凝土及钢筋混凝土工程中相关项目编码列项。

5. 钢板楼板、墙板

工程量清单项目设置、项目特征描述、计量单位及工程量计算规则应按表 4-5 的规定执行。

钢梁（编码：010604）   表 4-4

项目编码	项目名称	项目特征	计量单位	工程量计算规则	工作内容
010604001	钢梁	1. 梁类型 2. 钢材品种、规格 3. 单根质量 4. 螺栓种类 5. 安装高度 6. 探伤要求 7. 防火要求	t	按设计图示尺寸以质量计算。不扣除孔眼的质量，焊条、铆钉、螺栓等不另增加质量，制动梁、制动板、制动桁架、车挡并入钢吊车梁工程量内	1. 拼装 2. 安装 3. 探伤 4. 补刷油漆
010504002	钢吊车梁	1. 钢材品种、规格 2. 单根质量 3. 螺栓种类 4. 安装高度 5. 探伤要求 6. 防火要求		按设计图示尺寸以质量计算。不扣除孔眼的质量，焊条、铆钉、螺栓等不另增加质量，制动梁、制动板、制动桁架、车挡并入钢吊车梁工程量内	

注：1. 梁类型指 H、L、T 形、箱形、格构式等。
    2. 型钢混凝土梁浇筑钢筋混凝土，其混凝土和钢筋应按本规范附录 E 混凝土及钢筋混凝土工程中相关项目编码列项。

钢板楼板、墙板（编码：010605）   表 4-5

项目编码	项目名称	项目特征	计量单位	工程量计算规则	工作内容
010605001	钢板楼板	1. 钢材品种、规格 2. 钢板厚度 3. 螺栓种类 4. 防火要求	m²	按设计图示尺寸以铺设水平投影面积计算。不扣除单个面积≤0.3m² 柱、垛及孔洞所占面积	1. 拼装 2. 安装 3. 探伤 4. 补刷油漆
010605002	钢板墙板	1. 钢材品种、规格 2. 钢板厚度、复合板厚度 3. 螺栓种类 4. 复合板夹芯材料种类、层数、型号、规格 5. 防火要求		按设计图示尺寸以铺挂展开面积计算。不扣除单个面积≤0.3m² 的梁、孔洞所占面积，包角、包边、窗台泛水等不另增加面积	

注：1. 钢板楼板上浇筑钢筋混凝土，其混凝土和钢筋应按本规范附录 E 混凝土及钢筋混凝土工程中相关项目编码列项。
    2. 压型钢楼板按钢楼板项目编码列项。

6. 钢构件

工程量清单项目设置、项目特征描述、计量单位及工程量计算规则应按表 4-6 的规定执行。

钢构件（编码：010606）   表 4-6

项目编码	项目名称	项目特征	计量单位	工程量计算规则	工作内容
010606001	钢支撑、钢拉条	1. 钢材品种、规格 2. 构件类型 3. 安装高度 4. 螺栓种类 5. 探伤要求 6. 防火要求	t	按设计图示尺寸以质量计算。不扣除孔眼的质量，焊条、铆钉、螺栓等不另增加质量	1. 拼装 2. 安装 3. 探伤 4. 补刷油漆

续表

项目编码	项目名称	项目特征	计量单位	工程量计算规则	工作内容
010606002	钢檩条	1. 钢材品种、规格 2. 构件类型 3. 单根质量 4. 安装高度 5. 螺栓种类 6. 探伤要求 7. 防火要求		按设计图示尺寸以质量计算。不扣除孔眼的质量，焊条、铆钉、螺栓等不另增加质量	1. 拼装 2. 安装 3. 探伤 4. 补刷油漆
010606003	钢天窗架	1. 钢材品种、规格 2. 单榀质量 3. 安装高度 4. 螺栓种类 5. 探伤要求 6. 防火要求			
010606004	钢挡风架	1. 钢材品种、规格 2. 单榀质量 3. 螺栓种类 4. 探伤要求 5. 防火要求			
010606005	钢墙架				
010606006	钢平台	1. 钢材品种、规格 2. 螺栓种类 3. 防火要求	t		
010606007	钢走道				
010606008	钢梯	1. 钢材品种、规格 2. 钢梯形式 3. 螺栓种类 4. 防火要求			
010606009	钢栏杆	1. 钢材品种、规格 2. 防火要求			
010606010	钢漏斗	1. 钢材品种、规格 2. 漏斗、天沟形式 3. 安装高度 4. 探伤要求		按设计图示尺寸以质量计算。不扣除孔眼的质量，焊条、铆钉、螺栓等不另增加质量，依附漏斗或天沟的型钢并入漏斗或天沟工程量内	
010606011	钢板天沟				
010606012	钢支架	1. 钢材品种、规格 2. 单件重量 3. 防火要求		按设计图示尺寸以质量计算。不扣除孔眼的质量，焊条、铆钉、螺栓等不另增加质量。	
010606013	零星钢构件	1. 构件名称 2. 钢材品种、规格			

注：1. 钢墙架项目包括墙架柱、墙架梁和连接杆件。

2. 钢支撑、钢拉条类型指单式、复式；钢檩条类型指型钢式、格构式；钢漏斗形式指方形、圆形；天沟形式指矩形沟或半圆形沟。

3. 加工铁件等小型构件，应按零星钢构件项目编码列项。

7. 金属制品

工程量清单项目设置、项目特征描述、计量单位及工程量计算规则应按表 4-7 的规定
执行。

金属制品（编码：010607）　　　　　　　　　　　　　　　　　　　　表 4-7

项目编码	项目名称	项目特征	计量单位	工程量计算规则	工作内容
010607001	成品空调金属百叶护栏	1. 材料品种、规格 2. 边框材质	m²	按设计图示尺寸以框外围展开面积计算	1. 安装 2. 校正 3. 预埋铁件及安螺栓
010607002	成品栅栏	1. 材料品种、规格 2. 边框及立柱型钢品种、规格			1. 安装 2. 校正 3. 预埋铁件 4. 安螺栓及金属立柱
010607003	成品雨篷	1. 材料品种、规格 2. 雨篷宽度 3. 晾衣杆品种、规格	1. m 2. m²	1. 以米计量，按设计图示接触边以米计算； 2. 以平方米计量，按设计图示尺寸以展开面积计算	1. 安装 2. 校正 3. 预埋铁件及安螺栓
010607004	金属网栏	1. 材料品种、规格 2. 边框及立柱型钢品种、规格	m²	按设计图示尺寸以框外围展开面积计算	1. 安装 2. 校正 3. 安螺栓及金属立柱
010607005	砌块墙钢丝网加固	1. 材料品种、规格 2. 加固方式		按设计图示尺寸以面积计算	1. 铺贴 2. 铆固
010607006	后浇带金属网				

注：抹灰钢丝网加固按本表中砌块墙钢丝网加固项目编码列项。

8. 其他相关问题按下列规定处理

（1）金属构件的切边，不规则及多边形钢板发生的损耗在综合单价中考虑。

（2）防火要求指耐火极限。

4.2　EXCEL 表格在工程量计算中的应用

手工计算工程量是一项即繁杂又需要有条理的工作，工程计价过程中也会涉及大量
的数据处理，如统计、计算等。EXCEL 所提供的强大数据处理功能，为我们更加灵活
地处理工程量计算中的各类数据提供了方便。工程量计算我强力推荐造价人员充分利
用电子表格，利用 EXCEL 进行工程量的计算与手工算量思路一致，便于检查，更利
于复核。非常容易为造价人员接受。图 4-3 就是一个利用 EXCEL 进行工程量计算的
例子。

在此计算书中，各项计算要素根据造价人员的计算思路，详细地、有调理地列出，如

Microsoft Excel - 广汇石材工程量计算

	A	C	D	E	F	G	H	I	J	K	L
1											
2		广汇石材3号楼工程量计算									
3											
4	WL										
5	构件名称		宽度	厚度	长度	个数	单块面积	单块体积	单块重量	总面积	总重量
6	WL-1	钢板1：-20	0.16	0.02	4.165	1	0.6664	0.013328	0.104625	0.6664	0.104625
7		钢板2：-2.5	0.06	0.0025	4.165	2	0.2499	0.000625	0.004904	0.4998	0.009809
8	WL-1a	钢板1：-20	0.16	0.02	4.34	1	0.6944	0.013888	0.109021	0.6944	0.109021
9		钢板2：-2.5	0.06	0.0025	4.34	2	0.2604	0.000651	0.00511	0.5208	0.010221
10	WL-1b	钢板1：-20	0.16	0.02	4.515	1	0.7224	0.014448	0.113417	0.7224	0.113417
11		钢板2：-2.5	0.06	0.0025	4.515	2	0.2709	0.000677	0.005316	0.5418	0.010633
12	WL-1c	钢板1：-20	0.16	0.02	4.69	1	0.7504	0.015008	0.117813	0.7504	0.117813
13		钢板2：-2.5	0.06	0.0025	4.69	2	0.2814	0.000704	0.005522	0.5628	0.011045
14	WL-1d	钢板1：-20	0.16	0.02	4.865	1	0.7784	0.015568	0.122209	0.7784	0.122209
15		钢板2：-2.5	0.06	0.0025	4.865	2	0.2919	0.00073	0.005729	0.5838	0.011457
16	WL-1e	钢板1：-20	0.16	0.02	5.04	1	0.8064	0.016128	0.126605	0.8064	0.126605
17		钢板2：-2.5	0.06	0.0025	5.04	2	0.3024	0.000756	0.005935	0.6048	0.011869
18	WL-1f	钢板1：-20	0.16	0.02	5.114	1	0.81824	0.016365	0.128464	0.81824	0.128464
19		钢板2：-2.5	0.06	0.0025	5.114	2	0.30684	0.000767	0.006022	0.61368	0.012043

图 4-3　工程量计算电子表格图

图纸编号、构件名称、计算内容；同时充分展示计算过程，列式越详细越好，如构件个数、详细图纸计量尺寸、个数统计、计算公式等等逐一列出，这样不仅计算仔细不容易出错，另外也便于造价文件的存档，为日后结算、审计等工作的高效进行打好基础。

另外，EXCEL 在数据处理方面，如数据的加、减、乘、除及函数的基本运算方面，功能强大，节省我们计算工程量的大量时间，而且保证数据的正确性。另外也非常方便我们进行计算书的修改工作。其次，EXCEL 在统计构件个数、传递中间计算数据方面，功不可没。

总之，EXCEL 在工程造价管理过程中具有非常重要的应用地位，很多功能的实现和应用技巧需要在实际工作中去实践，限于篇幅，不再赘述。

4.3　钢结构工程工程量清单编制

从事钢结构工程工程量的计算工作，首先要看懂钢结构工程施工图。钢结构工程图纸有其特定的表达内容，如钢结构工程选用材料的标注、螺栓的表达、焊缝的表示、尺寸标注等。这些内容反映在图纸上，有别于大家比较熟悉的砌体结构和混凝土结构的施工图，所以必须掌握钢结构工程制图基本知识。另外，进行钢结构工程计价前，特别是进行清单计价，报价要求根据清单所示项目特征进行综合报价，所以造价人员必须具备熟悉钢结构工程构造、掌握钢结构工程施工知识的专业知识，才能进行充分报价。随着近年来我国高层、超高层、大跨、超大跨建筑的不断涌现，钢结构工程越来越多，围绕钢结构工程的计量与计价越来越多。许多工程造价人员在进行钢结构工程的造价相关工作时，总觉得钢结构工程不敢作、不会做，无从下手，其实根据我们的工作体会，主要在两个方面存在困难：(1) 是许多工程造价人员接触混凝土工程很多，钢结构工程毕竟是近年来的新型结构形式，接触较少，对钢结构工程的识图存在一定的困难，进而影响对钢结构工程的深刻理解。(2) 对钢结构工程的构造不熟悉、对钢结构工程的施工工艺施工不清楚，影响清单报价。钢结构工程制图是有它独特的表达方式，具体内容应该学习《建筑结构制图标准》(GB/T 50105—2010) 中的相关章节，为方便广大读者学习，我们将钢结构制图、识图相关内容选编为附录 A，请读者翻阅。只要熟记这些制图标准，识图算量应该没问题；关于钢结构工程的构造及施工方面的知识，我们将在第 5 章进行专门的讲解。

4.3.1 工程量清单编制的一般规定

由《2013 规范》，工程量清单由分部分项工程项目清单、措施项目清单、其他项目清单、规费项目清单、税金项目清单组成。

1. 工程量清单编制的一般规定

(1) 招标工程量清单应由具有编制能力的招标人或受其委托，具有相应资质的工程造价咨询人或招标代理人编制。

(2) 招标工程量清单必须作为招标文件的组成部分，其准确性和完整性由招标人负责。(黑体字为强制性条文)

(3) 招标工程量清单是工程量清单计价的基础，应作为编制招标控制价、投标报价、计算工程量、工程索赔等的依据之一。

(4) 工程量清单应由分部分项工程量清单、措施项目清单、其他项目清单、规费项目清单、税金项目清单组成。

(5) 编制工程量清单应依据

1) 本规范和相关工程的国家计量规范。

2) 国家或省级、行业建设主管部门颁发的计价依据和办法。

3) 建设工程设计文件。

4) 与建设工程有关的标准、规范、技术资料。

5) 拟定的招标文件。

6) 施工现场情况、工程特点及常规施工方案。

7) 其他相关资料。

2. 分部分项工程项目

(1) 对于分部分项工程项目清单必须载明项目编码、项目名称、项目特征、计量单位和工程量。(黑体字为强制性条文)

(2) 而分部分项工程项目清单必须根据相关工程现行的国家计量规范规定的项目编码、项目名称、项目特征、计量单位和工程量计算规则进行编制。(黑体字为强制性条文)

3. 措施项目

(1) 措施项目清单必须根据相关工程现行的国家计量规范规定编制。(黑体字为强制性条文)

(2) 措施项目清单应根据拟建工程的实际情况列项。

4. 其他项目

(1) 其他项目清单应按照下列内容列项。

1）暂列金额。

2）暂估价。包括材料暂估单价、工程设备暂估单价、专业工程暂估价。

3）计日工。

4）总承包服务费。

其他项目清单出现以上 4 条未列的项目，应根据工程实际情况补充。

（2）暂列金额应根据工程特点，按有关计价规定估算。

（3）暂估价中的材料、工程设备暂估价应根据工程造价信息或参照市场价格估算，列出明细表；而专业工程暂估价应分不同专业，按有关计价规定估算，列出明细表。

（4）计日工应列出项目名称、计量单位和暂估数量。

（5）总承包服务费应列出服务项目及其内容等。

5. 规费

规费项目清单应按照下列内容列项：

（1）工程排污费。

（2）社会保障费：包括养老保险费、失业保险费、医疗保险费。

（3）住房公积金。

（4）工伤保险 。

规费项目清单出现以上 4 条未列的项目，应根据省级政府或省级有关权力部门的规定列项。

6. 税金

税金项目清单应包括下列内容：

（1）营业税。

（2）城市维护建设税。

（3）教育费附加。

（4）地方教育附加。

规费项目出现以上 4 条未列的项目，应根据税务部门的规定列项。

4.3.2　钢结构工程工程量清单的编制格式

工程量清单格式应符合《2013 规范》规定。工程量清单的编制使用表格包括表 4-8～表 4-19。

扉页应按规定的内容填写、签字、盖章，由造价员编制的工程量清单应有负责审核的造价工程师签字、盖章。受委托编制的工程量清单，应有造价工程师签字、盖章以及工程造价咨询人盖章。

总说明应按下列内容填写：

（1）工程概况：建设规模、工程特征、计划工期、施工现场实际情况、自然地理条件、环境保护要求等。

（2）工程招标和专业工程发包范围。

（3）工程量清单编制依据。

（4）工程质量、材料、施工等特殊要求。

（5）其他需要说明的东西。

招标工程量清单封面 表 4-8

_____工程

招标工程量清单

招标人：_____

（单位盖章）

造价咨询人：_____

（单位盖章）

年　　月　　日

招标工程量清单封面　　　　　　　　　　　　**表 4-9**

_____工程

招标工程量清单

招　标　人：_____　　　　造价咨询人：_____

　　　　　　　（单位盖章）　　　　　　　　　　　　　（单位资质专用章）

法定代表人　　　　　　　　　　　　　　　法定代表人

或其授权人：_____　　　或其授权人：_____

　　　　　　　（签字或盖章）　　　　　　　　　　　　（签字或盖章）

编　制　人：_____　　　　复　核　人：_____

　　　　（造价人员签字盖专用章）　　　　　　　　（造价工程师签字盖专用章）

编制时间：　　　年 月 日　　　复核时间：　　　年 月 日

总说明

表 4-10

工程名称

分部分项工程和单价措施项目清单与计价表　　　表 4-11

序号	项目编码	项目名称	项目特征描述	计量单位	工程量	金额（元）		
						综合单价	合价	其中
								暂估价
			本页小计					
			合　　计					

注：为计取规费等的使用，可在表中增设其中："定额人工费"。

总价措施项目清单与计价表　　　表 4-12

工程名称：　　　　　　标段：　　　　　　　　第 页 共 页

序号	项目编码	项目名称	计算基础	费率（%）	金额（元）	调整费率（%）	调整后金额（元）	备注
		安全文明施工费						
		夜间施工费						
		二次搬运费						
		冬雨期施工						
		已完工程及设备保护						
		合　　计						

注：1. "计算基础"中安全文明施工费可为"定额计价"、"定额人工费"或"定额人工费＋定额机械费"，其他项目可为"定额人工费"或"定额人工费＋定额机械费"。

　　2. 按施工方案计算的措施费，若无"计算基础"和费率的数值，也可只填"金额"数值，但应在备注栏说明施工方案出处或计算方法。

其他项目清单与计价汇总表

表 4-13

工程名称：　　　　　　　　标段：　　　　　　　　第 1 页　共 1 页

序号	项 目 名 称	金额(元)	结算金额(元)	备　　注
1	暂列金额			明细详见表 4-14
2	暂估价			
2.1	材料(工程设备)暂估价/结算价		—	明细详见表 4-15
2.2	专业工程暂估价/结算价			明细详见表 4-16
3	计日工			明细详见表 4-17
4	总承包服务费			明细详见表 4-18
5	索赔与现场签证			
	合　　　　计			—

注：材料暂估单价进入清单项目综合单价，此处不汇总。

暂列金额明细表

表 4-14

工程名称：　　　　　　　　标段：　　　　　　　　第　页　共　页

序号	项 目 名 称	计量单位	暂定金额(元)	备　　注
1				
2				
3				
4				
5				
6				
7				
8				
9				
10				
11				
	合计			—

注：此表由招标人填写，如不能详列，也可只列暂定金额总额，投标人应将上述暂列金额计入投标总价中。

材料（工程设备）暂估单价表及调整表　　　表 4-15

工程名称：　　　　　　标段：　　　　　　第　页　共　页

序号	材料(工程设备)名称、规格、型号	计量单位	数量		暂估(元)		确认(元)		差额±(元)		备注
			暂估	确认	单价	合价	单价	合价	单价	合价	

注：此表由招标人填写"暂估单价"，并在备注栏说明暂估价的材料、工程设备拟用在哪些清单项目上，投标人应将上述材料、工程设备暂估单价计入工程量清单综合单价报价中。

专业工程暂估价表及结算价表　　　表 4-16

工程名称：　　　　　　标段：　　　　　　第　页　共　页

序号	工程名称	工程内容	暂估金额(元)	结算金额(元)	差额±(元)	备注
	合计					

注：此表由招标人填写，投标人应将上述专业工程暂估价计入投标总价中。

计日工表 表 4-17

工程名称：　　　　　　　　　标段：　　　　　　　　　　　　　　　　第 页 共 页

编号	项 目 名 称	单位	暂定数量	综合单价（元）	合价（元）	
					暂定	实际
一	人工					
1						
2						
3						
4						
	人工小计					
二	材料					
1						
2						
3						
4						
5						
6						
	材料小计					
三	施工机械					
1						
2						
3						
4						
	施工机械小计					
四、企业管理费和利润						
	总计					

注：此表项目名称、数量由招标人填写，编制招标控制价时，单价由招标人按有关计价规定确定；投标时，单价由投标人自主报价，计入投标总价中。

总承包服务费计价表　　　　表 4-18

工程名称：　　　　　标段：　　　　　　第　页　共　页

序号	项目名称	项目价值(元)	服 务 内 容	计算基础	费率(%)	金额(元)
1	发包人发包专业工程					
2	发包人供应材料					
	合计	—		—		—

规费、税金项目清单与计价表　　　　表 4-19

工程名称：　　　　　标段：　　　　　　第　页　共　页

序号	项 目 名 称	计 算 基 础	费率(%)	金额(元)
1	规费	定额人工费		
1.1	社会保险费	定额人工费		
(1)	养老保险费	定额人工费		
(2)	失业保险费	定额人工费		
(3)	医疗保险费	定额人工费		
(4)	工伤保险费	定额人工费		
(5)	生育保险费	定额人工费		
1.2	住房公积金	定额人工费		
1.3	工程排污费	按工程所在地环境保护部门收取标准,按实计入		
2	税金	分部分项工程费＋措施项目费＋其他项目费＋规费－按规定不计税的工程设备金额		
	合计			

4.4 钢结构工程工程量清单编制案例详析

4.4.1 钢结构工程单一构件工程量清单编制案例

我们先从单一钢结构构件入手，练习一下钢结构识图、工程量的计算及其工程量清单的编制。

【例 4-1】 某钢结构工程中一钢梁 L—1g 施工图如图 4-4。根据图纸获知，钢构件采用 M20 摩擦型连接的高强度螺栓 10.9 级，钢梁采用 Q345B，截面（mm）：400×200×8×12，共 100 根，无损探伤，防火设计钢梁为 2.5h。计算该钢梁的工程量，编制其工程量清单。

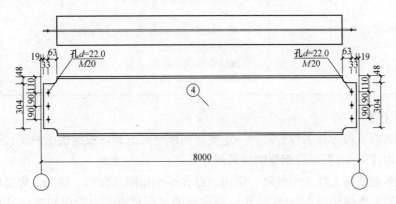

图 4-4 某工程钢梁的施工图 L—1g

解： 目前钢结构工程中，钢梁的截面形式以 H 型钢居多。H 型钢截面分为标准 H 型钢和焊接 H 型钢。标准 H 型钢为钢厂定型产品，设计如选材选标准 H 型钢，则图纸表示为 GBH×B×t_1×t_2（t_1 为腹板厚度，t_2 为翼缘板厚度）。施工时仅根据设计长度来截取安装施工，其工程量计算时根据附录 B 中 B5 表格，查出其每米质量，根据图纸计算钢梁的长度，利用公式（式 4-1）：

$$G＝钢梁长度×kg/m \tag{式 4-1}$$

即可计算出钢构件质量。也就是说标准 H 钢构件工程量计算的关键是根据图纸确定其构件净长。

本工程钢梁在选材时，没有选用标准 H 型钢，而是选用焊接 H 型钢。我们应该了解，焊接 H 钢梁是用三块钢板焊接而成，所以计算其吨位不能按标准 H 型钢的思路来考虑，而是按图示净尺寸计算每块钢板的体积，乘以其密度 7.85kg/m³，以 t 计。而体积的计算关键是通过图纸确定其钢板的净长，由公式（式 4-2）：

$$G＝（净长×净宽×厚度）×7.85 \tag{式 4-2}$$

便可计算出钢构件质量。这显然要比标准 H 型钢的计算要复杂。注意：体积计算时长度单位以 m 计算。

我们回到本案例中来。根据图 4-4 所示，钢梁轴线长度是 8000mm，但钢梁每边到轴线有 19mm 的缝隙，所以钢梁的净长：

$$L_{净}=8000-2\times19=7962\text{mm}=7.962\text{m};$$

钢梁的截面面积：

$$S=[2\times0.2\times0.012+(0.4-2\times0.012)\times0.008]=7.808\times10^{-3}\ \text{m}^2$$

钢梁的工程量：

$$G=100(根数)\times7.962\times7.808\times10^{-3}\times7.85=48.801\text{kg}=0.049\text{t}$$

工程量清单编制如下，见表 4-20 所示：

分部分项工程量清单　　　　　　　　　　　　　　　　　　　　　表 4-20

工程名称：××工程　　　　　　　　　　　　　　　　　　　　　第 1 页　共 1 页

序号	项目编码	项目名称	项目特征	计量单位	工程数量
1	010604001001	钢梁	1. 钢框架梁。 2. Q345B，焊接 H 型钢。 3. 每根重 0.49kg。 4. M20 摩擦型连接高强度螺栓 10.9 级。 5. 安装高度：8.00m。 6. 探伤要求：无损探伤。 7. 防火要求：2.5 小时	t	0.049

【案例分析】

（1）钢结构工程计算工程量时，一定要将图纸研究清楚，根据图纸的设计计算钢构件的净尺寸，如【例 4-1】中的钢梁的净长的计算。

（2）计算钢结构工程工程量时，切边、打孔等不扣除其面积，螺栓、焊缝增加的质量也不增加。如本案例中的 M20 螺栓孔计算钢梁的工程量时，没考虑扣减；另外钢梁两头的切边也没考虑减除。

（3）钢结构工程工程量清单中的工程量是图纸净量，算多少就是多少，不包括任何损耗（损耗在报价中考虑）。

（4）清单编制中的项目特征，非常重要，对报价影响很大，必须写清楚。其中很多信息都来自于图纸。这要求造价人员必须懂专业，看懂图纸、吃透图纸，根据 13 计价规范要求，用最精简的专业语言，逐项列明。如本案例中探伤要求、防火要求、安装高度、材质等等。

【例 4-2】 某钢结构工程钢柱 Z-1 施工详图见图 4-5 所示，材质是 Q345B，选用 GBH300×150×6.5×9。钢构件采用 M20 摩擦型连接的高强度螺栓 10.9 级，共 50 根，无损探

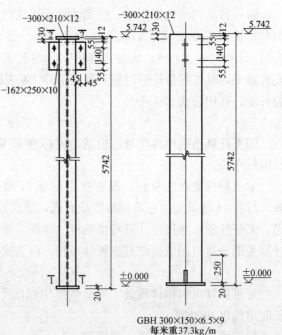

GBH 300×150×6.5×9
每米重 37.3kg/m

图 4-5　某工程钢柱 Z-1 详图

伤，防火设计钢梁为 2.5h。

解：本工程钢柱选用 GBH 型钢，这是定型产品。工程量计算时只要统计钢柱净长即可。其质量可查表计算。由表可知，其质量是 37.3kg/m。

看图 4-5，钢柱总长度 5742mm，但该钢柱上有一 -300×210×12 的钢板，下有一厚度为 20mm 的钢板，所以钢柱的净长：

$$L_净 = (5.742 - 0.02 - 0.012) = 5.71\text{m}$$
$$G = 50(根数) \times 5.71 \times 37.3 = 10649.15\text{kg} = 10.649\text{t}$$

该案例工程量清单编制略，读者可自己练习编制。

【案例分析】

钢结构工程进行钢材用量统计时，离不开大量的各种型钢计算表格。所以，进行钢结构工程造价工作时，应将各种型钢计算表格准备好，以利于材料吨位的计算。为方便广大读者，本人将平时工作中积累、收集的各种型钢的计算数据，汇编为附录 B 型钢规格表，供读者参照。

【例 4-3】 某工程门式刚架施工图，如图 4-6、表 4-21 所示，试计算该工程 GJ-1 的工程量。

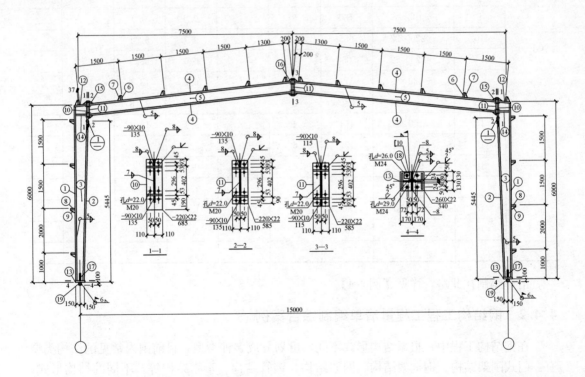

图 4-6 刚架施工图 GJ-1 1:50

解：钢结构工程工程量的计算要充分利用材料表。目前的钢结构工程设计软件出施工图时都带材料表，而且我复核多次，工程量统计很准。这为我们快速计算用钢量提供便利。

本工程从材料表看出，该刚架钢梁、钢柱都选用焊接 H 型钢。所以都要通过钢材的体积来求得质量。看钢架施工图中钢板编号，从 1 到 19，从焊接 H 型钢的钢板到连接用的垫板，大大小小钢板 19 种规格，材料表也统计了各自的块数及其每块钢板的质量。如 11 号钢板，规格是：－220×22，即宽 220mm，厚度 22mm，长度 585mm；块数 4 块；单块重 22.2kg，4 块总重 88.9kg。以此类推，本钢架一榀质量是 1591.9kg。

材料表   表 4-21

材料表

构件编号	零件编号	规格	长度(mm)	数量		质量(kg)			备注
				正	反	单重	共重	总重	
GJ—1	1	－220×10	5958	2		102.9	205.8	1591.9	
	2	－220×10	5428	2		93.7	187.5		
	3	－461×8	6004	2		142.4	284.8		
	4	－220×8	7148	4	98.8	395.0			
	5	－384×6	7186	2		129.3	258.6		
	6	－160×6	160	12		1.2	14.5		
	7	－100×6	160	12		0.8	9.0		
	8	－160×6	160	8		1.2	9.6		
	9	－100×6	160	8		0.8	6.0		
	10	－220×22	685	2		26.0	52.1		
	11	－220×22	5858	4		22.2	88.9		
	12	－220×8	474	2		6.5	13.1		
	13	－260×20	340	2		13.9	27.8		
	14	－106×8	461	4		3.1	12.3		
	15	－90×10	135	6		1.0	5.7		
	16	－90×10	115	4		0.8	3.2		
	17	－126×8	250	4		2.0	7.9		
	18	－80×20	80	8		1.0	8.0		
	19	[10	100	2		1.0	2.0		

清单编制在此略，详见【例 4-4】。

4.4.2　钢结构工程工程量清单编制综合案例

在钢结构工程中，根据结构形式不同，可划分成多种类型，目前国内常见的结构类型有：门式刚架结构、钢框架结构、网架结构、钢管结构、索膜结构等。不同的结构形式，构造、施工工艺大不相同。所以要想精确计算各种钢结构形式的工程量，合理地编制其清单，必须掌握其构造，熟悉钢结构工程的施工工艺。为了广大读者快速熟练地掌握钢结构工程清单的编制，下面简单地介绍一下钢结构工程的构造知识。关于钢结构工程相关的施工工艺详见第 5 章相关内容。

1. 门式刚架结构

门式刚架结构起源于 20 世纪 40 年代，在我国也已经有 20 年的发展史，由于投资少、施工速度快，目前广泛应用于各种房屋中，在工业厂房中最为常见，单跨跨度可达 36m 甚至更大，很容易满足生产工艺对大空间的要求。

门式刚架屋盖体系大多由冷弯薄壁型钢檩条、压型钢板屋面板组成，外墙一般采用冷弯薄壁型钢墙梁和压型钢板墙板，也可以采用砌体外墙或下部为砌体上部为轻质材料的外墙。当刚架柱间距较大时，檩条之间、墙梁之间一般设置圆钢拉条。由于山墙风荷载较大，山墙需要设置抗风柱，同时也便于山墙墙梁和墙面板的安装固定，如图 4-7 所示。

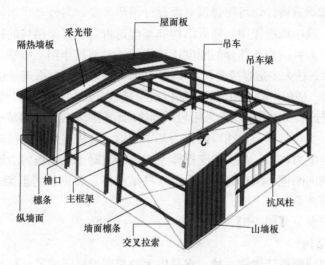

图 4-7 门式刚架房屋的组成示意图

另外，为了保证结构体系的空间稳定，还需要设置柱间支撑、屋面支撑、系杆等支撑体系。柱间支撑一般由张紧的交叉圆钢或角钢组成，屋面支撑大多采用张紧交叉圆钢，系杆采用钢管或其他型钢。当有吊车时，除了吊车梁外，还需要设置吊车制动系统，如制动梁或制动桁架等。门式刚架的基础采用钢筋混凝土独立基础。

掌握了门式刚架这些基本构造知识以后，进行识图算量，按照一定的顺序，逐一构件地统计工程量，就不会感觉无从下手；另外算量过程中，想着构件种类，逐一计算，也不会出现漏算的错误。具体计算过程参见【例 4-4】。

2. 框架结构

钢框架是由钢梁和钢柱连接组成的一种结构体系，梁与柱的连接可以是刚接或者铰接，但不宜全部铰接。当梁柱全部为刚接时，也称为纯框架结构，如图 4-8 所示。中、低

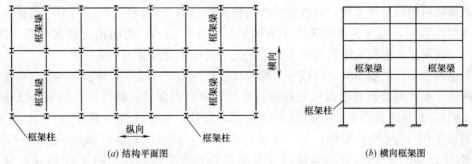

(a) 结构平面图   (b) 横向框架图

图 4-8 纯框架结构体系

层钢结构房屋多采用空间框架结构体系，即沿房屋的纵向和横向均采用刚接框架作为主要承重构件和抗侧力构件，也可以采用平面框架体系。

框架结构是现代高楼结构中最早出现的结构体系，也是从中、低层到高层范围内广泛采用的最基本的主体结构形式。框架结构无承重墙，对建筑设计而言具有很高的自由度，建筑平面布置灵活，可以做成有较大空间的会议室、餐厅、营业室、教室等，便于实现人流、物流等建筑功能。需要时可用隔断分割成小房间，或拆除隔断改成大房间，使用非常灵活。外墙采用非承重构件，可使建筑立面设计灵活多变，另外轻质墙体的使用还可以大大降低房屋自重，减小地震作用，降低结构和基础造价。钢框架结构的构件易于标准化生产，施工速度快，而且结构各部分的刚度比较均匀，对地震作用不敏感。

钢框架中的梁、柱大多是焊接或轧制 H 形截面，层数较多时框架柱也可以采用箱形截面或者钢管混凝土。楼板一般采用现浇钢筋混凝土楼板或压型钢板—钢筋混凝土组合楼板，为了减轻自重，围护墙及内隔墙一般采用轻质砌块墙、轻质板材墙、幕墙等轻质墙体系。

当框架结构层数较多时，往往以框架为基本结构，在房屋纵向、横向或其他主轴方向布置一定数量的抗侧力体系，如桁架支撑体系、钢筋混凝土或钢板剪力墙、钢筋混凝土筒等，来增大结构侧向刚度，减小侧向变形，这些结构体系分别称为框架-支撑体系、框架-剪力墙体系、框筒体系。

具体计算过程参见【例 4-5】。

3. 网架屋盖结构

网架结构是空间网格结构的一种，它是以大致相同的格子或尺寸较小的单元组成。由于网架结构具有优越的结构性能，良好的经济型、安全性与适用性，在我国的应用也比较广泛，特别是在大型公共建筑和工业厂房屋盖中更为常见。

人们通常将平板型的空间网格结构称为网架，将曲面型的空间网格结构称为网壳。网架一般是双层的，在某些情况下也可以做成三层，网壳只有单层和双层两种。网架的杆件多为钢管，有时也采用其他型钢，材质为 Q235 或 Q345。平板网架无论在设计、制作、施工等方面都比较简便，适用于各种跨度屋盖。

平板网架的类型很多。根据支承条件不同，可以分为周边支承网架（图 4-9 (a)）、三边支承网架、两边支承网架、点式支承网架（图 4-9 (b)）以及混合支承网架等多种。周边支承是指网架周边节点全部搁置在下部结构的梁或柱上，受力条件最好；三边、两边支承是指网架仅有两边或三边设置支承；点式支承是指仅部分节点设置支承，主要用于周边缺乏支承条件的网架；混合支承是上述几种情况的组合。

根据网格组成情况不同，可以分为四角锥网架（图 4-9）和三角锥网架；根据网格交叉排列形式不同，可分为两向正交正放网架（图 4-9 (a)）、两向正交斜放网架（图 4-9 (b)）、三向网架，比较常用的网架形式是正交正放或正交斜放四角锥网架。

根据网架节点类型不同，可以分为螺栓球节点网架、焊接空心球节点网架、焊接钢板节点网架三类，焊接钢板节点应用较少。螺栓球节点由螺栓、螺栓球、销子（或止紧螺钉）、套筒、封板或锥头组成，如图 4-10 所示。套筒、封板或锥头多采用 Q235 或 Q345钢，钢球采用 45 号钢，螺栓、销子（或止紧螺钉）高强度钢材，如 45 号钢、40B 钢、40Cr 钢或 20MnTiB 钢。空心球可以分为不加肋和加肋两种，如图 4-11 所示，材料为Q235 或 Q345 钢。

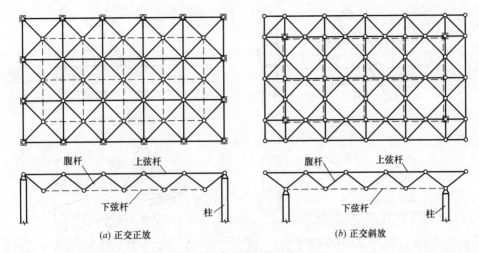

(a) 正交正放　　　　　　　　　　　(b) 正交斜放

图 4-9　四角锥网架图

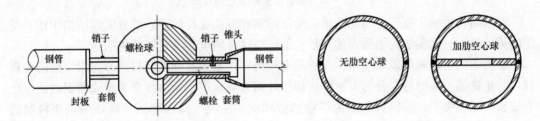

图 4-10　螺栓球节点图　　　　　　　　　图 4-11　焊接空心球图

为减轻自重，网架屋面材料大多采用轻质复合板、玻璃、阳光板等。轻质板通过檩条或铝型材与网架上弦球上的支托板连接，混凝土板则通过四角预埋件与支托板连接。

具体计算详见【例 4-6】。

4. 钢管结构

由闭口管形截面组成的结构体系称为钢管结构。闭口管形截面有很多优点，如抗扭性能好、抗弯刚度大等。如果构件两端封闭，耐腐蚀性也比开口截面有利。此外，用闭口管形截面组成的结构外观比较悦目，也是一个优点。

近些年来，钢管结构在我国得到了广泛的应用，除了网架（壳）结构外，许多平面及空间桁架结构体系均采用钢管结构，特别是在一些体育场、飞机场等大跨度索膜结构中，作为主承重体系的钢管桁架结构应用广泛。但是由于在节点处无连接板件，支管与主管的交界线属于空间曲线，钢管切割、坡口及焊接时难度大，工艺要求高。

根据截面形状不同，闭口管形截面有圆管截面和方管（矩形管）截面两大类。根据加工成型方法不同，可分为普通热轧钢管和冷弯成型钢管两类，其中普通热轧钢管又分热轧无缝管和高频电焊直缝管等多种。钢管的材料一般采用 Q235 或 Q345 钢。

钢管结构的节点形式很多，如 X 形节点、T 形节点、Y 形节点、K 形节点、KK 形节点等，如图 4-12 所示，其中 KK 形节点属于空间节点。

具体计算详见【例 4-7】。

5. 索膜结构

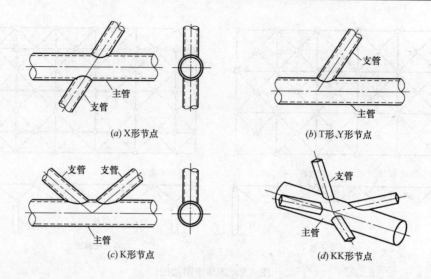

(a) X形节点　　　　　　　　　*(b)* T形、Y形节点

(c) K形节点　　　　　　　　　*(d)* KK形节点

图 4-12　钢管结构的节点形式图

索膜结构中的主要受力单元是单向受拉的索和双向受拉的膜，部分索膜结构中还有受压的桁架结构。索膜结构的最大优点是它的经济性，跨度越大经济性越明显。

索膜结构中，索可以是线材、线股或钢丝绳，均采用高强度钢材，外露索一般需要镀锌，防止锈蚀。膜的材料分为织物膜材和箔片两大类，织物是由纤维平织或曲织做成，已有较长的应用历史，可以分为聚酯织物和玻璃织物两类。高强度箔片都是由氟塑料制造的，近几年才开始用于结构，具有较高的透光性、防老化性和自洁性。

图 4-13　鸟巢、水立方图

总之，读者在掌握钢结构工程的构造知识后，才能在统计钢结构工程的工程量工作中做到思路清晰、知道自己要算什么，该计算那些构件的工程量。同时配合《2013 规范》的学习，正确执行计量规范，在清单编制过程中，正确地设置清单项目，并合理地合并某些构件的工程量。

下面我们每一结构形式选一工程实例，学习钢结构工程工程量清单的编制。

【例 4-4】　某单位拟建一钢结构车间，采用单层门式刚架，施工图如图 4-14～图 4-31，表 4-22。本案例主要是根据该车间的施工图，编制钢结构部分的工程量清单（不包括基础及土建部分）。

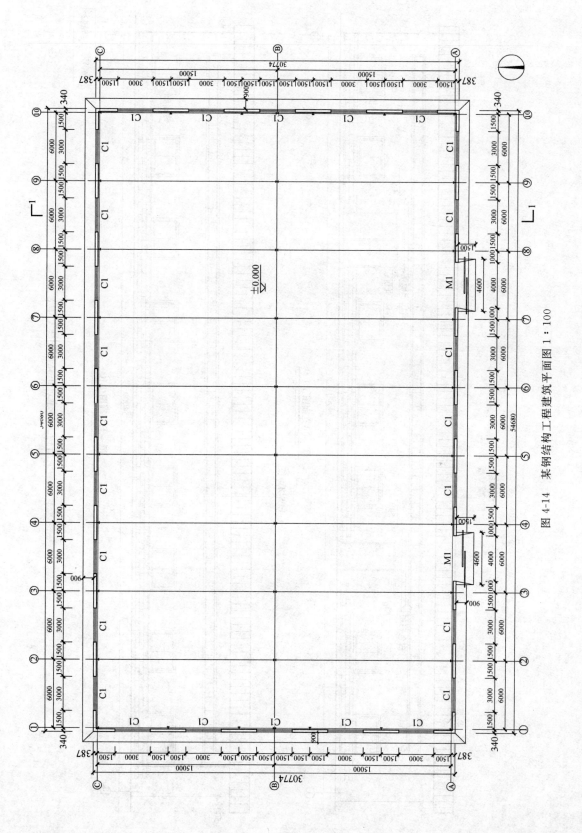

图 4-14　某钢结构工程建筑平面图 1：100

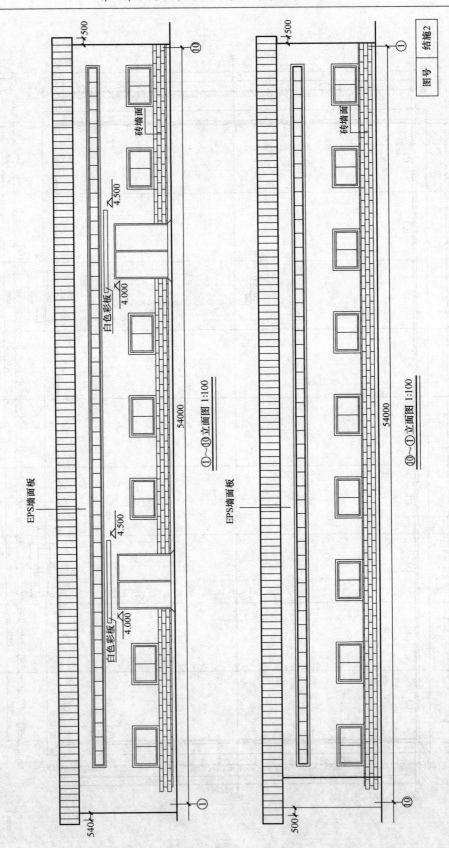

图 4-15　某钢结构工程建筑正立面图 1：100

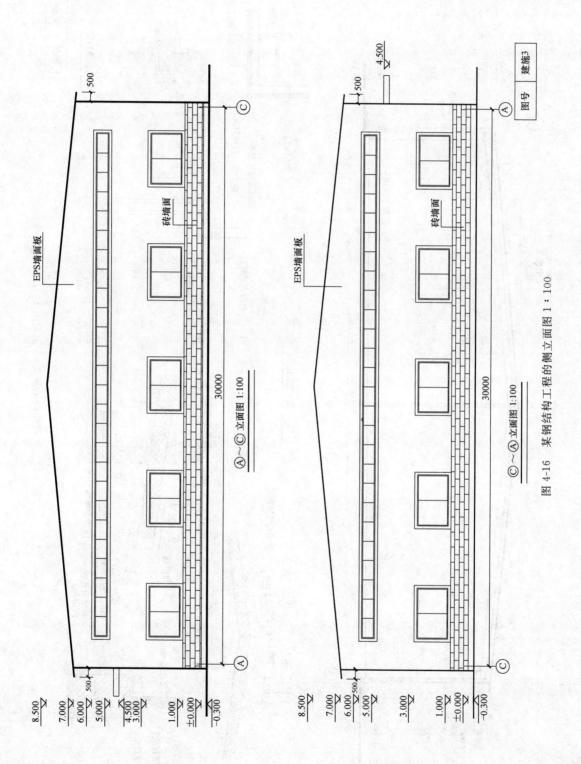

图 4-16 某钢结构工程的侧立面图 1：100

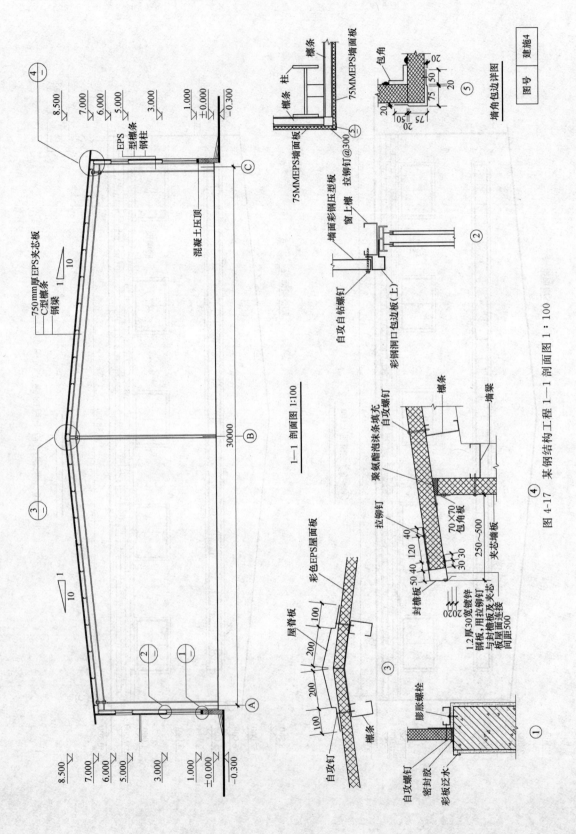

图 4-17　某钢结构工程 1—1 剖面图 1：100

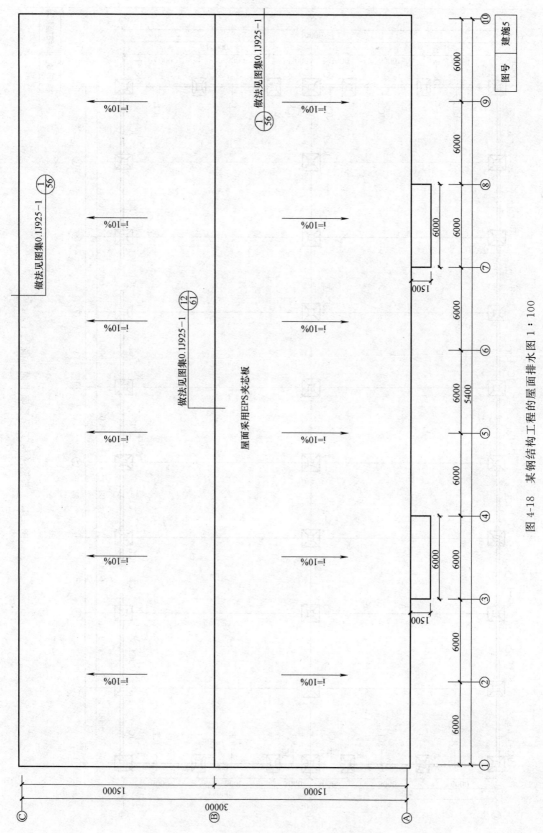

图 4-18 某钢结构工程的屋面排水图 1：100

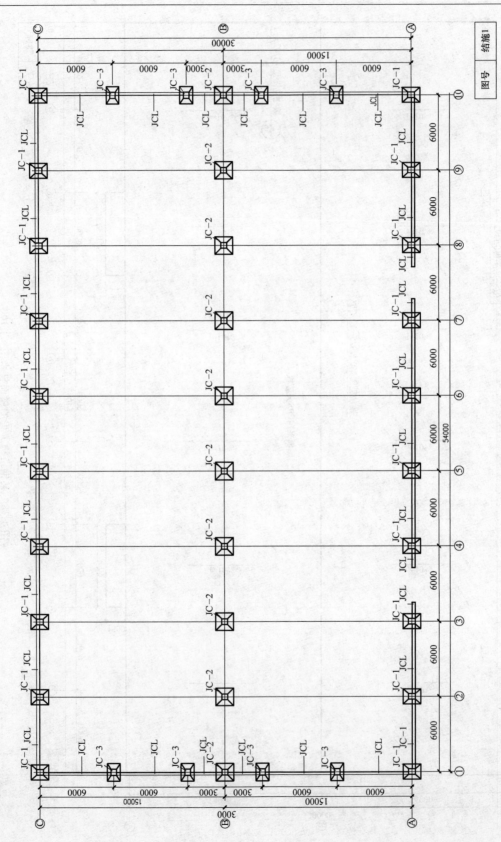

图 4-19　某钢结构工程基础平面布置图 1：100

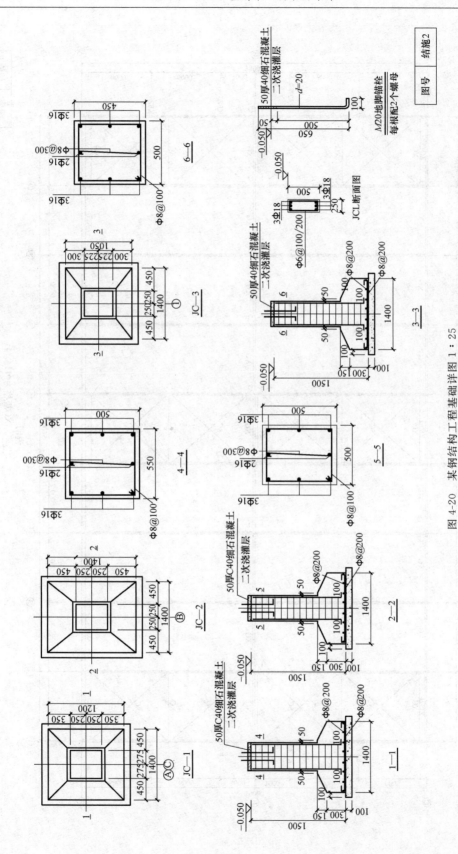

图 4-20 某钢结构工程基础详图 1 : 25

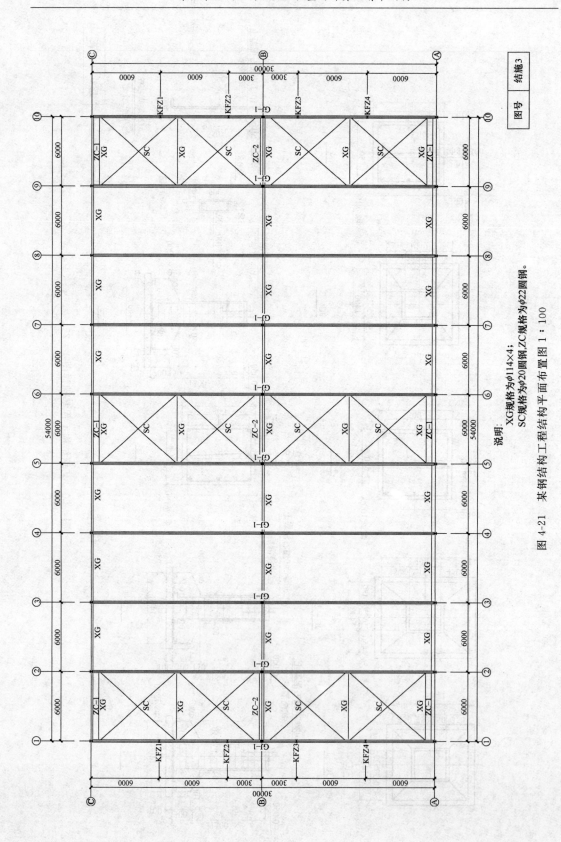

说明：
XG规格为φ114×4；
SC规格为φ20圆钢,ZC规格为φ22圆钢。

图 4-21　某钢结构工程结构平面布置图 1 : 100

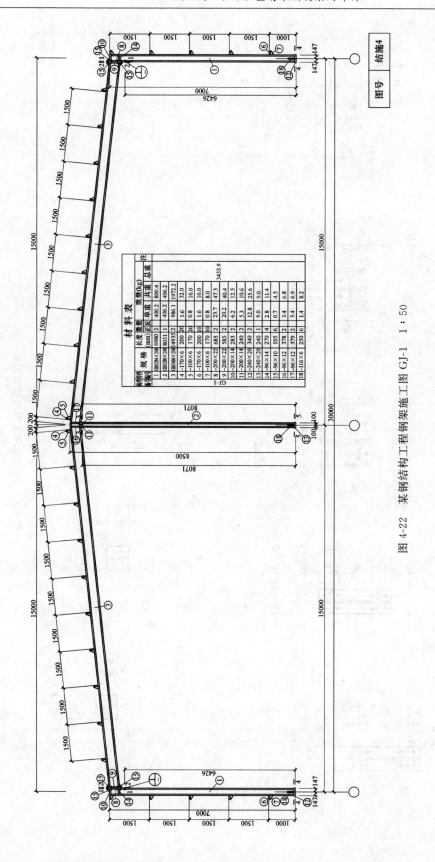

图 4-22 某钢结构工程钢架施工图 GJ-1 1：50

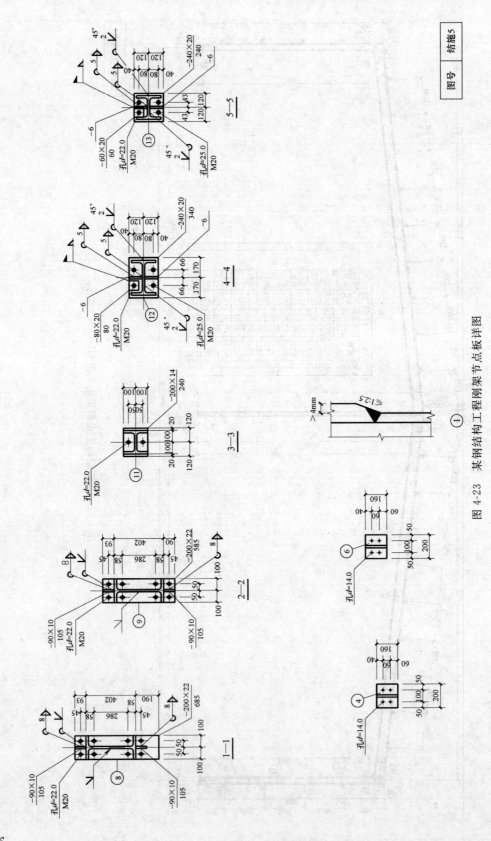

图 4-23　某钢结构工程刚架节点板详图

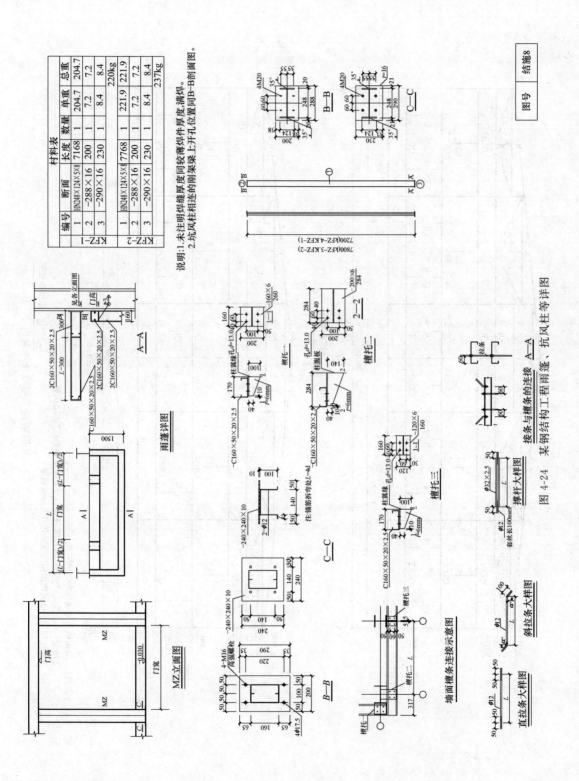

材料表					
编号	断面	长度	数量	单重	总重
KFZ-1	1	HN248×124×5×8	7168	1	204.7	204.7
	2	−288×16	200	1	7.2	7.2
	3	−290×16	230	1	8.4	8.4
					220kg
KFZ-2	1	HN248×124×5×8	7768	1	221.9	221.9
	2	−288×16	200	1	7.2	7.2
	3	−290×16	230	1	8.4	8.4
					237kg

说明:1. 未注明焊缝焊缝厚度同较薄焊件厚度满焊。
2. 抗风柱相连的刚架梁上开孔位置同B−B剖面图。

图 4-24 某钢结构工程雨篷、抗风柱等详图

图号	结施8

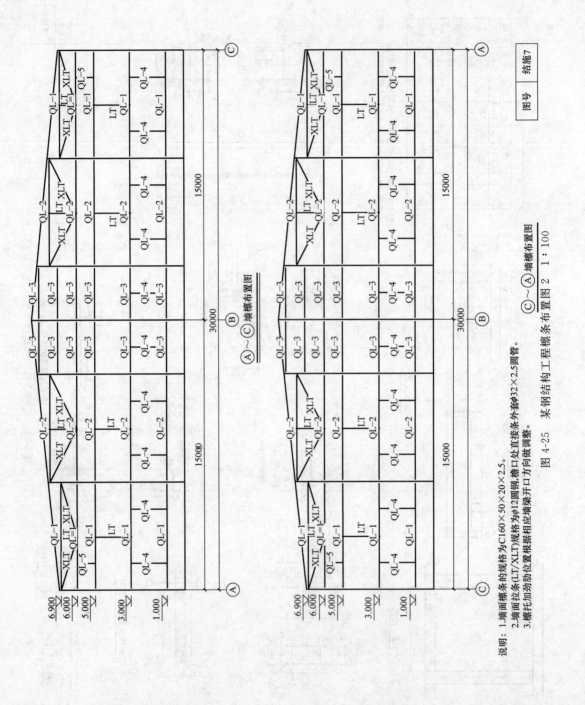

说明：1. 墙面檩条的规格为 C160×50×20×2.5。

2. 墙面拉条（LT/XLT）规格为 φ12 圆钢，檐口处直接条外套 φ32×2.5 圆管。

3. 檩托加劲助位置根据相应墙梁开口方向做调整。

图 4-25　某钢结构工程檩条布置图 2　1：100

| 图号 | 结施7 |

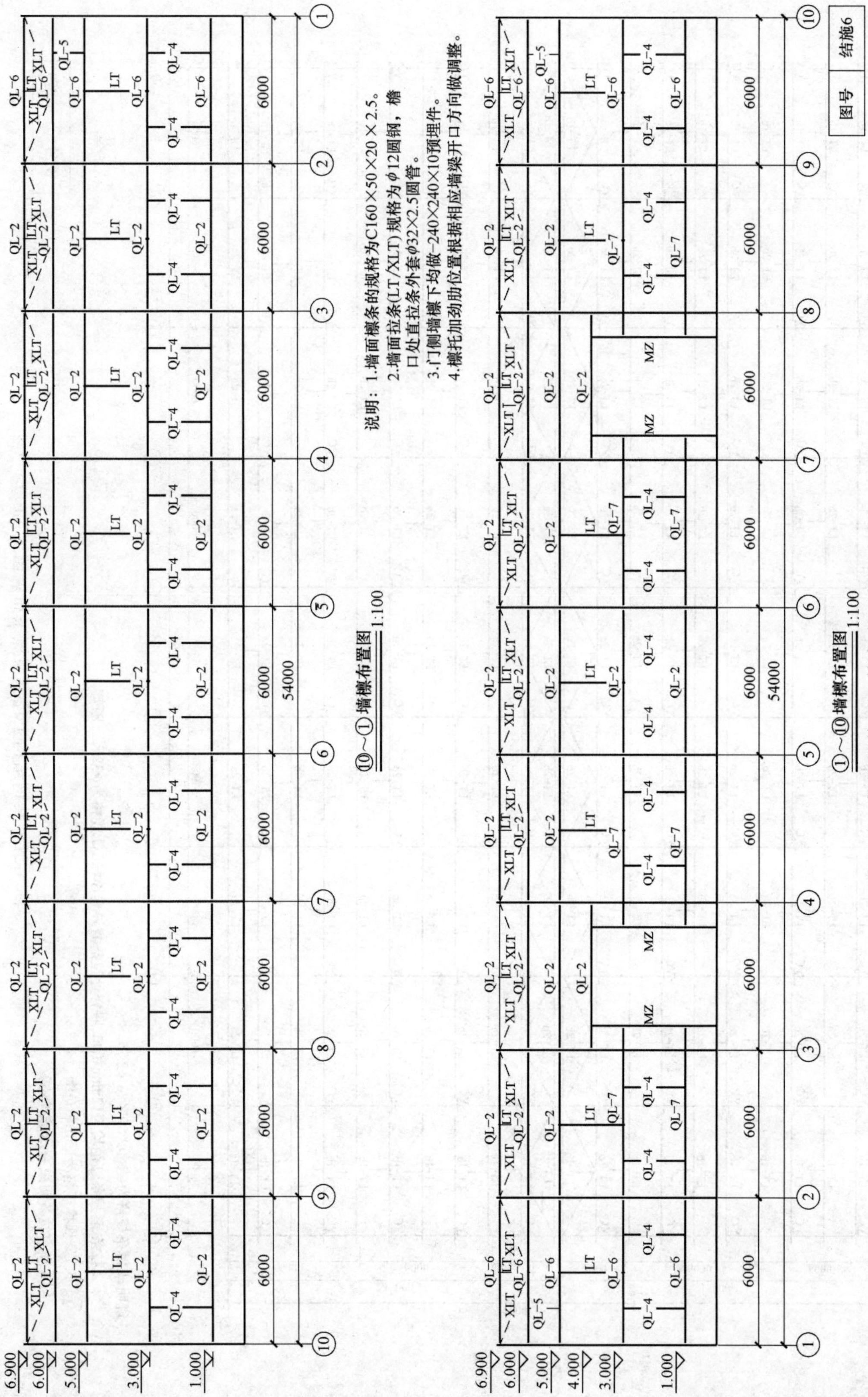

说明：1.墙面檩条的规格为C160×50×20×2.5。
2.墙面拉条(LT/XLT)规格为φ12圆钢，檐口处直拉条外套φ32×2.5圆管。
3.门侧墙檩下均做一240×240×10预埋件。
4.横托加动助位置根据相应墙架开口方向做调整。

⑩~①墙檩布置图 1:100

①~⑩墙檩布置图 1:100

图4-26 某钢结构工程檩条布置图

| 图号 | 结施6 |

89

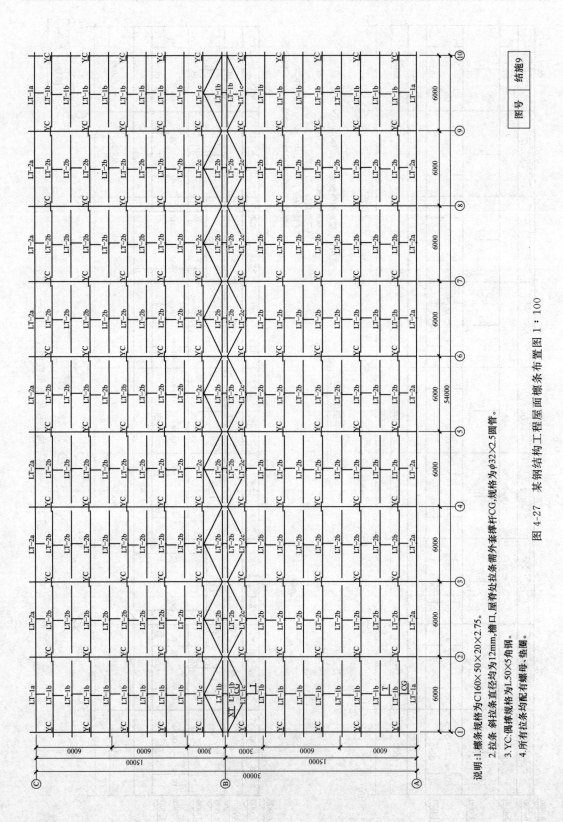

说明：1.檩条规格为C160×50×20×2.75。
2.拉条 斜拉条直径均为12mm，檐口、屋脊处拉条需外套撑杆CG，规格为φ32×2.5圆管。
3.YC:圆撑规格为L50×5角钢。
4.所有拉条均配有螺母、垫圈。

图 4-27　某钢结构工程屋面檩条布置图 1∶100

图号　结施9

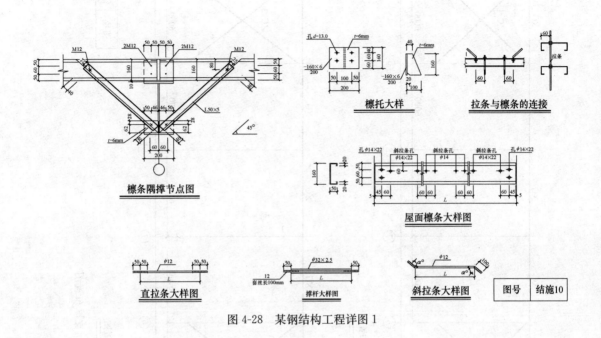

图 4-28 某钢结构工程详图 1

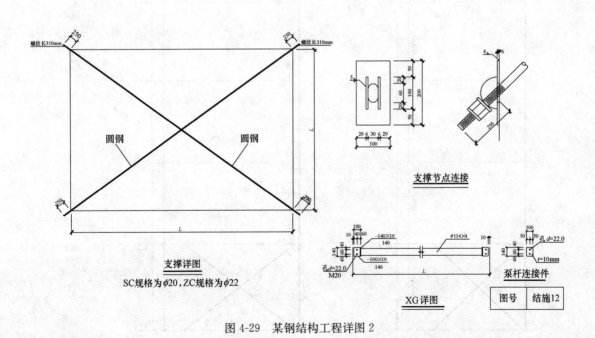

图 4-29 某钢结构工程详图 2

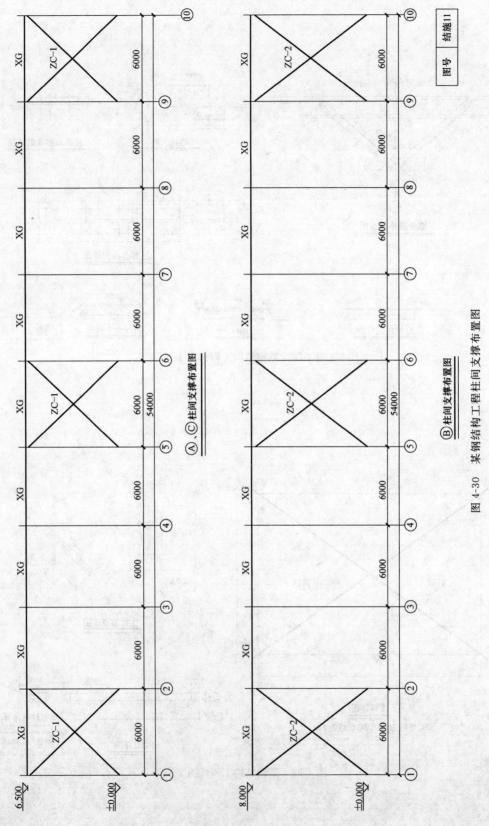

Ⓐ、Ⓒ柱间支撑布置图

Ⓑ柱间支撑布置图

图 4-30　某钢结构工程柱间支撑布置图

图号	结施11

屋面坡度系数表

表 4-22

坡 度			延尺系数 C	隅延尺系数 D
B/A(A=1)	B/2A	角度 α		
1	1/2	45°	1.4142	1.7321
0.75		36°52′	1.2500	1.6008
0.70		35°	1.2207	1.5779
0.666	1/3	33°40′	1.2015	1.5620
0.65		33°01′	1.1926	1.5564
0.60		30°58′	1.1662	1.5362
0.577		30°	1.1547	1.5270
0.55		28°49′	1.1413	1.5170
0.50	1/4	26°34′	1.1180	1.5000
0.45		24°14′	1.0966	1.4839
0.40	1/5	21°48′	1.0770	1.4697
0.35		19°17′	1.0594	1.4569
0.30		16°42′	1.0440	1.4457
0.25		14°02′	1.0308	1.4362
0.20	1/10	11°19′	1.0198	1.4283
0.15		8°32′	1.0112	1.4221
0.125		7°8′	1.0078	1.4191
0.100	1/20	5°42′	1.0050	1.4177
0.083		4°45′	1.0035	1.4166
0.066	1/30	3°49′	1.0022	1.4157

解：（1）工程量计算

1）建筑面积

单层建筑工程建筑面积的计算按一层外墙外围面积计算，（相关规则请读者阅读本书第 3 章《建筑工程建筑面积计算规范》（GB/T 50353—2005））。建筑面积计算是很重要的，它是计算如单方造价等指标的重要基础数据，如每平方造价、每平方用钢量等等，造价人员必须熟练掌握建筑面积的计算，这是造价人员的基本功。

本工程计算建筑面积时，注意看

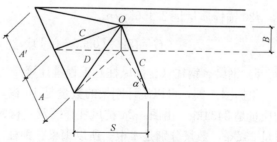

图 4-31 屋面坡度系数示意图

注：1. $A=A'$，且 $S=0$ 时，为等两坡屋面；$A=A'=S$ 时，等四坡屋面；

2. 屋面斜铺屋面＝屋面水平投影面积×C；

3. 等两坡屋面山墙泛水斜长：$A×C$；

4. 等四坡屋面斜脊长度：$A×D$。

图纸：建筑设计采用墙包柱，由图 4-14、图 4-32 可知，轴线尺寸分别是 54m、30m，轴线到外墙外皮分别为 0.34m、0.387m，这样该建筑建筑面积是：

$$S=(54+2×0.34)×(30+2×0.387)=54.68×30.77=1682.72m^2$$

注：轴线到墙外皮的尺寸 0.34m、0.387m 是有钢柱的截面设计尺寸和安设方向决定的。本工程图纸在建施图上标示清楚，所以大家直接识图算量即可。实际工作中，有时这个尺寸在建施图上不标出，需要造价人员结合结施图中钢柱的设计尺寸及钢柱的安放方向，来确定轴线到墙外皮的尺寸。

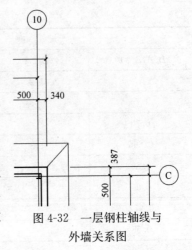

图 4-32　一层钢柱轴线与外墙关系图

2）75mmEPS 夹芯墙板工程量计算

由图 4-14～图 4-16，可以计算外墙墙板的工程量。从图中可知，该工程外墙 1m 以下是砖墙，本工程省略不计，只计算砖墙以上 75mmEPS 夹芯墙板工程量。计算外墙板工程量时，需要将门窗洞口扣除，本案例由图 4-14～图 4-16 可以统计门窗洞口的面积是 344m² （详细计算略），这样墙板的面积是：

$$S = [(54.68+30.774) \times 2] \times (7-1) + [1/2 \times (30+2 \times 0.387) \times 1.5] \times 2 - 344$$
$$= 1025.40 + 46.16 - 344 = 727.56 \ m^2$$

3）75mmEPS 夹芯屋面板工程量计算

由图 4-14～图 4-17，该屋面是等两坡屋面，每边外伸 0.5m。查表 4-21 屋面坡度系数表可知：延尺系数为 1.0198。

$$S = (30.774+0.5 \times 2) \times (54.68+0.5 \times 2) \times 1.0198 = 1804.21 \ m^2$$

4）75mmEPS 夹芯板雨篷工程量计算

由图 4-18 可知：　　　　　　　$$S = 1.5 \times 6 \times 2 = 18 \ m^2$$

5）基础锚栓（$d = 20mm$）

由图 4-19、图 4-20，可以统计基础的个数是 38 个钢筋混凝土独立基础。由图 4-21、图 4-22 可知，每个基础预埋锚栓 4 根，这样本工程总锚栓根数：

$$N = 4 \times 38 = 152 \ 根$$

$\phi 20$ 锚栓质量是 2.466kg/m。

$$G = 152 \times (0.65+0.1) \times 2.466 \div 1000 = 0.281 \ t$$

6）钢梁、钢柱（含抗风柱）工程量计算

根据图 4-23，可以统计刚架的数量是 10 榀，由结施 4，充分利用材料表，每榀刚架的质量是 3434kg；由图 4-24 抗风柱详图及其材料表可知，KFZ1 的质量 220kg、KFZ2 的质量 237kg，数量分别是 4 根。所以钢梁、钢柱（含抗风柱）工程量计算是：

$$G = 10 \times 3434 + 220 \times 4 + 237 \times 4 = 36.168 \ t$$

7）墙檩（也称为墙梁）工程量的计算

由图 4-25 可知，该工程墙檩用的是 C 型檩条，檩条的规格是：C160×50×20×2.5，查资料可知，该檩条质量：5.88kg/m。由图 4-25、图 4-26 可以统计出该墙檩的长度。具体计算过程如下：

QL1=6×5×4=120 m；

QL2=6×5×4+6×4×8+6×(3+4+3+5+3+4+3)=462 m；

QL3=3×6×4=72 m；

QL4＝2×10×2＋2×2×16＝104 m；

QL5＝1×2×2＋1×2×2＝8 m；

QL6＝6×5×3＝90 m；

QL7＝6×(2＋2＋2＋2)＝48 m；

合计：904 m；

质量统计：$G＝904×5.88÷1000＝5.316$ t

8）屋面檩条工程量的计算

由图 4-27 可知，该工程屋面檩条的规格是：C160×50×20×2.5，查资料可知，该檩条质量：5.88kg/m。由此可以统计出屋面檩条的长度。具体计算过程如下：

$$6×9×22＝1188 \text{ m}；$$

$$质量统计：G＝1188×5.88÷1000＝6.985 \text{ t}$$

9）雨篷及门框柱的工程量计算

因其材料规格同墙檩（C160×50×20×2.5），所以雨篷及门框柱材料的统计计算出后，其工程量可以合并到墙檩或屋面檩条中，一起报价。

雨篷工程量的计算：

$$长度统计：6×2＋1.5×2×2＝18 \text{ m}；$$

$$质量统计：G3＝18×5.88÷1000＝0.106 \text{ t}；$$

门框柱工程量的计算：

$$长度统计：4×2＋4.03×2×2＝24.12 \text{ m}；$$

$$质量统计：G4＝24.12×5.88÷1000＝0.142 \text{ t}。$$

$$合计：0.248 \text{ t}$$

钢结构工程在计算钢材的工程量时，除钢梁、钢柱等主要构件外，还有很多辅助钢构件，如隔撑（YC）、柱间支撑（ZC）、水平支撑（SC）、拉条（LT）（又分直拉条、斜拉条）、撑杆（CG）、系杆（XG）等钢构件，这些钢构件设计时选用不同类型的型钢，所以计算工程量时要分别计算，才能合理报价。

10）拉条（LT）工程量的计算

由图 4-24～图 4-27 可知，拉条布置在屋面檩条和墙面檩条之间，本工程拉条采用材料规格：ϕ12；查资料可知，其质量是 0.888kg/m。所以计算重点应该是统计拉条的长度。

在钢结构工程中，通过图 4-24 拉条大样图可知：LT 的长度计算规则是轴线长＋2×50；XLT 的长度计算规则是轴线长＋2×100。所以工程量计算如下：

长度统计：

LT＝[2＋(0.05×2)]×16＋[0.9＋(0.05×2)]×18＋[2＋(0.05×2)]×4×2＋[0.9＋(0.05×2)]×2×2＋[1.4＋(0.05×2)]×2×2＋[1.5＋(0.05×2)]×20×9＝366.4 m；

XLT＝[(3²＋0.9²)^{1/2}＋(0.1×2)]×2×2×2＋[(3²＋1.4²)^{1/2}＋(0.1×2)]×2×2×2＋[(3²＋0.9²)^{1/2}＋(0.1×2)]×2×18＋[(3²＋1.5²)^{1/2}＋(0.1×2)]×4×9＝302.644 m；

长度合计：366.4＋302.644＝669.044 m；

质量统计：G＝669.044×0.888÷1000＝0.594 t

11）隔撑（YC）工程量的计算

由图 4-27 可知，隔撑规格：∟50×5；查资料可知其质量是 3.77kg/m。图 4-27 可以统计隔撑的根数，图 4-28 可以计算隔撑的单根长度。

根数　　　隔撑（YC）单根长度

长度统计：$9×10×2×[(0.4+0.16)^2×2]^{1/2}＝142.55$ m；

质量统计：G＝142.55×3.77÷1000＝0.537 t

12）系杆（XG）工程量的计算

由图 4-23 可知系杆（XG）规格：$\phi114×4$，质量是 10.85kg/m；同时图 4-23 也是系杆（XG）的布置图，能统计出系杆（XG）的根数及长度。仔细阅读图 4-29、图 4-30 中系杆（XG）的大样图可知，系杆（XG）的长度计算规则是轴线长－2×10。计算过程如下：

系杆（XG）单根长度　　　根数

长度统计：(6－0.01×2)×(9×3＋3×2)＝197.34 m；

质量统计：G＝197.34×10.85÷1000＝2.141 t

13）水平支撑（SC）工程量的计算

由图 4-23 可知水平支撑（SC）的规格：$\phi20$，质量是 2.466kg/m；同时图 4-23 也是水平支撑（SC）的布置图，能统计出水平支撑（SC）的根数及长度；仔细阅读图 4-29 中水平支撑（SC）的大样图可知，水平支撑（SC）的长度计算规则是轴线长＋2×250。计算过程如下：

水平支撑（SC）的单根长度　　　根数

长度统计：$\{[(7.29^2+6^2)^{1/2}]+0.25×2\}×8×3＝238.60$ m；

质量统计：G＝238.60×2.466÷1000＝0.588t

14）柱间支撑（ZC）工程量的计算

由图 4-23 可知柱间支撑（ZC）的规格：$\phi22$，质量是 2.984kg/m；图 4-29 是柱间支撑（ZC）的布置图，能统计出柱间支撑（ZC）的根数及长度；仔细阅读图 4-30 中支撑的大样图可知，其长度计算规则是轴线长＋2×250。计算过程如下：

ZC-2 的长度　　　根数　　　ZC-1 的长度　　　根数

长度统计：$[(8-0.25)^2+6^2]^{1/2}×2×3+[(6.5-0.25)^2+6^2]^{1/2}×2×3×2＝162.77$ m；

质量统计：G＝162.77×2.984/1000＝0.486 t

15）撑杆（CG）工程量的计算

由结施图 9 可知撑杆（CG）的规格：$\phi32×2.5$，质量是 1.82kg/m；同时图 4-25～图 4-27 也是撑杆（CG）的布置图，可统计其根数及长度。计算过程如下：

长度统计：0.9×(9＋9＋4)＋1.4×4＋1.5×9×4＝79.4 m；

质量统计：G＝79.4×1.82÷1000＝0.145 t

注意：以上钢结构工程钢构件工程量的计算对于编制该工程工程量清单来讲，项目全齐。但是清单计价包括内容很综合，如钢结构连接所用的螺栓，计算钢构件工程量时，计价规范是这样规定的：螺栓质量不增加，螺栓孔所占体积也不扣除。实际工作中，螺栓是按不同规格按个论价的，所以我认为螺栓的计价并没有包括在所依附的钢构件中，清单计价时需要统计螺栓个数，将其报价综合在所依附的钢构件中。

还有一些钢构件的连接板，统计工程量时也要注意其归属，如钢梁、钢柱上的节点板，统计其质量后，将其质量合并到所依附的主钢构上。

另外，墙板、屋面板施工中构造上需要一定的折件，做收边、包角用，费用不少。所以墙板、屋面板清单计价时，也需要将折件的费用综合进来。为此，计算墙板、屋面板工程量时，应根据图纸的构造要求，分别计算墙板、屋面板折件的面积，然后报价时将其费用平均到墙板、屋面板的单方造价中。

综上所述，以上类似项目的工程量也是必须要计算清楚的，否则会影响清单计价。

16）墙板收边、包角工程量的计算

折件形状图纸一般有构造详图，如本工程折件可参阅图 4-17。如设计没选折件做法，我们可参阅图集《压型钢板、夹芯板屋面及墙体建筑构造》（01J925-1）。计算过程如下：

墙板外包边 $S=(0.075+0.02+0.05)\times2\times6\times4=6.96$ m^2；

墙板内包边 $S=(0.075+0.02+0.05)\times2\times6\times4=6.96$ m^2（详见图 4-17 详图⑤）；

墙面与屋面处外包角板 $S=0.07\times2\times2\times\{54.68+2\times[(30.774\div2)^2+1.5^2]^{1/2}\}=23.97$ m^2；

墙面与屋面处内包角板 $S=0.05\times2\times2\times\{(54.68-0.075\times2)+2\times\{[(30.774-0.075\times2)/2]^2+1.5^2\}^{1/2}\}=17.06$m^2 （详见图 4-17 详图④）；

门窗口套折件 $S=\{[(0.02+0.02+0.1)\times2]+0.075+0.16\}\times\{26\times[(3+2)\times2+4\times(0.075+0.16)]+2\times[4\times4+4\times(0.075+0.16)]+2\times[(1+51)\times2+4\times(0.075+0.16)]\}=0.515\times\{284.44+33.88+209.88\}=272.023$ m^2；

合计：326.97 m^2

17）屋面收边、包角工程量的计算

封檐板 $S=(0.04+0.12+0.04+0.05+0.075+0.02+0.03+0.03\times2+0.05+0.02)\times2\times\{54.68+2\times[(30.774\div2)^2+1.5^2]^{1/2}\}=86.46$ m^2；（详见图 4-17 详图④）；

屋脊盖板 $S=(0.1+0.2+0.02)\times2\times(54.68+0.5\times2)=35.64$ m^2；

屋脊内托板 $S=0.1\times2\times(54.68-0.075\times2)=10.91$m^2（详见图 4-17 详图③）；

檐口堵头板 $S=[(30.774\div2)^2+1.5^2]^{1/2}\times2\times2\times(0.03+0.076+0.03)=8.41$ m^2（参见图 4-17 和《压型钢板、夹芯板屋面及墙体建筑构造》（01J925-1））；

合计：141.42m^2

18）高强度螺栓个数统计

M20：$N=(8\times2+2)\times10=180$ 个；

M16：$N=8$ 个（雨篷预埋件处高强度螺栓）

19）普通螺栓个数统计：

M12：（隔撑处）$N=8\times10\times9=720$ 个；

M20：（系杆处）$N=4\times[(9+9+4)+4+9\times4]=248$ 个；

M12：（檩托处）$N=4\times20+4\times20+4\times80+4\times198=1272$ 个

（2）工程量清单的编制

根据《2013规范》及以上工程量计算，工程量清单编制如下，见表 4-23 所示：

分部分项工程量清单　　　　　　　　　　　　　　　　　表 4-23

工程名称：××工程　　　　　　　　　　　　　　　　　　第 1 页　共 1 页

序号	项目编码	项目名称	项目特征	计量单位	工程数量
1	010603001001	实腹钢柱	1. Q235B,热轧 H 型钢； 2. 每根重 0.46t； 3. 无损探伤； 4. 涂 C53-35 红丹醇酸防锈底漆一道 25μm	t	16.508
2	010604001001	钢梁	1. Q235B,标准 H 型钢； 2. 每根重 1.97t； 3. 无损探伤； 4. 涂 C53-35 红丹醇酸防锈底漆一道 25μm	t	19.660
3	010605002001	钢板墙板(含雨篷板)	1. 板型：外板、内板均为 0.425mm 厚,中间为 75mm 厚的 EPS 夹芯板； 2. 安装在 C 型檩条上	m²	745.56
4	010606001001	钢支撑	1. 采用 φ20、φ22 的钢支撑； 2. 涂 C53-35 红丹醇酸防锈底漆一道 25μm	t	1.074
5	010606002001	钢檩条(含雨篷、门框柱)	1. 包括屋面檩条和墙面檩条； 2. 型号：C160×50×20×2.5； 3. 涂 C53-35 红丹醇酸防锈底漆一道 25μm	t	12.549
6	010606013001	零星钢构件	1. 钢拉条：φ12； 2. 涂 C53-35 红丹醇酸防锈底漆一道 25μm	t	0.549
7	010606013002	零星钢构件	1. 系杆(XG)规格：φ114×4； 2. 涂 C53-35 红丹醇酸防锈底漆一道 25μm	t	2.141
8	010606013003	零星钢构件	1. 隔撑规格：∟50×5； 2. 涂 C53-35 红丹醇酸防锈底漆一道 25μm	t	0.537
9	010606013004	零星钢构件	1. 撑杆(CG)的规格：φ32×2.5； 2. 涂 C53-35 红丹醇酸防锈底漆一道 25μm	t	0.145
10	010606013005	零星钢构件	1. 节点板：—6mm 厚钢板； 2. 涂 C53-35 红丹醇酸防锈底漆一道 25μm	t	0.790
11	010701002001	型材屋面	1. 板型：外板、内板均为 0.425mm 厚,中间为 75mm 厚的 EPS 夹芯板； 2. 安装在 C 型檩条上	m²	1804.210
12	010417001001	螺栓	M20 地角锚栓;650mm 长	t	0.281

注：1. 清单不包括土建部分及门窗部分。

　　2. 不考虑防火涂装。

【案例分析】

（1）钢结构工程在统计钢材的工程量时，都是计算其图示净尺寸质量，没包括任何损耗。钢结构构件制作过程中的损耗在清单计价时考虑。

（2）由于钢材价格较高，所以计算其工程量时，小数点要保留三位小数。

（3）项目特征描述要紧扣图纸，如墙板、屋面板基板厚度、涂层要求、H型钢是标准还是焊接，各钢构件材质及其规格要求等等，都要仔细核对图纸，一一陈述，因为这些直接影响报价。为了快速编制清单及进行清单报价，工程量计算时，就要将清单项目特征中要求注明的项目特征像材质、规格等从图纸中一并摘出，不能低头只顾计算工程量而忽视我们刚说的这些要素，否则编清单阐述项目特征或进行清单报价时还要重新翻阅图纸，这肯定会影响报价速度的。

（4）防火涂料要特别予以注意。由于钢结构工程的特点，钢结构工程按规范一般都要做防火处理，目前最常规的处理方法是采用防火涂料做涂层保护钢构件。不同钢构件其防火涂层要求不同，计算工程量时要特别注意加以区别（具体防火涂料工程量计算读者可参阅《钢结构工程计量计价》一书），同时由于防火涂料施工的特殊性，有时要选择专业队伍施工，所以有时钢结构工程报价时防火涂料甩项。

（5）看懂图纸、深刻理解图纸，是工程量计算的关键。

（6）零星项目列项时，越仔细越好。如本案例零星项目设置，将隅撑、系杆、拉条等一一分别列出，因为其钢材价格是不同的，这样便于清单计价。

（7）螺栓个数、屋面板及墙板折件统计出来后，编清单时没有用到这些数据，但是清单报价时一定会用到的。一般应将螺栓的价格折合到钢梁或钢柱综合单价中，屋面板及墙面板折件费用均摊到屋面板、墙板的综合单价中。

以上工程量计算的格式，主要目的是讲明钢结构工程工程量计算的整个过程，其形式不便于清单计价时快速寻找需要的项目数据。读者熟练掌握钢结构工程识图及工程量计算后，可根据自己的工作经验，采用列表形式进行计算书的编制，这样思路清晰、分类明确，便于清单编制时数据的摘录。另外，造价人员在计算工程量时，应充分利用Excel电表格，便于计算数据的准确及后期计算书的修改，见表4-24所示。

工程量计算书

表4-24

单位工程名称：某钢结构车间　　　　　　　　　　　　　　　　建筑面积：1682.72m²

序号	各项工程名称	计　算　公　式	单位	数量
1	75mmEPS夹芯墙板（见图4-14～图4-16）	$S=[(54.68+30.77)\times2]\times6+\frac{1}{2}\times(30+2\times0.387)\times1.5\times2-344$（门窗面积）$=727.56$	m²	727.56
2	墙板收边、包角（见图4-17和《压型钢板、夹芯屋面及墙体建筑构造》01J925-1）	墙板外包边 $S=(0.075+0.02+0.05)\times2\times6\times4=6.96$ 墙板内包边 $S=(0.075+0.02+0.05)\times2\times6\times4=6.96$（详见图4-17详图⑤） 墙面与屋面处外包角板 $S=0.07\times2\times2\times\{54.68+2\times[(30.774\div2)^2+1.5^2]^{1/2}\}=23.97$ 墙面与屋面处内包角板 $S=0.05\times2\times2\times\{(54.68-0.075\times2)+2\times\{[(30.774-0.075\times2)/2]^2+1.5^2)^{1/2}\}=17.06$（详见图4-17详图④） 门窗口套折件 $S=\{[(0.02+0.02+0.1)\times2]+0.075+0.16\}\times\{26\times[(3+2)\times2+4\times(0.075+0.16)]+2\times[4\times4+4\times(0.075+0.16)]+2\times[(1+51)\times2+4\times(0.075+0.16)]\}0.515\times\{284.44+33.88+209.88\}=272.023$	m²	326.97
		小计：326.97		

序号	各项工程名称	计 算 公 式	单位	数量
3	75mmEPS 夹芯屋面板（见图 4-14～图 4-17）	$S=(30.774+0.5\times2)\times(54.68+0.5\times2)\times1.0198=1804.21$ （1.0198 延尺系数，详见表 4-21 屋面坡度系数表）	m^2	1804.21
4	屋面收边、包角（见建施图 4 和图集 01J925-1）	封檐板 $S=(0.04+0.12+0.04+0.05+0.075+0.02+0.03+0.03\times2+0.05+0.02)\times2\times\{54.68+2\times[(30.774\div2)^2+1.5^2]^{1/2}\}=86.46$（详见图 4-17 详图④） 屋脊盖板 $S=(0.1+0.2+0.02)\times2\times(54.68+0.5\times2)=35.64$ 屋脊内托板 $S=0.1\times2\times(54.68-0.075\times2)=10.91$（详见图 4-17 详图③） 檐口堵头板 $S=[(30.774\div2)^2+1.5^2]^{1/2}\times2\times2\times(0.03+0.076+0.03)=8.41$ 小计：141.42	m^2	141.42
5	75mmEPS 夹芯板雨篷（见图 4-18）	$S=1.5\times6\times2=18$	m^2	18
6	基础锚栓（$d=20mm$）（见图 4-19～图 4-22）	$N=4\times38=152$	个	152
7	钢梁、钢柱（含抗风柱）	$G=10\times3.434+0.22\times4+0.237\times4=36.168$	t	36.168
8 檩条	墙檩（规格：C160×50×20×2.5，5.88kg/m）	长度统计：QL1=$6\times5\times4=120$ m； QL2=$6\times5\times4+6\times4\times8+6\times(3+4+3+5+3+4+3)=462$ m； QL3=$3\times6\times4=72$ m； QL4=$2\times10\times2+2\times2\times16=104$ m； QL5=$1\times2\times2+1\times2\times2=8$ m； QL6=$6\times5\times3=90$ m； QL7=$6\times(2+2+2+2)=48$ m； 小计：904 m 质量统计：$904\times5.88\div1000=5.316$ t	t	12.549
	屋面檩条（规格：C160×50×20×2.5，5.88kg/m）	长度统计：$6\times22\times9=1188$ m 质量统计：$G2=1188\times5.88\div1000=6.985$ t		
	雨篷檩条（规格：C160×50×20×2.5，5.88kg/m）	长度统计：$6\times2+1.5\times2\times2=18$ m； 质量统计：$G3=18\times5.88\div1000=0.106$ t		
	门框柱的檩条（规格：C160×50×20×2.5，5.88kg/m）	长度统计：$4\times2+4.03\times2\times2=24.12$ m； 质量统计：$G4=24.12\times5.88/1000=0.142$ t 质量合计：12.549 t		

续表

序号	各项工程名称	计 算 公 式	单位	数量
9	拉条（LT）（规格：ϕ12；0.888kg/m）	长度统计： LT=[2+(0.05×2)]×16+[0.9+(0.05×2)]×18+[2+(0.05×2)]×4×2+[0.9+(0.05×2)]×2×2+[1.4+(0.05×2)]×2×2+[1.5+(0.05×2)]×20×9=366.4 m； XLT=[(3²+0.9²)^{1/2}+(0.1×2)]×2×2×2+[(3²+1.4²)^{1/2}+(0.1×2)]×2×2×2+[(3²+0.9²)^{1/2}+(0.1×2)]×2×18+[(3²+1.5²)^{1/2}+(0.1×2)]×4×9=302.644 m 小计：669.044 m 质量统计：G=669.044×0.888÷1000=0.594 t	t	0.594
10	隔撑（YC）（规格：L50×5；3.77kg/m）（见图4-27、图4-28）	长度统计：9×10×2×[(0.4+0.16)²×2]^{1/2}=142.55 m； 质量统计：G=142.55×3.77/1000=0.537 t	t	0.537
11	系杆（XG）（规格：ϕ114×4，10.85kg/m）（见图4-23、图4-29、图4-30）	长度统计：(6-0.01×2)×(9×3+3×2)=197.34 m； 质量统计：G=197.34×10.85/1000=2.141 t	t	2.141
12	水平支撑（SC）（规格：ϕ20；2.466kg/m）（见图4-23、图4-29）	长度统计：{[(7.29²+6²)^{1/2}]+0.25×2}×8×3=238.60 m； 质量统计：G=238.60×2.466/1000=0.588 t	t	0.588
13	柱间支撑（ZC）（规格：ϕ22；2.984kg/m）（见图4-23、图4-29、图4-30）	长度统计：[(8-0.25)²+6²]^{1/2}×2×3+[(6.5-0.25)²+6²]^{1/2}×2×3×2=162.78 m； 质量统计：G=162.78×2.984/1000=0.486 t	t	0.486
14	撑杆（CG）（规格：ϕ32×2.5；1.82kg/m）（见图4-25~图4-27）	长度统计：0.9×(9+9+4)+1.4×4+1.5×9×4=79.4 m； 质量统计：G=79.4×1.82/1000=0.145 t	t	0.145
15	节点板（规格：6mm厚钢板）	1. 门侧墙檩预埋件：G_1=4×0.24×0.24×0.01×7.85=0.018 t； 2. 雨篷处预埋件：G_2=2×0.2×0.29×0.01×7.85=0.009 t； 3. 门柱处预埋件：G_3=2×0.24×0.24×0.01×7.85=0.009 t； 4. 檩托板： 墙檩托板1 N_1=5×2×2=20个； 墙檩托板2 N_2=5×2×2=20个； 墙檩托板3 N_3=5×8×2=80个； 屋面檩托板 N=22×9=198个； G_4=7.85×[20×0.2×0.2×0.006+20×0.2×0.284×0.006+80×0.12×0.16×0.006+198×(0.2×0.16×0.006+0.1×0.16×0.006)]=0.604 t； 5. 系杆连接件：G_5=2×0.14×0.1×0.006×7.85×[(9+9+4)+4+9×4]=0.082 t； 6. 支撑节点板：G_5=0.1×0.2×0.006×7.85×(4×3+4×3+16×3)=0.068 t 质量合计：0.79t	t	0.79
16	高强度螺栓	(M20)N=(8×2+2)×10=180； (M16)N=8(雨篷预埋件处高强度螺栓)	个	188
17	普通螺栓	(M12)（隔撑处）N=8×10×9=720； (M20)（系杆处）N=4×[(9+9+4)+4+9×4]=248； (M12)（檩托处）N=4×20+4×20+4×80+4×198=1272	个	2240

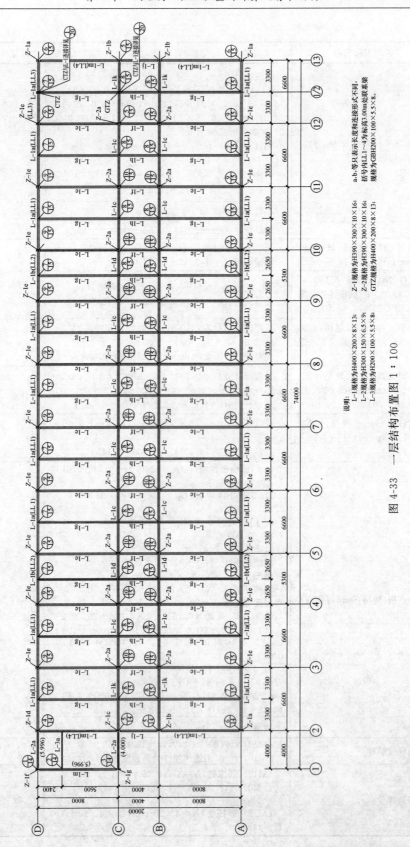

图 4-33　一层结构布置图 1:100

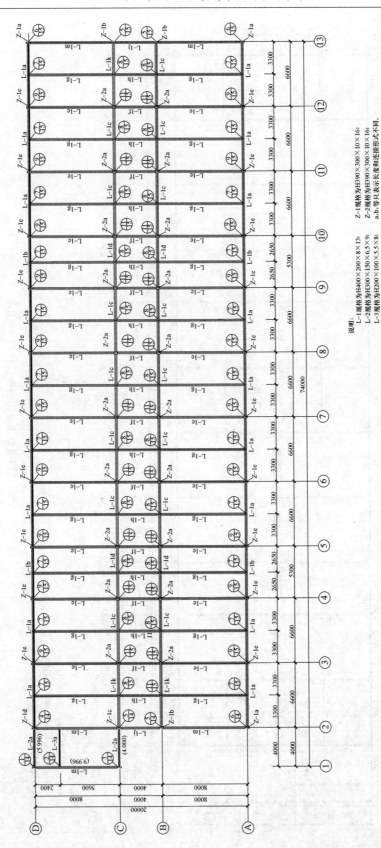

图 4-34 二层结构布置图 1∶100

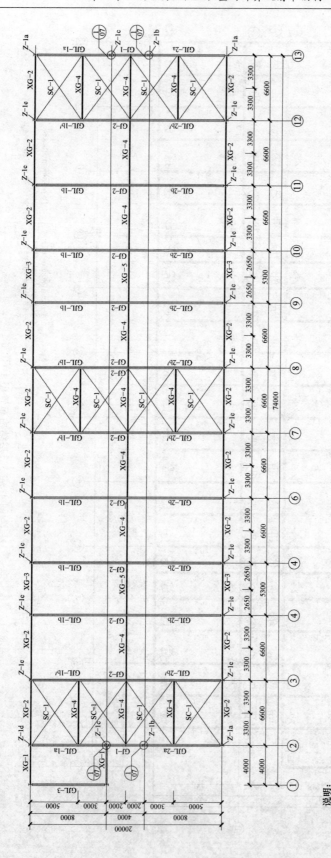

图 4-35　顶层结构布置图及部分附件详图 1∶100

说明：
GJL-1规格为H400×200×8×13；
GJL-2规格为H400×200×8×13；
Z-1规格为H400×200×8×13。

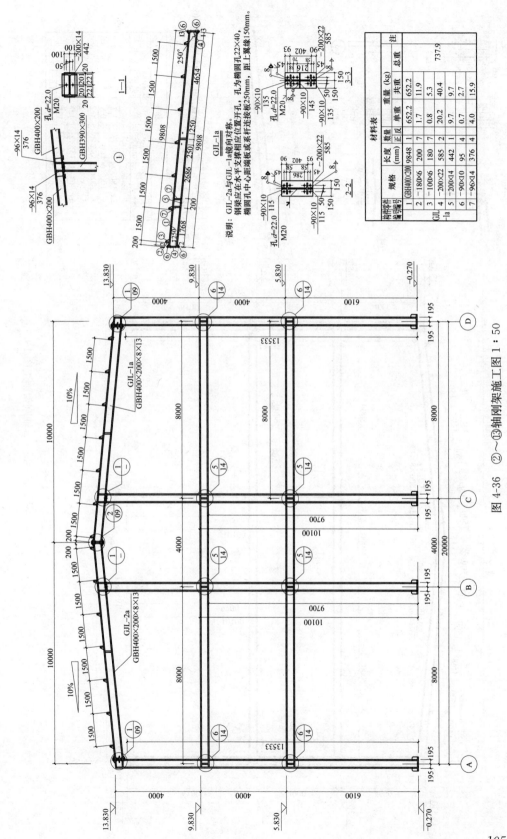

图 4-36 ②～⑬轴刚架施工图 1：50

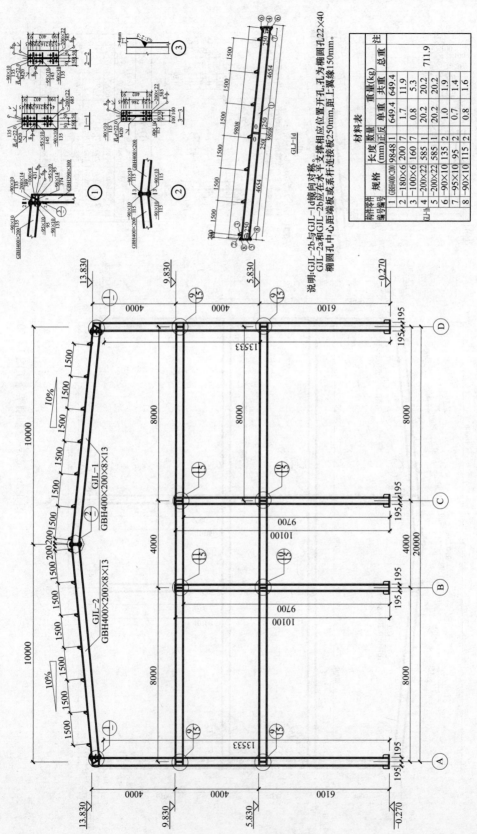

图 4-37　③～⑫轴刚架施工图 1∶50

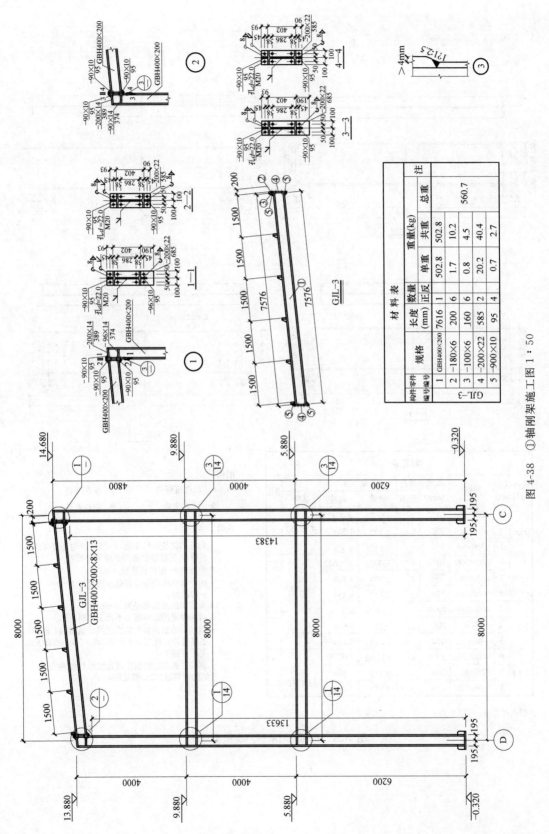

图 4-38　①轴刚架施工图 1：50

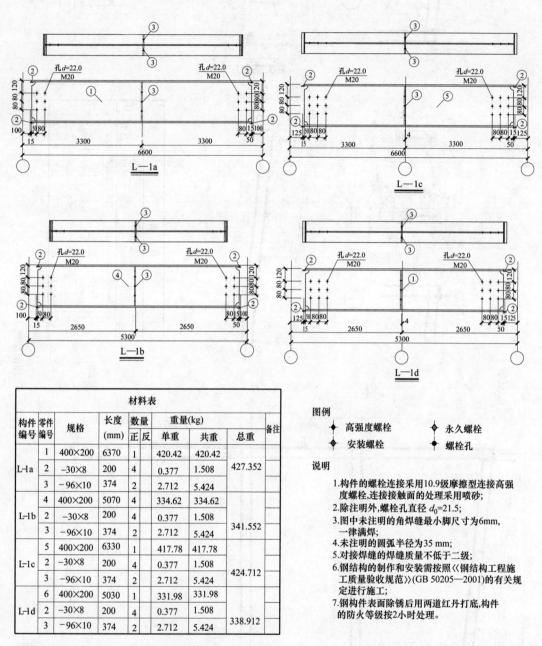

材料表								
构件编号	零件编号	规格	长度(mm)	数量		重量(kg)		备注
				正	反	单重	共重	总重	
L-1a	1	400×200	6370	1		420.42	420.42	
	2	−30×8	200	4		0.377	1.508	427.352
	3	−96×10	374	2		2.712	5.424	
L-1b	4	400×200	5070	4		334.62	334.62	
	2	−30×8	200	4		0.377	1.508	341.552
	3	−96×10	374	2		2.712	5.424	
L-1c	5	400×200	6330	1		417.78	417.78	
	2	−30×8	200	4		0.377	1.508	424.712
	3	−96×10	374	2		2.712	5.424	
L-1d	6	400×200	5030	1		331.98	331.98	
	2	−30×8	200	4		0.377	1.508	338.912
	3	−96×10	374	2		2.712	5.424	

本图构件总重:1532.582kg

图例

◆ 高强度螺栓   ◇ 永久螺栓
◇ 安装螺栓   ◇ 螺栓孔

说明

1. 构件的螺栓连接采用10.9级摩擦型连接高强度螺栓,连接接触面的处理采用喷砂;
2. 除注明外,螺栓孔直径 d_0=21.5;
3. 图中未注明的角焊缝最小脚尺寸为6mm,一律满焊;
4. 未注明的圆弧半径为35 mm;
5. 对接焊缝的焊缝质量不低于二级;
6. 钢结构的制作和安装需按照《钢结构工程施工质量验收规范》(GB 50205—2001)的有关规定进行施工;
7. 钢构件表面除锈后用两道红丹打底,构件的防火等级按2小时处理。

图 4-39 钢梁 L-1a~L-1d 施工详图

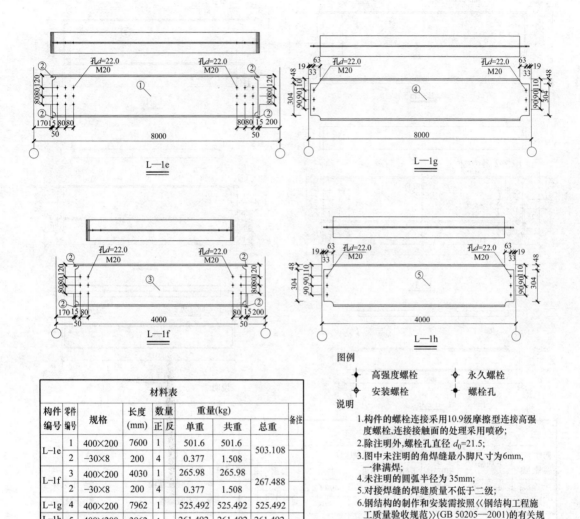

材料表								
构件编号	零件编号	规格	长度(mm)	数量		重量(kg)		备注
				正	反	单重	共重	总重
L-1e	1	400×200	7600	1		501.6	501.6	503.108
	2	-30×8	200	4		0.377	1.508	
L-1f	3	400×200	4030	1		265.98	265.98	267.488
	2	-30×8	200	4		0.377	1.508	
L-1g	4	400×200	7962	1		525.492	525.492	525.492
L-1h	5	400×200	3962	1		261.492	261.492	261.492

本图构件总重：1557.58kg

图例

◆ 高强度螺栓　　◇ 永久螺栓

◇ 安装螺栓　　◆ 螺栓孔

说明

1. 构件的螺栓连接采用10.9级摩擦型连接高强度螺栓,连接接触面的处理采用喷砂;
2. 除注明外,螺栓孔直径 d_0=21.5;
3. 图中未注明的角焊缝最小脚尺寸为6mm,一律满焊;
4. 未注明的圆弧半径为35mm;
5. 对接焊缝的焊缝质量不低于二级;
6. 钢结构的制作和安装需按照《钢结构工程施工质量验收规范》(GB 50205—2001)的有关规定进行施工;
7. 钢构件表面除锈后用两道红丹打底,构件的防火等级按2小时处理。

图 4-40　钢梁 L-1e～L-1h 施工详图

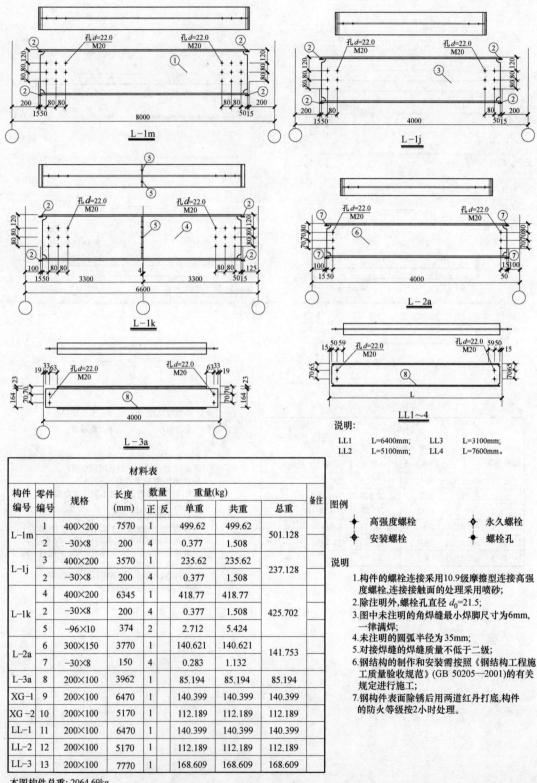

材料表

构件编号	零件编号	规格	长度(mm)	数量 正	数量 反	重量(kg) 单重	重量(kg) 共重	重量(kg) 总重	备注
L-1m	1	400×200	7570	1		499.62	499.62	501.128	
	2	-30×8	200	4		0.377	1.508		
L-1j	3	400×200	3570	1		235.62	235.62	237.128	
	2	-30×8	200	4		0.377	1.508		
L-1k	4	400×200	6345	1		418.77	418.77	425.702	
	2	-30×8	200	4		0.377	1.508		
	5	-96×10	374	2		2.712	5.424		
L-2a	6	300×150	3770	1		140.621	140.621	141.753	
	7	-30×8	150	4		0.283	1.132		
L-3a	8	200×100	3962	1		85.194	85.194	85.194	
XG-1	9	200×100	6470	1		140.399	140.399	140.399	
XG-2	10	200×100	5170	1		112.189	112.189	112.189	
LL-1	11	200×100	6470	1		140.399	140.399	140.399	
LL-2	12	200×100	5170	1		112.189	112.189	112.189	
LL-3	13	200×100	7770	1		168.609	168.609	168.609	

本图构件总重: 2064.69kg

图例

◆ 高强度螺栓　　　　◇ 永久螺栓
◆ 安装螺栓　　　　　◆ 螺栓孔

说明

1. 构件的螺栓连接采用10.9级摩擦型连接高强度螺栓,连接接触面的处理采用喷砂;
2. 除注明外,螺栓孔直径 d_0=21.5;
3. 图中未注明的角焊缝最小焊脚尺寸为6mm,一律满焊;
4. 未注明的圆弧半径为35mm;
5. 对接焊缝的焊缝质量不低于二级;
6. 钢结构的制作和安装需按照《钢结构工程施工质量验收规范》(GB 50205—2001)的有关规定进行施工;
7. 钢构件表面除锈后用两道红丹打底,构件的防火等级按2小时处理。

图 4-41　钢梁 L-1m~L-1k、L-2a、L-3a、LL1~3 施工详图

【例 4-5】　某单位拟建一生产车间，选用钢结构。该工程设计 3 层，一、二层是钢框架，三层为门式刚架，限于篇幅摘取部分主体结构施工图，主要介绍钢框架结构中主钢构构件钢梁、钢柱的工程量计算及其工程量清单的编制，次钢构构件（如支撑、隔撑、拉条、系杆等）在此不再体现，它们的工程量计算及清单编制详见【例 4-4】。

（1）主钢构工程量的计算：

本案例计算书采用表 4-24 的形式，进行本工程工程量的统计。

工程量计算思路是：由图 4-33～图 4-35 结构布置图，按照轴线从左向右、从下向上分别统计钢梁、钢柱的类型及根数→由图 4-36～图 4-38，计算钢柱高度，计算钢柱工程量→由图 4-38～图 4-41，充分利用材料表，统计各类型钢梁的工程量，详见表 4-25 所示→分别按不同构件截面尺寸、不同钢材的种类进行汇总，详见表 4-26 所示。

工程量计算书　　　　　　　　　　　　　　　表 4-25

序号	图名	构件名称	规格	长度(m)	数量(个)	单重(kg)	总重(kg)
1			H400×200×8×13	6.37	18	420.42	7567.56
2		L-1a	板—200×30×8		72	0.38	27.13
3			板—96×374×10		36	2.82	101.46
4			H400×200×8×13	5.07	4	334.62	1338.48
5		L-1b	板—200×30×8		16	0.38	6.03
6			板—96×374×10		8	2.82	22.55
7			H400×200×8×13	6.33	14	417.78	5848.92
8		L-1c	板—200×30×8		56	0.38	21.10
9			板—96×374×10		28	2.82	78.92
10			H400×200×8×13	5.03	4	331.98	1327.92
11		L-1d	板—200×30×8		16	0.38	6.03
12	一层结构布置图		板—96×374×10		8	2.82	22.55
13		L-1e	H400×200×8×13	7.60	20	501.60	10032.00
14			板—200×30×8		80	0.38	30.14
15		L-1f	H400×200×8×13	4.03	10	265.98	2659.80
16			板—200×30×8		40	0.38	15.07
17		L-1g	H400×200×8×13	7.96	22	525.49	11560.82
18		L-1h	H400×200×8×13	3.96	11	261.49	2876.41
19		L-1m	H400×200×8×13	7.57	5	499.62	2498.10
20			板—200×30×8		20	0.38	7.54
21		L-1j	H400×200×8×13	3.57	2	235.62	471.24
22			板—200×30×8		8	0.38	3.01
23			H400×200×8×13	6.35	4	418.77	1675.08
24		L-1k	板—200×30×8		16	0.38	6.03
25			板—96×374×10		8	2.82	22.55

续表

序号	图名	构件名称	规格	长度(m)	数量(个)	单重(kg)	总重(kg)
26	一层结构布置图	L-2a	H300×150×6.5×9	3.77	2	140.62	281.24
27			板—150×30×8		8	0.28	2.26
28		L-3a	H200×100×5.5×8	3.96	1	85.98	85.98
29		LL-1	H200×100×5.5×8	6.47	16	140.40	2246.38
30		LL-2	H200×100×5.5×8	5.17	4	112.19	448.76
31		LL-3	H200×100×5.5×8	3.17	2	68.79	137.58
32		LL-4	H200×100×5.5×8	7.77	4	168.61	674.44
33	梁小计：H400×200×8×13：48.680 t；H300×150×6.5×9：0.284 t；H200×100×5.5×8：3.144 t						
34	钢柱	Z-1a	H390×300×10×16	14.10	3	1508.70	4526.10
35		Z-1b	H390×300×10×16	14.90	3	1594.30	4782.90
36		Z-1c	H390×300×10×16	14.90	1	1594.30	1594.30
37		Z-1d	H390×300×10×16	14.10	1	1508.70	1508.70
38		Z-1e	H390×300×10×16	14.10	20	1508.70	30174.00
39		Z-1f	H390×300×10×16	14.20	1	1519.40	1519.40
40		Z-1g	H390×300×10×16	15.00	1	1605.00	1605.00
41		Z-2a	H390×300×10×16	10.10	20	1080.70	21614.00
42		GTZ	H400×200×8×13	6.10	2	402.60	805.20
43	柱小计：H400×200×8×13：0.805 t；H390×300×10×16：67.330 t						
44	二层结构布置图	L-1a	H400×200×8×13	6.37	18	420.42	7567.56
45			板—200×30×8		72	0.38	27.13
46			板—96×374×10		36	2.82	101.46
47		L-1b	H400×200×8×13	5.07	4	334.62	1338.48
48			板—200×30×8		16	0.38	6.03
49			板—96×374×10		8	2.82	22.55
50		L-1c	H400×200×8×13	6.33	16	417.78	6684.48
51			板—200×30×8		64	0.38	24.12
52			板—96×374×10		32	2.82	90.19
53		L-1d	H400×200×8×13	5.03	4	331.98	1327.92
54			板—200×30×8		16	0.38	6.03
55			板—96×374×10		8	2.82	22.55
56		L-1e	H400×200×8×13	7.60	20	501.60	10032.00
57			板—200×30×8		80	0.38	30.14
58		L-1f	H400×200×8×13	4.03	10	265.98	2659.80
59			板—200×30×8		40	0.38	15.07
60		L-1g	H400×200×8×13	7.96	22	525.49	11560.82
61		L-1h	H400×200×8×13	3.96	11	261.49	2876.41

序号	图名	构件名称	规格	长度(m)	数量(个)	单重(kg)	总重(kg)
62		L-1m	H400×200×8×13	7.57	5	499.62	2498.10
63			板—200×30×8		20	0.38	7.54
64		L-1j	H400×200×8×13	3.57	2	235.62	471.24
65			板—200×30×8		8	0.38	3.01
66	二层结构布置图	L-1k	H400×200×8×13	6.35	4	418.77	1675.08
67			板—200×30×8		16	0.38	6.03
68			板—96×374×10		8	2.82	22.55
69		L-2a	H300×150×6.5×9	3.77	2	140.62	281.24
70			板—150×30×8		8	0.28	2.26
71		L-3a	H200×100×5.5×8	3.96	1	85.98	85.98
72		梁小计：H400×200×8×13：49.080 t；H300×150×6.5×9：0.284 t；H200×100×5.5×8：0.086 t						
73		GJL-1a	H400×200×8×13	9.85	2	649.97	1299.94
74			板—180×200×6		14	1.70	23.74
75			板—100×180×6		14	0.85	11.87
76			板—200×585×22		4	20.21	80.82
77			板—200×442×14		2	9.72	19.43
78			板—90×95×10		8	0.67	5.37
79			板—96×374×14		8	3.97	31.74
80		GJL-1b	H400×200×8×13	9.85	6	649.97	3899.81
81			板—180×200×6		42	1.70	71.22
82			板—100×180×6		42	0.85	35.61
83			板—200×585×22		6	20.21	121.24
84	顶层结构布置图		板—200×585×22		6	20.21	121.24
85			板—90×135×10		12	0.95	11.45
86			板—95×95×10		12	0.71	8.50
87			板—90×115×10		12	0.81	9.75
88		GJL-1b′	H400×200×8×13	9.85	4	649.97	2599.87
89			板—180×200×6		28	1.70	47.48
90			板—100×180×6		28	0.85	23.74
91			板—200×585×22		4	20.21	80.82
92			板—200×585×22		4	20.21	80.82
93			板—90×135×10		8	0.95	7.63
94			板—95×95×10		8	0.71	5.67
95			板—90×115×10		8	0.81	6.50
96		GJL-2a	H400×200×8×13	9.85	2	649.97	1299.94
97			板—180×200×6		14	1.70	23.74

续表

序号	图名	构件名称	规格	长度(m)	数量(个)	单重(kg)	总重(kg)
98			板—100×180×6		14	0.85	11.87
99			板—200×585×22		4	20.21	80.82
100		GJL-2a	板—200×442×14		2	9.72	19.43
101			板—90×95×10		8	0.67	5.37
102			板—96×374×14		8	3.97	31.74
103			H400×200×8×13	9.85	6	649.97	3899.81
104			板—180×200×6		42	1.70	71.22
105			板—100×180×6		42	0.85	35.61
106		GJL-2b	板—200×585×22		6	20.21	121.24
107			板—200×585×22		6	20.21	121.24
108			板—90×135×10		12	0.95	11.45
109			板—95×95×10		12	0.71	8.50
110	顶层结构布置图		板—90×115×10		12	0.81	9.75
111			H400×200×8×13	9.85	4	649.97	2599.87
112			板—180×200×6		28	1.70	47.48
113			板—100×180×6		28	0.85	23.74
114		GJL-2b′	板—200×585×22		4	20.21	80.82
115			板—200×585×22		4	20.21	80.82
116			板—90×135×10		8	0.95	7.63
117			板—95×95×10		8	0.71	5.67
118			板—90×115×10		8	0.81	6.50
119			H400×200×8×13	7.62	1	502.66	502.66
120			板—180×200×6		6	1.70	10.17
121		GJL-3	板—100×180×6		6	0.85	5.09
122			板—200×585×22		2	20.21	40.41
123			板—90×95×10		4	0.67	2.68
124		梁小计：H400×200×8×13：17.769t					

　　根据表 4-24 的计算结果，按不同规格、材质分别统计工程量，因为不同规格、不同材质钢材价格是不同的，这样便于清单计价，见表 4-26。

钢梁、钢柱工程量汇总表　　　　　　　　　　　　　　　　　　表 4-26

序号	构件名称	工程量	备注
1	钢柱(H390×300×10×16)	67.330 t	—
2	钢柱(H400×200×8×13)	0.805 t	GTZ
3	钢梁(H400×200×8×13)	115.530 t	—
4	钢梁(H300×150×6.5×6)	0.570 t	—
5	钢梁(H200×100×5.5×8)	3.230 t	—

（2）工程量清单的编制

我们将根据工程量计算书中的数据，结合图纸设计说明，编制该钢结构工程的工程量清单。清单编制，见表 4-27 所示。

分部分项工程量清单 表 4-27

工程名称：××工程 第 1 页 共 1 页

序号	项目编码	项目名称	项目特征	计量单位	工程数量
1	010604001001	实腹柱	1. Q345B，H390×300×10×16； 2. 一级焊缝探伤； 3. 涂 C53-35 红丹醇酸防锈底漆两道 25μm	t	67.330
2	010604001002	实腹柱	1. Q345B，H400×200×8×13； 2. 一级焊缝探伤； 3. 涂 C53-35 红丹醇酸防锈底漆两道 25μm	t	0.805
3	010604001001	钢梁	1. Q345B，H300×150×6.5×6； 2. 一级焊缝探伤； 3. 涂 C53-35 红丹醇酸防锈底漆两道 25μm	t	0.57
4	010604001002	钢梁	1. Q345B，H400×200×8×13； 2. 一级焊缝探伤； 3. 涂 C53-35 红丹醇酸防锈底漆两道 25μm	t	115.53
5	010604001003	钢梁	1. Q345B，H200×100×5.5×8； 2. 一级焊缝探伤； 3. 涂 C53-35 红丹醇酸防锈底漆两道 25μm	t	11.47

【案例分析】

（1）钢结构工程设计都采用专用设计软件，一般图纸都应该带有钢结构工程的材料表，计算工程量时要充分利用，这样可大大提高工程量计算速度。不过必要时也要核对图纸材料表的准确性，以免影响报价的精确性。

（2）工程量进行统计时，阶段性的小计不可缺少，这样一是利于统计工程量的最后结果，而来也便于检查、核对工程量的正确性。同时，特别注意小计时应将不同规格的材料工程量分别小计。

（3）清单编制一定要根据《2013 规范》，准确描述项目特征，像材料规格、涂层要求、探伤要求等。

（4）清单编制时，相同构件但不同材料规格，一定要分别统计工程量、分别列清单项目。因为，不同规格的型钢，其材料价格有差异，否则不便于清单报价。

（5）钢框架梁柱加劲肋板材的工程量编制清单时，已将其数量合并到钢梁或钢柱的工程量中；梁柱节点板的工程量本案例没有计算，实际工作中，可以将此项单独列项，按零星项目设置。

【例 4-6】 某工程屋面采用钢网架屋盖，施工图如下，要求编制该网架部分的工程量清单。施工图如下：

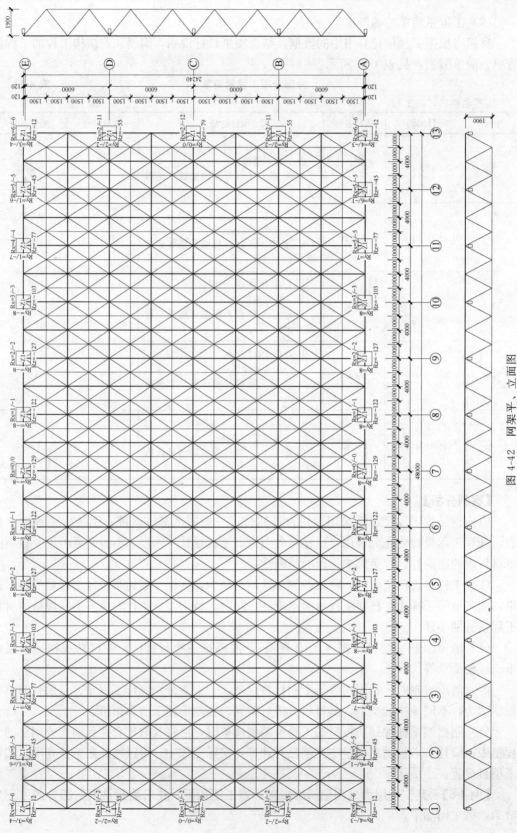

图 4-42　网架平、立面图

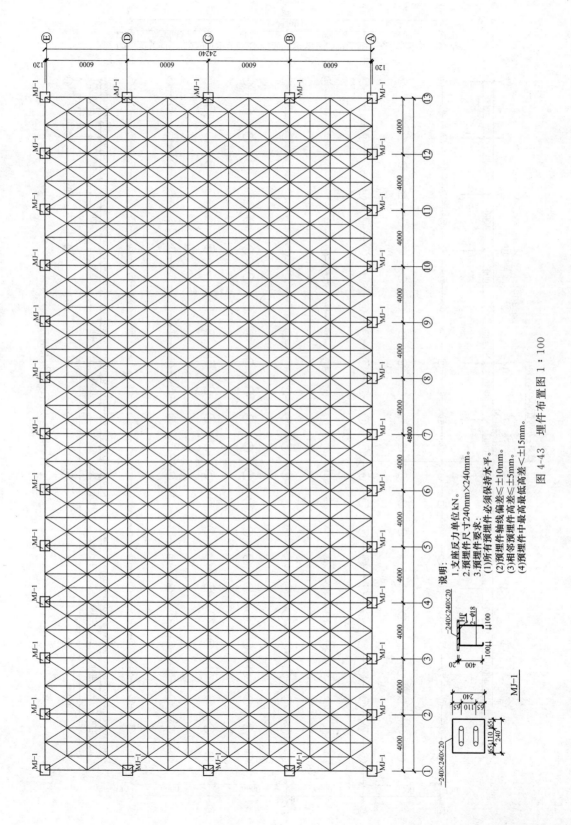

说明：
1. 支座反力单位kN。
2. 预埋件尺寸240mm×240mm。
3. 预埋件要求：
(1)所有预埋件必须保持水平。
(2)预埋件轴线偏差≤±10mm。
(3)相邻预埋件高差≤±5mm。
(4)预埋件中最高最低高差≤±15mm。

图 4-43 埋件布置图 1：100

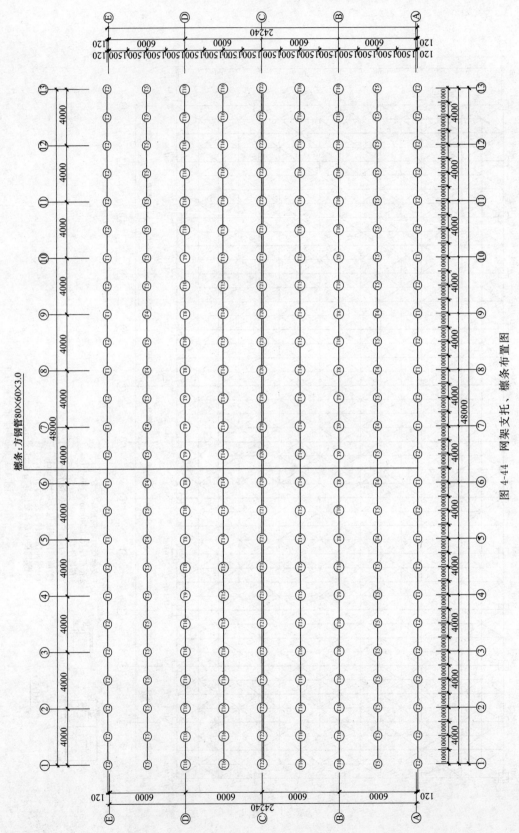

图 4-44　网架支托、檩条布置图

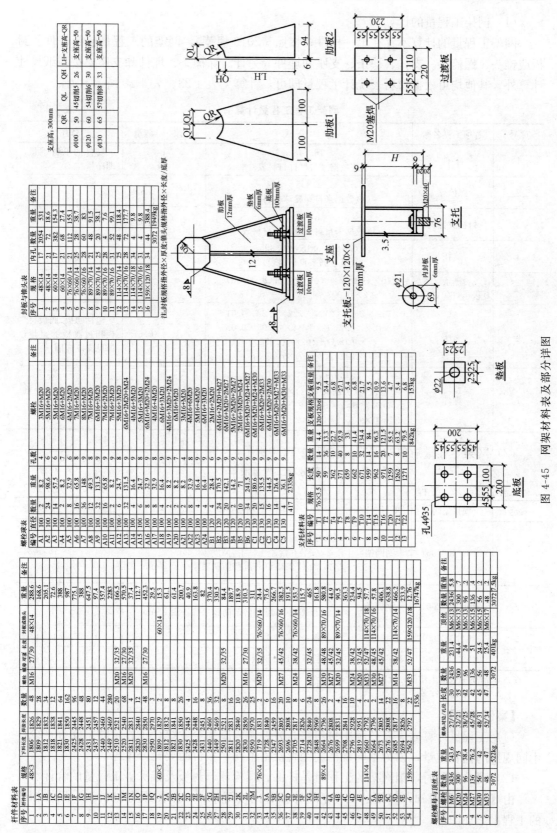

图 4-45　网架材料表及部分详图

（1）网架工程量的计算

网架工程量的计算不存在单一构件，按照《2013 规范》，网架的工程量包括杆件、封板或锥头、螺栓球。支托、檩条、支座和埋件等另计。除檩条、埋件和支座要按图纸尺寸计算外，其他均可根据材料表统计工程量即可，计算见表 4-28、表 4-29 所示。

网架工程工程量计算书　　　　　　　　　　　　　　表 4-28

序号	各项工程名称	计 算 公 式	单 位	数 量	备 注
1	杆 件	16.748 （该数据来自杆件材料表）	t	16.748	杆件的下料重量，即净量
2	螺栓球	2.335 （该数据来自螺栓球材料表）	t	2.335	
3	封板或锥头	1.949 （该数据来自封板或锥头材料表）	t	1.949	
4	支托	0.842＋0.153＝0.995 （该数据来自材料表）	t	0.995	
5	檩条 （□80×60×3.0）	$10 \times (48+2 \times 0.06) \times [(0.08+0.06) \times 2 \times 0.003 \times 1 \times 7.85] = 3.173$	t	3.173	
6	支座	$(13 \times 2+3 \times 2) \times [0.22 \times 0.22 \times 0.01 +0.2 \times 0.2 \times 0.01+4 \times (0.05 \times 0.05 \times 0.006)+(0.2 \times 0.276 \times 0.012) \times 2] \times 7.85 = 0.57$	t	0.57	包括肋板、底板、垫板和过渡板的重量，详见支座详图
7	埋件	钢板：$(13 \times 2+3 \times 2) \times (0.24 \times 0.24 \times 0.02) \times 7.85 = 0.289$ Φ18 锚筋：$2 \times (13 \times 2+3 \times 2) \times 1.998 \div 1000 \times (0.11+0.4 \times 2+0.1 \times 2) = 0.142$	t	0.142	$\phi18$ 钢筋的理论重量是 1.998kg/m

（2）网架工程量清单的编制，详见表 4-29 所示。

分部分项工程量清单　　　　　　　　　　　　　　表 4-29

工程名称：××工程　　　　　　　　　　　　　　　　第 1 页　共 1 页

序号	项目编码	项目名称	项目特征	计量单位	工程数量
1	010601001001	钢网架	1. 螺栓球平板螺栓球网架：24.24m×48m； 2. 安装在混凝土柱上，高度 13.26m； 3. 涂 C53-35 红丹醇酸防锈底漆一道 25μm	t	16.508
2	010606002001	钢檩条	1. 屋面檩条：□80×60×3.0； 2. 涂 C53-35 红丹醇酸防锈底漆一道 25μm	t	3.173
3	010417002001	预埋铁件	钢板：－240×240×20	t	0.142
4	010606012001	零星钢构件	螺栓球支座：钢板	t	0.57

注：1. 清单不包括土建部分及门窗部分。
　　2. 不考虑防火涂装。

【案例分析】

（1）工程量计算时应充分利用材料表。另外作为施工企业统计工程量时，要分别统计不同规格的钢管质量，因为不同规格的钢管价格不同，报价时要充分考虑。

（2）清单编制时，钢网架的工程量是杆件、螺栓球、封板及锥头等工程量的合计。

由【例 4-5】可知，网架的工程量统计相对比较简单，如果图纸有材料表，只将相应的工程量累加即可。

【例 4-7】 某钢结构雨篷采用方钢管管桁架结构，外包铝塑板，施工图如下。要求编制该工程的工程量清单。

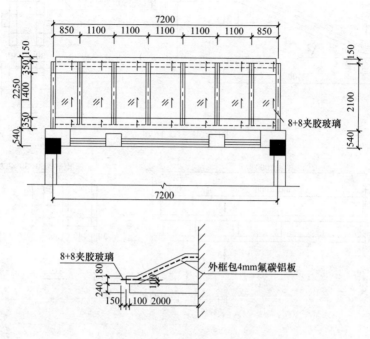

图 4-46 雨篷平、立面图

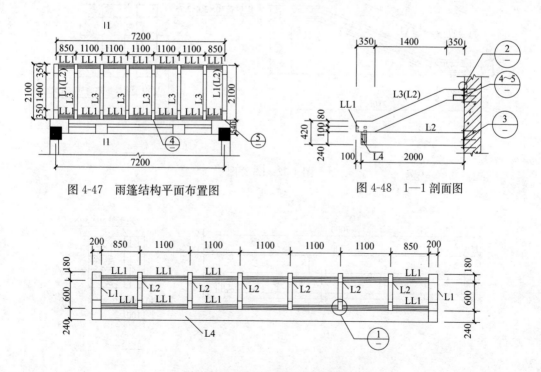

图 4-47 雨篷结构平面布置图   图 4-48 1—1 剖面图

图 4-49 雨篷立面结构平面布置图

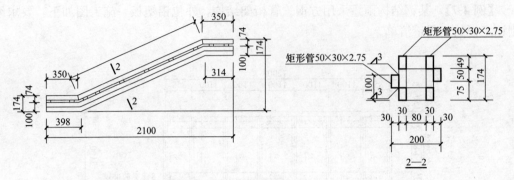

图 4-50　L1 详图

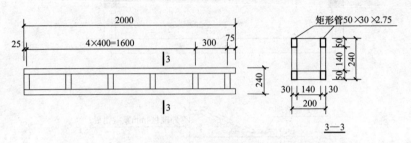

图 4-51　L2 详图

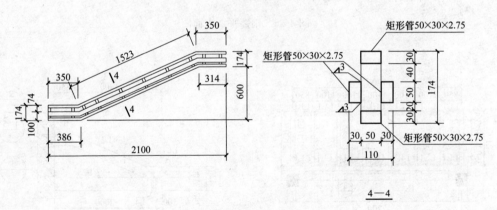

图 4-52　L3 详图

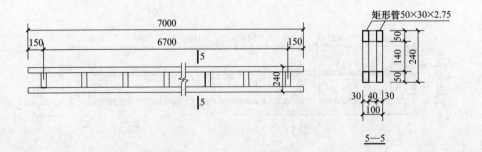

图 4-53　L4 详图

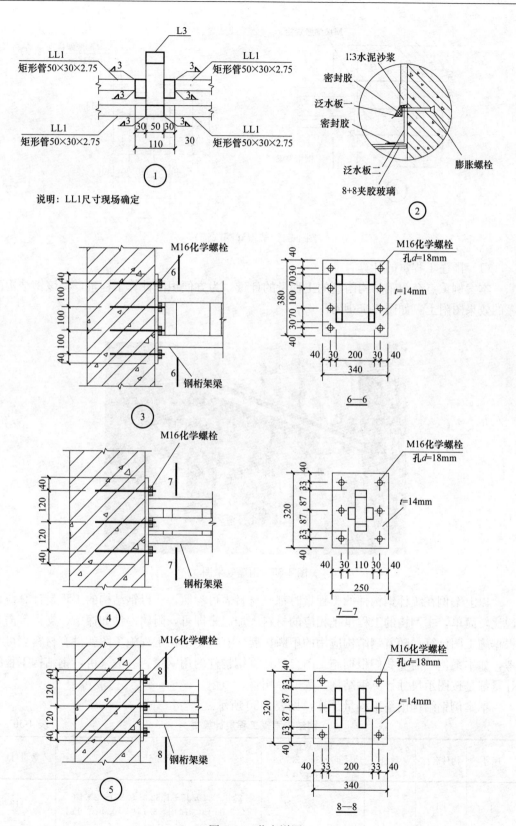

图 4-54 节点详图

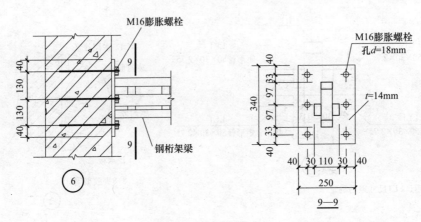

图 4-54 节点详图（续）

（1）雨篷工程量的计算

本案例重点介绍钢结构雨篷的工程量的计量。为方便识图计算工程量，将该钢结构雨篷的效果图附上，如图 4-55 所示。

图 4-55 雨篷效果图

以上案例在统计钢构件的工程量时都有材料表可参照，所以钢结构的工程量计算应该说比较简单，主钢构的工程量把相应的材料表加起来即可，附属构件如檩条、支撑等需要根据施工图计算。随着钢结构应用的不断扩展，有些钢结构工程施工图就没有材料表可参考，如本案例，需要我们根据施工图自己计算钢构件的用钢量。一般来讲，钢结构工程的计量都是按图示尺寸计算钢结构工程的净用量。

本案例钢结构雨篷工程量计算，见表 4-30 所示。

钢结构雨篷工程量计算书

表 4-30

序号	构件名称	数量	截面规格 （□50×30×2.75： 3.454kg/m）	工程量计算	数量（t）
1	L1	2	6×□50×30×2.75	$2×[6×(0.35+1.523+0.35)+2×10×(0.08+0.074)]×3.454÷1000=0.113$	0.113

序号	构件名称	数量	截面规格 (□50×30×2.75： 3.454kg/m)	工程量计算	数量(t)
2	L2	2	4×□50×30×2.75	2×(4×2+4×6×0.14)×3.454 ÷1000＝0.078	0.078
3	L3	6	4×□50×30×2.75	6×[4×(0.35+1.523+0.35)+10 ×0.114]×3.454÷1000＝0.07	0.07
4	L4	2	4×□50×30×2.75	2×{[4×7+17×2×(0.14+0.04)] ×3.454÷1000}＝0.296	0.296
5	LL1	3	4×□50×30×2.75	3×(2×2×4×0.85+5×2×4×1.1) ×3.454÷1000＝0.509	0.509
				小计	1.066
6	化学螺栓	个	M16	2×8+8×6＝64	64(个)
7	预埋件	2	−380×340×14	2×0.38×0.34×0.014×7.85＝0.028	0.028
		6	−320×250×14	6×0.32×0.25×0.014×7.85＝0.053	0.053
		2	−320×340×14	2×0.32×0.34×0.014×7.85＝0.024	0.024
				小计	0.105

注：□50×30×2.75 的理论重量计算如下：$G＝(0.05+0.03)×2×1×0.00275×7850＝3.454$ （kg/m）。

（2）工程量清单编制如下，见表 4-31 所示。

分部分项工程量清单

表 4-31

工程名称：××工程

第 1 页 共 1 页

序号	项目编码	项目名称	项目特征	计量单位	工程数量
1	010604001001	钢梁	1. Q235B，□50×30×2.75 2. 涂 C53-35 红丹醇酸防锈底漆一道 25μm	t	0.918
2	010417002001	预埋铁件	钢板：−320×250×14	t	0.105
3	010417001001	螺栓	1. 螺栓：M16 化学螺栓 2. 植入砖墙内	个	64

在工程量清单编制过程中，为防止工程量数量出现重大错误，我们建议对工程量清单进行以下工作：

（1）清图

清单的初稿印出来后，为了防止有重大的错漏，初稿必须要交给富有经验的造价工程师进行整理、校订，以免清单出现含糊及互相矛盾的地方，同时带领下属进行"清图"工作，即大家一起细阅每一张图纸，互相复查及提醒图纸上的每一部分是否都有人员负责计量出来。若有遗漏，便可委派适合的人选将遗漏部分进行计量。

（2）大数复算

大数复算的方法主要是由负责造价师委派团队内量度不同部分的造价师以粗略的快速方法复核其他同事量度的数量，以避免出现重大错误。

不同项目误差的百分比有所不同，有些应较准确的项目，误差则不应超过 1%。很多时候，由于是概算复核，大部分的误差均可找到合理的解释，但仍可检测出一些大意的错误，从而提高清单数量的准确性。

　　综上所述，清单编制思路要清晰，根据《13 规范》项目设置的内容，分别统计钢构件的工程量，该合并要合并；项目特征一定要描述清楚，这种描述基于对图纸的正确而深入的了解。要想正确地理解工程，结构设计说明非常重要，项目特征中的很多技术特征如钢结构构件的涂层要求、材质等等，都在结构设计说明有详细的陈述。另外，报价时，工程量怎么合计而来要清楚，这样便于确定综合单价，不漏项。具体报价案例，读者详见第 5 章的相关内容。

第5章　建筑工程工程量清单计价

建筑工程清单计价根据不同的目的有多种。如招标控制价,《2013 规范》规定：国有资金投资的工程建设项目应实行工程量清单招标,招标人应编制招标控制价。招标控制价应根据下列依据编制与复核：

(1)《2013 规范》。

(2) 国家或省级、行业建设主管部门颁发的计价定额和计价办法。

(3) 建设工程设计文件及相关资料。

(4) 拟定的招标文件及招标工程量清单。

(5) 与建设项目相关的标准、规范、技术资料。

(6) 施工现场情况、工程特点及常规施工方案。

(7) 工程造价管理机构发布的工程造价信息；工程造价信息没有发布的,参照市场价。

(8) 其他的相关资料。

招标控制价实际上是招标工程的拦标价, 投标人的投标报价高于招标控制价的,其投标应予以拒绝。

本书主要从施工企业的角度出发,重点介绍工程量清单的投标报价。

5.1　工程量清单报价的一般规定及编制依据

根据《2013 规范》,投标价一般规定如下：

(1) 投标价应由投标人或受其委托具有相应资质的工程造价咨询人编制。

(2) 除本规范强制性规定外,投标人应依据招标文件及其招标工程量清单自主确定报价成本。

(3) **投标报价不得低于工程成本。**

(4) **投标人应按招标工程量清单填报价格。项目编码、项目名称、项目特征、计量单位、工程量必须与招标工程量清单一致。**

(5) 投标人可根据工程实际情况结合施工组织设计,对招标人所列的措施项目进行增补。

投标报价应根据下列依据编制和复核：

(1)《2013 规范》。

(2) 国家或省级、行业建设主管部门颁发的计价办法。

(3) 企业定额,国家或省级、行业建设主管部门颁发的计价定额。

(4) 招标文件、工程量清单及其补充通知、答疑纪要。

(5) 建设工程设计文件及相关资料。

（6）施工现场情况、工程特点及拟定的投标施工组织设计或施工方案。

（7）与建设项目相关的标准、规范等技术资料。

（8）市场价格信息或工程造价管理机构发布的工程造价信息。

（9）其他的相关资料。

投标报价时注意事项：

（1）分部分项工程费应依据招标文件及其招标工程量清单中分部分项工程量清单项目的特征描述确定综合单价计算，并应符合下列规定：

1）综合单价中应考虑招标文件中要求投标人承担的风险费用。

2）招标工程量清单中提供了暂估单价的材料和工程设备，按暂估的单价计入综合单价。

（2）措施项目费应根据招标文件中的措施项目清单及投标时拟定的施工组织设计或施工方案自主确定。其中安全文明施工费应按照《2013 规范》相关规定确定。

（3）其他项目费应按下列规定报价：

1）暂列金额应按招标工程量清单中列出的金额填写。

2）材料、工程设备暂估价应按招标工程量清单中列出的单价计入综合单价。

3）专业工程暂估价应按招标工程量清单中列出的金额填写。

4）计日工应按招标工程量清单中列出的项目和数量，自主确定综合单价并计算计日工总额。

5）总承包服务费应根据招标工程量清单中列出的内容和提出的要求自主确定。

（4）规费和税金按照《2013 规范》相关规定确定。

（5）招标工程量清单与计价表中列明的所有需要填写的单价和合价的项目，投标人均应填写且只允许有一个报价。未填写单价和合价的项目，视为此项费用已包含在已标价工程量清单中其他项目的单价和合价之中。竣工结算时，此项目不得重新组价予以调整。

（6）投标总价应当与分部分项工程费、措施项目费、其他项目费和规费、税金的合计金额一致。

综上所述，工程量清单报价是指投标人根据招标人发出的工程量清单进行的报价。工程量清单报价价款应包括按招标文件规定完成清单所列项目的全部费用。工程量清单报价应由分部分项工程量清单报价、措施项目费报价、其他项目费报价、规费、税金所组成。

工程造价应在政府宏观调控下，由市场竞争形成。在这一原则指导下，投标人的报价应在满足招标文件要求的前提下实行人工、材料、机械台班消耗量自定，价格费用自选、全面竞争、自主报价的方式。

投标企业应根据招标文件中提供的工程量清单，同时遵循招标人在招标文件中要求的报价方式和工程内容，填写投标报价单。也可以依据企业定额和市场价格信息进行确定。如果是用企业定额，应以建设部 1995 年发布的《全国统一建筑工程基础定额》提供的人工、材料、机械消耗量为基础，而且必须与建设工程工程量清单系列规范中的项目编码、项目名称、计量单位、工程量计算规则相统一，以便在投标报价中可以直接套用。

清单报价采用综合单价。综合单价是指完成每分项工程每计量单位合格建筑产品所需的全部费用。综合单价应包括为完成工程量清单项目，每计量单位工程量所需的人工费、材料费、施工机械使用费、管理费、利润，并考虑风险、招标人的特殊要求等而增加的费用。工程量清单中的分部分项工程费、措施项目费、其他项目费均应按综合单价报价。规费、税金按国家有关规定执行。

"全部费用"的含意，应从如下 3 方面理解：（1）考虑到我国的现实情况，综合单价包括除规费、税金以外的全部费用。（2）综合单价不但适用于分部分项工程量清单，也适用于措施项目清单、其他项目清单。（3）全部费用包括：完成每分项工程所含全部工程内容的费用；完成每项工程内容所需的全部费用；工程量清单项目中没有体现的，施工中又必然发生的工程内容所需的费用；因招标人的特殊要求而发生的费用；考虑风险因素而增加的费用。

综合单价的确定，投标企业可以依据当时当地的市场价格信息，用企业定额计算得出的人工、材料、机械消耗量，乘以工程中需支付的人工、购买材料、使用机械和消耗能源等方面的市场单价得出工料综合单价。同时必须考虑工程本身的内容、范围、技术特点要求以及招标文件的有关规定、工程现场情况，以及其他方面的因素，如工程进度、质量好坏、资源安排及风险等特殊性要求，灵活机动地进行调整，组成各分项工程的综合单价作为报价，该报价应尽可能地与企业内部成本数据相吻合，而且在投标中具有一定的竞争能力。

对于属于企业性质的施工方法、施工措施和人工、材料、机械的消耗水平、取费等工程量清单系列规范都没有具体规定，由企业自己根据自身和市场情况来确定。

综合单价不应包括招标人自行采购材料的价款，否则是重复计价。该部分价款已由招标人预估，并在清单"总说明"中注明金额。按规定，投标人在报价时，应把招标人预估的金额，记入"其他项目清单"报价款中。

措施项目费报价的编制应考虑多种因素，除工程本身的因素外，还应考虑水文、地质、气象、环境、安全等和施工企业的实际情况。详细项目可参考"措施项目一览表"，如果出现表中未列的措施项目，编制人可在清单项目后补充。其综合单价的确定可参见企业定额或建设行政主管部门发布的系数计算。

在综合单价确定后，投标单位便可以根据掌握的竞争对手的情况和制定的投标策略，填写工程量清单报价格式中所列明的所有需要填报的单价和合价，以及汇总表。如果有未填报的单价和合价，视为此项费用已包含在工程量清单的其他单价和合价中，结算时不得追加。

清单报价中应注意的问题：

（1）单价一经报出，在结算时一般不作调整，但在合同条件发生变化，如施工条件发生变化、工程变更、额外工程、加速施工、价格法规变动等条件下，可重新议定单价并进行合理调整。

（2）当清单项目中工程量与单价的乘积结果与合价数字不一致时，应以单价为准。

（3）工程量清单所有项目均应报出单价，未报单价视为已包括在其他单价之内。

（4）注意把招标人在工程量表中未列的工程内容及单价考虑进去，不可漏算。

5.2　投标报价的准备工作

5.2.1　认真研究招标文件

投标企业报名参加或接受邀请参加某一工程的投标，取得招标文件，应认真研究招标文件，充分了解其内容和要求，以便有针对性地安排投标工作。在工程投标报价前必须对招标文件进行仔细分析，特别是注意招标文件中的错误和漏洞，既保证企业不受损失又为获得最大利润打下基础。

研究招标文件是为了正确理解招标文件的意图，对招标文件做出实质性响应，确保投标有效，争取中标。对图纸、工程量清单、技术规范等进行重点研究分析。

1. 准备资料，熟悉并分析施工图纸

施工图纸是体现设计意图，反映工程全貌，明确施工项目的施工范围、内容、做法要求的文件，也是投标企业确定施工方案的重要依据。图纸的详细程度取决于招标时设计所达到的深度和采用的合同形式，透彻分析图纸对清单报价有很大影响，只有对施工图纸有较全面而详细的了解，才能结合统一项目划分正确地分析该工程中各分部分项工程量。在对图纸进行分析的过程中，如果发现图纸不正确或建筑图和结构图、设备安装图矛盾时，应及时在招标答疑时提出，要求业主予以书面修改。

2. 技术规范学习

工程技术规范是描述工程技术和工艺的文件，有的是对材料、设备、施工等施工和安装方法的技术要求，有的是对工程质量进行检验、试验、验收等规定的方法和要求。如新工艺、新材料在规范中没有具体明确说明，工程量清单编制者会单独编制说明书，这种说明书详细、准确、具体。技术规范和技术说明书是投标企业投标报价的重要依据，投标企业根据技术规范、图纸等资料确定施工方案、施工方法、施工工期等内容，做出合理、最优的工程量清单报价。

5.2.2　调查工程现场条件

1. 调查工程现场条件是投标报价前的一项重要工作。投标企业在投标前必须认真、仔细、全面地对工程现场条件进行调查，了解施工现场周围的政治、经济、地理等方面情况。招标单位组织投标单位进行勘察现场的目的在于了解工程场地和周围环境情况，以获取投标企业认为有必要的信息。为便于投标企业提出问题并得到解答，勘察现场一般安排在投标预备会的前 1～2 天。

2. 招标单位应向投标企业介绍有关现场情况

（1）施工现场是否达到招标文件规定的条件，施工现场的地理位置和地形、地貌。

（2）施工现场的地质、土质、地下水位、水文等情况。

（3）施工现场气候条件，如气温、湿度、风力等。

（4）现场环境，如交通、饮水、污水排放、生活用电、通信等。

（5）工程在施工现场中的位置或布置。

（6）临时用地、临时设施搭设等。

（7）当地供电方式、方位、距离、电压等。

（8）当地煤气供应能力，管线位置、标高等。

（9）工程现场通信线路的连接和铺设。

（10）现场周围道路条件。

（11）当地政府有关部门对施工现场管理的一般要求、特殊要求及规定，是否允许节假日和夜间施工等。

3. 调查其他情况

（1）工程现场附近环境，是否需采用特殊措施加强施工现场保卫工作。

（2）建筑构件和半成品的加工、制作和供应条件，商品混凝土的价格等。

（3）工程现场附近各种设施和服务条件，如卫生、医疗等。

5.2.3 影响投标报价的其他因素

工程造价除了要考虑工程本身的内容、范围、技术特点和要求、招标文件、现场情况等因素之外，还受许多其他因素影响，其中最重要的是投标企业自己制定的施工方案、施工方法、施工进度计划等。

5.2.4 熟悉工程量计算规则

工程量的计算工作比较繁重，需要花费较长时间，只有熟悉工程量计算规则，才能准确快捷地核实业主提供的工程量是否准确，而工程量的准确与否直接影响整个投标报价的过程。

投标报价前除认真做好上述准备工作外，还应收集齐报价所需的全部资料。这些资料，应包括：

1. 经过批准和会审的全部施工图设计文件及相关资料

在编制施工图预算之前，施工图必须经过建设主管部门批准，同时还要经过图纸会审，并签署"图纸会审纪要"；审批和会审后的施工图纸及技术资料，表明了工程的具体内容、各部分做法、结构尺寸、技术特征等，它是编制招标控制价、投标报价和施工图预算的主要依据。同时还要备齐图纸所需的全部标准图集、通用图集。

2. 经过批准的工程设计概算文件

设计单位编制的设计概算文件经过主管部门批准后，是国家控制工程投资的最高限额和单位工程预算的主要依据。施工企业编制的施工图预算或投标报价是由建设单位根据设计概算文件进行控制的。

3. 施工现场情况、地勘水文资料、工程特点及常规施工方案

项目管理规划或施工组织设计是确定单位工程的施工方法、施工方案、施工进度计划、施工现场平面布置和主要技术措施等内容的技术文件；是对建筑工程规划、组织施工有关问题的设计说明。这个技术文件的编制与实施，要受拟建建筑的施工现场情况、地勘水文资料、工程特点的约束，同时清单编制一般在招标阶段，所以一般结合拟建建筑的特点，考虑常规施工方案的选择进行施工。

拟建工程项目管理规划或施工组织设计经有关部门批准后（投标中标），就成为指导施工活动的重要技术经济文件，它所确定的施工方案和相应的技术组织措施就成为预算部门必须具备的依据之一；经过批准的项目管理规划或施工组织设计，也是计取有关费用和某些措施项目单价的重要依据之一。

4. 计价规范

目前国家颁发的《建筑工程工程量清单计价规范》（GB 50500—2013），详细地规定了分项项目的划分及项目编码，分项项目名称、项目特征、计量单位及工程内容，工程量计算规则和项目使用说明等内容，是编制工程量清单的主要依据。

5. 企业定额

清单计价充分体现企业的竞争性，三大生产要素人工、材料、机械的消耗量由企业定额说了算，所以算标人员应充分熟悉自己企业的生产水平，掌握本企业定额的编制水平，并要有一定的风险胆识，快速地进行工程量清单的编制。

6. 人工工资标准、材料预算价格、施工机械台班单价

这些资料是计取人工费、材料费、施工机械台班使用费的主要依据，是编制综合单价的基础，是计取各项费用的重要依据，也是调整价差或确定市场价格的依据。

实行清单报价，要求定标人员在报价期间，迅速地落实价格，并将掌握的价格资料汇集、整理，形成定价。实行清单计价，对定标人的要求比按定额计价的要求要高很多，清单计价要求定标人要有深厚且宽广的专业知识，如设计、施工、项目管理、工程经济、造价等，并且要有丰富的工程经验和风险胆识，例如施工期间材料是否会上涨、工程本身是否会出现变更、业主资金是否会及时到位、公司本身在组织施工过程中是否会出现一些问题等等，同时对本企业要熟悉。当然单位领导必须赋予定标人定价的权利。

7. 预算工作手册

该手册主要包括：各种常用的数据和计算公式、各种标准构件的工程量和材料量、金属材料规格和计量单位之间的转换，以及投资估算指标、概算指标、单位工程造价指标和工期定额等参考资料。它能为准确、快速编制施工图预算提供方便。

8. 工程承发包合同文件

合同会对造价方面提出约束性条款，工程计价时必须考虑。

5.2.5　单位工程施工图预算编制步骤

一般来讲，单位工程施工图预算编制步骤，包括以下几个步骤：

1. 收集编制预算的基础文件和资料

预算的基础文件和资料主要包括：施工图设计文件、施工项目管理文件、设计概算、企业定额、工程承包合同、材料和设备价格资料、机械和人工单价资料以及造价手册等。

2. 熟悉施工图设计图纸

在编制预算之前，应结合"图纸会审记录"，对施工图的结构、建筑做法、材料品种及其规格质量，设计尺寸等进行充分地熟悉和详细地审阅，（如发现问题，应及时向设计人员提出修改，其修改结果必须征得设计单位签认，在后期编制预算时采用）。要求通过图纸审阅，预算工程在造价工程技术人员头脑中形成完整的、系统的、清晰的工程实物形象，以免在工程量计算上发生错误，同时也便于加快预算速度。

熟悉施工图设计图纸的步骤如下：

（1）首先熟悉图纸目录和设计总说明，了解工程性质、建筑面积、建设和设计单位名称、图纸张数等，做到对工程情况有一个初步的了解。

（2）按图纸目录检查图纸是否齐全；建筑、结构、设备图纸是否配套；施工图纸与说明书是否一致；各单位工程图纸之间有无矛盾。

（3）熟悉建筑总平面图，了解建筑物的地理位置、高程、朝向以及有关的建筑情况。掌握工程结构形式、特点和全貌；了解工程地质和水文地质资料。

（4）熟悉建筑平面图，了解房屋的长、宽、高、轴线尺寸、开间大小、平面布局，并

核对分尺寸之和是否与总尺寸相符。然后看立面和剖面图，了解建筑做法、标高等。同时要核对平、立、剖之间有无矛盾。

（5）根据索引查看详图，如做法不对，应及时提出问题、解决问题，以便于施工。

（6）熟悉建筑构件、配件、标准图集及设计变更。

3. 熟悉施工项目管理规划大纲、实施细则和施工现场情况

施工项目管理规划大纲和实施细则是由施工单位根据工程特点编制的，它与预算编制关系密切。预算人员必须对分部分项工程的施工方案、施工方法、加工构件的加工方法、运输方式和运距、安装构件的施工方案和起重机械的选择、脚手架的形式和安装方法、生产设备的订货和运输方式等与编制预算有关的问题了解清楚。

施工现场的情况对编制单位工程预算影响也比较大。例如，施工现场障碍物的清除状况；场地是否平整；土方开挖和基础施工状况；工程地质和水文地质状况；施工顺序和施工项目划分状况；主要建筑材料、构配件和制品的供应情况，以及其他施工条件、施工方法和技术组织措施的实施状况，并做好记录以备应用。

4. 划分工程项目与计算工程量

（1）合理划分工程项目

工程项目的划分主要取决于施工图纸、项目管理实施细则所采用的施工方法、《计价规范》规定的工程内容。一般情况下，项目内容、排列顺序、计量单位应与《计价规范》一致。

（2）正确计算工程量

工程量是单位工程预算编制的原始数据，工程量计算是一项工程量大而又细致地工作。传统的预算编制，都是采用手算工程量，即图纸提取技术数据，根据工程量计算规则手工列式、计算结果，在整个预算的编制过程中，约占预算编制工作的 70% 以上的时间。工程量计算一般采用表格形式逐项分析处理（要充分利用 Excel 表格的巨大功能），复核后，按《计价规范》规定的清单格式进行列表汇总。

目前工程量的计算也有专门的计算软件来进行工程量的统计，如广联达的预算软件等。利用计价软件进行工程量的统计，除前面讲到的注意事项以外，还应熟悉计价软件的操作要点，以便于快速、正确地进行预算的编制。

5. 计算各项费用

计算人工费、材料费、机械费、管理费、利润、风险费、规费、税金等各项费用。

6. 工料分析及汇总

工料分析是预算书的重要组成部分，也是施工企业内部进行经济核算和加强经营管理的重要措施，也是投标报价时，评标的重要参数。

7. 编制说明、填写封面

编制说明主要来描述在工程预算编制过程中，预算书上所表达不了的而又需要审核单位或预算单位知道的内容。

按清单规定格式填写。在封面规定处加盖造价师印章、在单位位置加盖公章后，预算书即成为一份具有法律效力的经济文件。

8. 复核、装订、审批

审核无误后，一式多份，装订成册，报送相关部门。

5.3　工程量清单报价的基本策略

5.3.1　报价决策

任何投标策略的目的都是使业主可以接受投标报价，而且保证企业中标后能获得最大利润。承包商对一项工程进行投标时，首先应该在合理的技术方案和比较经济的价格上下功夫，以争取中标。

1. 报价决策的依据

报价决策的主要资料依据是工程造价人员的预算书和各项分析指标。承包商的投标报价应当合理，报价高了，不能中标；报价低了，可能导致亏损。所以承包商应根据图纸、施工组织设计以及工程本身的各种因素综合考虑，以自己的报价为依据进行科学的分析研究，做出恰当合理的报价。

2. 在能承受的利润和风险内做出决策

一般来说，报价决策是多方面的，不仅仅是预算书的计算，应当是决策人员与造价人员共同对投标报价的各种因素进行分析，做出判断。

3. 较低的投标报价不一定是中标的唯一因素

低报价是中标的重要因素，但不是唯一因素。投标人可以根据本企业的具体情况，提出对招标人优惠的各种条件，也可以提出某些合理的建议，使招标人能够降低成本、缩短工期。

5.3.2　投标策略

投标策略是指承包商在投标竞争中的指导思想及参与投标竞争的方式和手段。投标策略作为投标报价取胜的方式、手段和艺术，贯穿于投标竞争的始终，内容十分丰富。在投标与否、投标项目的选择、投标报价等方面，都包含投标策略。

投标策略的内容主要有：

1. 注重诚信

投标人可凭借自己多年来积累的各种经营、施工管理经验，争创优质工程的质量技术措施，合理的工程造价和工期等优势争取中标。

2. 加快施工进度

通过采取先进合理的措施缩短建设工期，并能保证工程的质量，从而使工程能够按时竣工投入生产经营。

3. 降低造价

投标人通过降低造价来扩大任务来源，是在当今竞争激烈的建筑市场中承揽任务的重要途径，但其前提是要保证工程质量。

4. 具有长远的发展策略

投标人为了企业的发展，能不间断地承揽到施工任务，立足于市场，一般先通过降低报价争取中标，然后重点研究具有长远发展的某项施工工艺或技术等，使投标人的经营管理和效益越来越好。

5.3.3 投标报价技巧

报价技巧是指投标报价中采用的方法或手段，不仅招标人可以接受，而且投标人不亏损，能获得较高利润。

1. 企业定额为基础进行组价

对于投标企业来说，采用工程量清单报价，必须根据企业的实际情况。根据企业定额，合理确定人工、材料、施工机械等要素的投入与配置，精心选择施工方法，仔细分析工程的成本、利润，制定合理控制各项开支的措施。在报价竞争中，投标企业必须以自身情况为基础进行报价，充分收集各种有关资料，以便合理地确定投标价。

2. 不平衡报价法

是指一个工程项目的总报价基本确定后，通过调整内部各个项目报价，总体上报价不变。为了在结算时能取得更好的经济效益，一般情况下采用不平衡报价法，它包括以下几个方面：

（1）能够尽早收回工程款的项目，报价可以适当提高。

（2）预计今后工程量可能会增加的项目，单价可适当提高。

（3）设计图纸不明确，估计修改后工程量可能增加的，可以适当提高单价；而工程内容表述不清楚的，则可适当降低一些单价，待澄清后可再要求提高报价。

采用不平衡报价要建立在对工程量仔细核对分析的基础上，特别是对较低单价的项目。

工程量清单报价格式是投标人进行工程量清单报价的格式，参见本书相关内容或《2013 计价规范》，在此不再详述。

5.4 工程量清单计价的计算程序

根据建设部第 107 号部令《建筑工程施工发包与承包计价管理办法》的规定，发包与承包价的计算方法分为工料单价法和综合单价法，在此主要介绍综合单价法计价程序。

5.4.1 建筑工程费用计算

建筑工程费用计算程序，见表 5-1 所示。

建筑工程工程量清单计价计算程序表   表 5-1

序号	费用项目名称	计算方法
一	分部分项工程费合价	$\sum J_i \cdot L_i$
	分部分项工程费单价（J_i）	1+2+3+4+5
	1. 人工费	$\sum$清单项目每计量单位工日消耗量×人工单价
	2. 材料费	$\sum$清单项目每计量单位材料消耗量×材料单价
	3. 机械使用费	$\sum$清单项目每计量单位施工机械台班消耗量×机械台班单价
	4. 管理费	(1+2+3)×管理费费率
	5. 利润	(1+2+3)×利润率
	分部分项工程量（L_i）	按工程量清单数量计算

续表

序号	费 用 项 目 名 称	计 算 方 法
二	措施项目费	∑单项措施费
	单项措施费	某项措施项目基价×(1+管理费率+利润率)
三	其他项目费	(一)+(二)
	(一)招标人部分	1+2+3
	1. 预留金	由招标人根据拟建工程实际计列
	2. 材料购置费	由招标人根据拟建工程实际计列
	3. 其他	由招标人根据拟建工程实际计列
	(二)投标人部分	4+5+6
	4. 总承包服务费	由投标人根据拟建工程实际或参照省发布费率计列
	5. 计日工项目费(按计日工清单数量计列)	计日工人工费×(1+管理费率+利润率)+材料费+机械使用费
	6. 其他	由投标人根据拟建工程实际计列
四	规费	(一+二+三)×规费费率
五	税金	(一+二+三+四)×税率
六	建筑工程费用合计	一+二+三+四+五

5.4.2　装饰工程费用计算

装饰工程费用计算程序，见表 5-2 所示。

装饰工程工程量清单计价计算程序表　　　　　　表 5-2

序号	费 用 项 目 名 称	计 算 方 法
一	分部分项工程费合价	$\sum Ji \cdot Li$
	分部分项工程费单价(Ji)	1+2+3+4+5
	1. 人工费	∑清单项目每计量单位工日消耗量×人工单价
	2. 材料费	∑清单项目每计量单位材料消耗量×材料单价
	3. 机械使用费	∑清单项目每计量单位施工机械台班消耗量×机械台班单价
	4. 管理费	"1"×管理费费率
	5. 利润	"1"×利润率
	分部分项工程量(Li)	按工程量清单数量计算
二	措施项目费	∑单项措施费
	单项措施费	某项措施项目基价+其中人工费×(管理费率+利润率)
三	其他项目费	(一)+(二)
	(一)招标人部分	1+2+3
	1. 预留金	由招标人根据拟建工程实际计列
	2. 材料购置费	由招标人根据拟建工程实际计列
	3. 其他	由招标人根据拟建工程实际计列
	(二)投标人部分	4+5+6

续表

序号	费用项目名称	计算方法
三	4. 总承包服务费	由投标人根据拟建工程实际或参照省发布费率计列
	5. 计日工项目费（按计日工清单数量计列）	计日工人工费×（1＋管理费率＋利润率）＋材料费＋机械使用费
	6. 其他	由投标人根据拟建工程实际计列
四	规费	（一＋二＋三）×规费费率
五	税金	（一＋二＋三＋四）×税率
六	建筑工程费用合计	一＋二＋三＋四＋五

5.5 钢结构工程的加工制作、安装及涂装

钢结构工程与砌体结构、砼结构等工程施工的最大不同在于，现场大部分或全部构件都在加工厂加工制作完成，现场的主导施工工序是结构吊装；又由于钢结构工程需要具备防腐蚀、防火等方面的要求，钢结构工程需要涂装。按《计价规范》规定，钢结构项目清单报价时，其综合单价应包括钢结构的制作、运输、安装、探伤、刷油漆、防火等施工内容，也就是钢结构加工制作、现场安装全部施工内容，清单报价时在综合单价中都要考虑，所以造价工程技术人员必须掌握钢结构工程的加工制作及现场安装、涂装等施工工艺，这样报价时才不至于漏项。

5.5.1 钢结构工程的加工制作

1. 钢结构的制作特点

（1）钢结构制作的基本元件大多系热轧型材和板材。用这些元件组成薄壁细长构件，外部尺寸小，质量轻，承载力高。虽然说钢材的规格和品种有一定的限度，但我们可以把这些元件组成各种各样的几何形状和尺寸的构件，以满足设计者的要求。构件的连接可以焊接、栓接、铆接、粘接来形成刚接和铰接等多种连接形式。

（2）完整的钢结构产品，需要通过将基本元件使用机械设备和成熟的工艺方法，进行各种操作处理，达到规定的产品预定的要求目标。现代化的钢结构制造厂应具有进行冲、切、剪、折、割、钻、铆、焊、喷、压、滚、弯、卷、刨、铣、磨、锯、涂、抛、热处理、无损检测等加工能力的设备，并辅以各种专用胎具、模具、夹具、吊具等工艺装备，对所设计的钢结件，几乎所有的形状和尺寸都能按设计达到要求，而且制作也渐渐趋向于高精度、高水平。

（3）钢结构间的连接也由原来的铆接发展成焊接和高强度螺栓连接。目前，钢结构件的连接，大多为混合式，一般在工厂的制作均以焊接速接居多，现场的螺栓速接居多，或者部分相互交叉使用。

2. 钢结构构件的加工制作工艺流程

（1）放样

在整个钢结构制造中，放样工作是非常重要的一环，因为所有的零件尺寸和形状都必须先行放样，然后依样进行加工，最后才把各个零件装配成一个整体。因此，放样工作的

准确与否将直接影响产品的质量。

放样即根据加工工艺图，以 1∶1 的要求放出各种接头节点的实际尺寸，并对图纸尺寸进行核对。对平面复杂的结构如圆弧等，要在平整的地面上放出整个结构的大样，制作出样板和样杆以作为下料、铣平、剪制、制孔等加工的依据。在制作样板和样杆时应考虑加工余量（一般为 5mm）；对焊接构件应按工艺需要增加焊接收缩量，钢柱的长度必须增加荷载压缩的变形量。如图纸要求桁架起拱，放样时上、下弦应同时起拱，并规定垂直杆的方向仍然垂直水平线，而不与下弦垂直。

放样应在专门的钢平台或平板上进行，平台应平整，尺寸应满足工程构件的尺寸要求，放样划线应准确清晰。样板和样杆是构件加工的标准，应使用质轻、坚固不宜变形的材料（如铁皮、扁板、塑料等）制成并精心使用，妥善保管。

（2）号料

根据放样提供的构件零件的材料、尺寸、数量，在钢材上画出切割、铣、刨边、弯曲、钻孔等加工位置，并标出零件的工艺编号。号料前，应根据图纸用料要求和材料尺寸合理配料，尺寸大、数量多的零件应统筹安排、长短搭配、先大后小或套材号料；号料时，应根据工艺图的要求尽量利用标准节头节点，使材料得到充分的利用而损耗率降到最低值；大型构件的板材宜使用定尺料，使定尺的宽度或长度为零件宽度或长度的倍数；另外，根据材料厚度和切割方法适当增加切割余量。

（3）下料

钢材的下料方法有气割、机械剪切、等离子切割和锯切等，下料的允许偏差应符合相应的规定。

1）气割

利用氧气和燃料燃烧时产生的高温熔化钢材，并以高压氧气流进行吹扫，使金属按要求的尺寸和形状切割成零件。它可以对各种钢材进行切割，而氧气的纯度对气体消耗量、切割速度、切割质量有很大的关系。

氧气切割是钢材切割工艺中最简单、最方便的一种，近年来又通过提高火焰的喷射速度使效率和质量大为提高，目前多头切割和电磁仿形、光电跟踪等自动切割也已经广泛使用。

2）机械剪切

用剪切机和冲切机切割钢材是最方便的切割方法，适用于较薄板材和曲线切割。当钢板厚度较大时，不容易保证其平直，且离剪切边缘 2～3mm 的范围内会产生严重的冷作硬化，使脆性增大。剪切采用碳工具钢和合金工具钢，剪切的间隙应根据板厚调整。

3）等离子切割

利用特殊的割炬，在电流、气流及冷却水的作用下，产生高达 2000～3000℃ 的等离子弧熔化而进行切割。切割时不受材质的限制，具有切割速度高、切口狭窄、热影响区小、变形小且切割质量好的特点，可用于切割用氧割和电弧所不能切割或难以切割的钢材。切割时，应先清除钢材表面切割区域的铁锈、油污等；切割后，断口上不得有裂纹和大于 1.0mm 的缺棱。

（4）边缘加工

有些构件如支座支承面、焊接对接口、焊缝坡口和尺寸要求严格的加劲板、隔板、腹板、有孔眼的节点板等，以及由于切割下料产生硬化的边缘或带有有害组织的热影响区，一般均需边缘加工进行刨边、刨平或刨坡口，其方法有刨边、铣边、铲边、切边、磨边、碳弧气刨和气割坡口等。刨边使用刨床，比较费工，生产效率低，成本高；铣边的光洁度比刨边的差一些；铲边使用风镐，设备简单，操作方便，但生产效率低，劳动强度大，加工质量不高；碳弧气刨利用碳棒与被刨削的金属间产生的电弧将工件熔化，压缩空气随即将熔化的金属吹掉；气割坡口将割炬嘴偏斜成所需要的角度，然后对准开坡口的位置运行割炬。边缘加工的允许偏差应符合相应的规定。

(5) 平直

钢材在运输、装卸、堆放和切割过程中，有时会产生不同的弯曲波浪变形，如变形值超过规范规定的允许值时，必须在下料之前及切割之后进行平直矫正。常用的平直方法有人工矫正、机械矫正、火焰矫正和混合矫正等。钢材校正后的允许偏差应符合相应的规范规定。

1) 人工矫正

人工矫正采用锤击法，锤子使用木锤，如用铁锤，应设平垫；锤的大小、锤击点和着力的轻重程度应根据型钢的截面尺寸和板料的厚度合理选择。该法适用于薄板或比较小的型钢构件的弯曲、局部凸出的矫正，但普通碳素钢在低于－16℃、低合金钢低于－12℃时，不得使用本法，以免产生裂纹。矫正后的钢材表面不应有明显的凹面和损伤，锤痕深度不应大于 0.5mm。

采用本法时，应根据型钢截面的尺寸和板厚合理选择锤的大小，并根据变形情况确定锤击点和着力的轻重程度。当型钢边缘局部弯曲时，亦可配合火焰加热。

2) 机械矫正

机械矫正适用于一般板件和型钢构件的变形矫正，但普通碳素钢在低于－16℃、低合金钢低于－12℃时不得使用本法。板料变形采用多辊平板机，利用上、下两排辊子将板料的弯曲部分矫正调直；型钢变形多采用型钢调直机。

3) 火焰矫正

火焰矫正变形一般只适用于低碳钢和 16Mn 钢，对于中碳钢、高合金钢、铸铁和有色金属等脆性较大的材料，则由于冷却收缩变形产生裂纹而不宜采用。其中，点状加热适于矫正板料局部弯曲或凹凸不平；线状加热多用于 10mm 以上板的角变形和局部圆弧、弯曲变形的矫正；三角形加热面积大，收缩量也大，适于型钢、钢板及构件纵向弯曲的矫正。火焰加热的温度一般为 700℃，最高不应超过 900℃。

4) 混合矫正

混合矫正法适用于型材、钢构件、工资梁、吊车梁、构架或结构构件的局部或整体变形的矫正，常用方法有矫正胎加撑直机、压力机、油压机或冲压机等，或用小型液压千斤顶，或加横梁配合热烤。该法是将零部件或构件两端垫以支承件，通过压力将其凸出变形部位矫正。

(6) 弯曲

钢板或型钢冷弯的工艺方法有滚圆机滚弯、压力机压弯以及顶弯、拉弯等，各种工艺方法均应按型材的截面形状、材质、规格及弯曲半径制作相应的胎膜，并经试弯符合要求后方准正式加工。大型设备用模具压弯可一次成型；小型设备压较大圆弧是应多次冲压成型，并边压边移位，边用样板检查至符合要求为止。冷弯后零件的自由尺寸的允许偏差应符合相应的规定。

煨弯是钢材热加工的一种方式，它是将钢材加热到 1000～1100℃（暗黄色）时立即进行煨弯，并在 500～550℃（暗黑色）之前结束。钢材加热如超过 1100℃，则晶格将会发生裂隙，材料变脆，致使质量急剧降低而不能使用；如低于 500℃，则钢材产生蓝脆而不能保证煨弯的质量，因此一定要掌握好加热温度。

（7）制孔

1）钻孔

钻孔有人工钻孔和机床钻孔两种方式，前者采用手枪式或手提式电钻直接钻孔，多用于钻直径较小、板厚较薄的孔，也可以采用手抬式压杠电钻钻孔，其不受工件位置和大小的限制，可钻一般钢结构的孔；后者采用台式或立式摇臂钻床钻孔，其施钻方便，工效和精度都较高。如钻制精度要求高的 A、B 级螺栓孔或折叠层数多、长排连接、多排连接的群孔时，可借助钻模卡在工件上制孔。各级螺栓孔孔径和孔距的允许偏差应符合相应规范规定。

2）扩孔

扩孔采用扩孔钻或麻花钻，当麻花钻扩孔时，需将后角修小，以使切屑少而易于排出，可提高孔的表面光洁度，其主要用于构件的安装和拼装。

3）锪孔

锪孔是将已钻好的孔的上表面加工成一定形状的孔，常用的有锥形埋头孔、圆柱形头孔等。锥形埋头孔应用专用的锥形孔钻制孔，或用麻花钻改制；圆柱形埋头孔应用柱形钻，钻前端设导向柱，以确保位置的正确。

4）冲孔

冲孔一般用于冲制非圆孔（圆孔多用钻孔）和薄板孔。冲孔的直径应大于板厚，否则易损坏冲头。如大批量冲孔时，应按批抽查孔的尺寸及孔的中心距，以便及时发现问题而及时纠正；当环境温度低于 −20℃ 时应禁止冲孔；冲裁力应按相应的公式计算得到。

5）铰孔

铰孔是用绞刀对已经粗加工的孔进行精加工，可提高孔的表面光洁度和精度。

（8）钢球制造

钢球有加劲肋和不加劲肋的两种，在管形杆件桁（网）架结构中，常用焊接空心球来连接钢管杆件。将加热到 800～900℃ 的钢板放置于专用模具中，并以 2000～3000kN 的压力制成半球；用自动气割切去多余的边缘，再用机床加工成坡口；将两个半球在专用胎具上调整好直径、椭圆度、错口、间隙，最后用环焊缝把两个半球焊成整个钢球。

5.5.2　钢构件的组装与预拼装

1. 钢构件的组装

钢结构构件的组装是遵照施工图的要求，把已加工完成的各零件或半成品构件，通过焊接或螺栓连接等工序，用装配的手段组合成为独立的成品，这种装配的方法通常称为组装。组装根据装构件的特性以及组装程度，可分为部件组装、组装、预总装。

组装后构件的大小应根据运输道路、现场条件、运输和安装单位的机械设备能力与结构受力的允许条件来确定，只要条件允许，构件应划分得大一些，以减少现场的安装工作量，提高钢结构工程的施工质量。

组装应按工艺方法的组装次序进行，当有隐蔽焊缝时，必须先施焊，经检验合格后方可覆盖；为减少大件组装焊接的变形，一般应先采取小件组装，经矫正后再整体大部件组装；组装要在平台上进行，平台应测平，胎膜需牢固地固定在平台上；根据零件的加工编号，严格检验核对其材质、外形尺寸，毛刺飞边应清除干净，对称零件要注意方向以免错装；组装好的构件或结构单元，应按图纸用油漆编号。

组装方法有地样法、仿形复制法、立装法、卧装法和胎膜法等。

（1）焊接连接

焊接连接是钢结构工程常用的一种连接方式。焊接连接应根据钢结构的种类、焊缝的质量要求、焊缝形式、位置和厚度等选定合适的焊接方法，并以选用焊条、焊丝、焊剂型号、焊条直径以及焊接的电焊机和电流。选择的焊条、焊丝型号应与主体金属相适应，当采用两种不同强度的钢材焊接连接时，宜采用与高强度钢材相适应的焊接材料。为减少焊接变形，应选择合理的焊接顺序，如对称法、分段逆向焊接法、跳焊法等。

焊缝的外观质量用肉眼和低倍放大镜检查，要求焊缝金属表面焊波均匀，不得有表面气孔、咬边、焊瘤、弧坑、表面裂缝和严重飞溅等缺陷。焊缝的内部质量主要用超声波探伤，检查项目包括夹渣、气孔、未焊透和裂缝等。

1）实腹工字形截面构件

钢结构中受力大的部位或断面构件，当轧制 H 型钢不能满足要求时，都采用焊接 H 型钢，可以采用手工焊、CO_2 半自动焊和 CO_2 自动焊。先将腹板放在装配台上，再将两块翼缘板立放两侧，3 块板对齐后通过专用夹具将起夹紧或顶紧，并在对准装配线后进行定位焊；在梁的截面方向预留焊缝收缩量，并加撑杆。上、下翼缘的通长角焊缝可以在平焊位置或 45°船形位置采用自动埋弧焊。构件长度方向应在焊接成型检验合格后再进行端头加工，焊接连接梁的端头开坡口时应预留收缩量。其允许偏差应符合相应的规定。

2）封闭箱形截面构件

钢结构构件的柱子和受力大的部位的梁均采用封闭箱形断面。先利用构件内的定位隔板将箱形截面和受力隔板的挡板焊好，再将受力隔板和柱内两相对面的非受力隔板焊好，最后封第 4 块板，点焊成型后进行矫正。在柱子两端焊上引弧板，再按要求把柱的四棱焊好，检查合格后再用电渣焊焊接受力隔板的另两侧。

箱形结构封闭后，在受力隔板的两相对焊缝处用电钻把柱板打一通孔，相对的两条焊缝用两台电渣焊机对称施焊。待各部焊缝焊完后，矫正外形尺寸，再焊上连接板，加工好下部坡口。

3）十字形截面构件

钢结构构件下部柱子多采用十字形截面，并包钢筋混凝土，组装时由两个 T 形和一个共字形焊接而成。由于十字形端面的拘束度小，焊接时容易变形，故除严格控制焊接顺序外，整个焊接工作必须固定在模架上（或再加临时支撑）进行。

4）桁架

桁架组装多用仿形装配法，即先在平台上放实样，据此装配出第一面桁架，并施行定位焊，之后再用它作为胎膜进行复制。在组装台上按图纸要求的尺寸（包括拱度）进行放线，焊上模架。先放弦杆，矫正外形尺寸后点焊定形，点焊的数量必须满足脱胎时桁架的不变形。桁架的上弦节点与上弦杆应进行槽焊。为保证质量，节点板的厚度和槽焊深度应保证设计的尺寸。

5）钢板

钢板组装系在装配平台上进行，将钢板零件摆列在平台上，调整粉线，用撬杆等工具将钢板平面对界接缝对齐，用定位焊固定；对接焊缝的两端设引弧板，尺寸不小于100mm×100mm。

（2）螺栓连接

1）高强螺栓

高强螺栓连接按其受力状况可分为摩擦型连接、摩擦—承压型连接、承压型连接和张拉型连接等类型，而摩擦型连接是目前钢结构中广泛使用的基本连接形式。高强螺栓从外形上可分为大六角头和扭剪型两种；按性能等级可分为 8.8 级、10.9 级和 12.9 级等。大六角头的高强螺栓有 8.8 级和 10.9 级两种，其连接副含一个螺栓、一个螺母、两个垫圈（螺头和螺母两侧各一个）；扭剪型高强螺栓只有 12.9 级，其连接副含一个螺栓、一个螺母、一个垫圈。

高强螺栓连接前应先对摩擦面进行处理，常用的方法有喷砂、喷丸、砂轮打磨和酸洗。喷砂的范围不小于 4 倍的板厚，喷砂面不得有毛刺、泥土和溅点。打磨的方向应与构件的受力方向垂直，打磨后的表面应呈铁色，且无明显的不平；不得涂刷油漆后再打磨。

对每一个连接接头，应先用临时螺栓或冲钉定位，本身不得作为临时安装螺栓。安装高强螺栓时，螺栓应自由穿入孔内，不得强行敲打和气割扩孔；如不能自由穿入，可用绞刀进行修整。螺栓穿入的方向宜一致，应便于操作，并注意垫圈的正反面。拧紧一般应分初拧和终拧，但对大型节点应分初拧、复拧和终拧，终拧时应采用专用扳手将尾部的梅花头拧掉；复拧扭矩应等于初拧扭矩，大六角螺栓的初拧扭矩宜为终拧的一半；施拧宜由螺栓群中央顺序向外拧紧，并于当天终拧完毕。高强螺栓紧固后应按相应的标准进行检验和测定，如发现欠拧、漏拧时应补拧，超拧时应更换。

连接钢板的孔径应略大于螺栓直径，并应采取钻孔成型的方法，钻孔后的钢板表面应平整，孔边无飞边和毛刺，连接板表面无焊接飞溅物、油污等，螺栓孔径的允许偏差应符合相应的规定。

2）普通螺栓

普通螺栓连接是将普通螺栓、螺母、垫圈机械地连接在一起。普通螺栓按形式分为六角头螺栓、双头螺栓、钩头螺栓等；按制作精度可分为 A、B、C 三级（A、B 级为精制螺栓，C 级为粗制螺栓），钢结构中除特殊说明外，一般采用 C 级螺栓。螺母的强度设计应选用与之匹配的螺栓中最高性能等级的螺栓强度，当螺母拧紧到螺栓保证荷载时，必须不发生螺纹脱扣。垫圈按形状分为圆平垫圈、方形垫圈、斜垫圈和弹簧垫圈四种。螺栓的排列位置主要有并列和交错排列两种，确定螺栓间的间距时，既要考虑连接效果（连接强度和变形），又要考虑螺栓的施工。

安装永久螺栓前应检查建筑物各部分的位置是否正确，其精度是否满足相应规范的要求。螺栓头下面的垫圈一般不应多于两个，螺母头下面的垫圈一般不应多于 1 个，并不得采用大螺母代替垫圈；螺栓拧紧后的外露螺纹不应少于两个螺距。对大型接头应采用复拧，以保证接头内各个螺栓能均匀受力。精致螺栓的安装孔内宜先放入临时螺栓和冲钉，当条件允许时也可直接放入永久螺栓。螺栓孔不得使用气割扩孔，扩孔后的 A、B 级螺栓孔不允许使用冲钉。普通螺栓的连接对螺栓的紧固力没有要求，以操作工的手感及连接接头的外形控制为准，使被连接接触面能密贴而无明显间隙即可。

2. 钢结构构件的预拼装

为保证安装的顺利进行，应根据构件或结构的复杂程度、设计要求或合同协议规定，在构件出厂前进行预拼装；有些复杂的构件，由于受运输、安装设备能力的限制，也应在加工厂先行拼装，待调整好尺寸后进行编号，再拆开运往现场，并按编号的顺序对号入座进行安装。预拼装一般分平面预拼装和立体预拼装（管结构）两种状态，预拼装的构件应处于自由状态，不得强行固定。预拼装时构件与构件的连接为螺栓连接，其连接部位的所有节点连接板均应装上；除检查各部位的尺寸外，还应用试孔器检查板叠孔的通过率。为保证穿孔率，零件钻孔时可将孔径缩小一级（3mm），在拼装定位后再进行扩孔至设计孔径的尺寸；对于精制螺栓的安装孔，在扩孔时应留 0.1mm 左右的加工余量，以便铰孔。施工中错孔在 3mm 以内时，一般用绞刀铣孔或锉刀锉孔，其孔径扩大不得超过原孔径的 1.2 倍；错孔超过 3mm，可采用与母材材质相匹配的焊条补焊堵孔，修磨平整后重新打孔。预拼装检验合格后，应在构件上标注上下定位中心线、标高基准线、交线中心点等必要标记，必要时焊上临时撑杆和定位器等。其允许偏差应符合相应的规定。

5.5.3 钢结构的安装

1. 安装前的准备工作

在建筑钢结构的施工中，钢结构安装是一项很重要的分部工程，由于其规模大、结构复杂、工期长、专业性强，因此操作时除应执行国家现行《钢结构设计规范》、《钢结构工程施工质量验收规范》外，尚应注意以下几点：

（1）在钢结构详图设计阶段，即应与设计单位和生产厂家相结合，根据运输设备、吊装机械、现场条件以及城市交通规定的要求确定钢构件出厂前的组装单元的规格尺寸，尽量减少现场或高空的组装，以提高钢结构的安装速度。

（2）安装前，应按照施工图纸和有关技术文件，结合工期要求、现场条件等，认真编制施工组织设计，作为指导施工的技术文件；应进行有关的工艺试验，并在试验结论的基础上，确定各项工艺参数，编出各项操作工艺；应对基础、预埋件进行复查，运输、堆放中产生的变形应先矫正。

（3）安装时，应在具有相应资格的责任工程师的指导下进行。根据施工单位的技术条件组织专业技术培训，使参与安装的有关人员确实掌握有关知识和技能，并经考试取得合格证。

（4）安装用的专用机具和检测仪器，如塔式起重机、气体保护焊机、手工电弧焊机、气割设备、碳弧气刨、栓钉焊机、电动和手动高强螺栓扳手、超声波探伤仪、激光经纬仪、测厚仪、水平仪、风速仪等，应满足施工要求，并应定期进行检验。土建施工、构件制作和结构安装 3 个方面使用的钢尺，必须用同一标准进行检查鉴定，并应具有相同的精度。

（5）在确定安装方法时，必须与土建、水电暖卫、通风、电梯等施工单位结合，作好统筹安排、综合平衡工作；安装顺序应保证钢结构的安全稳定和不导致永久变形，并且能有条不紊地进行。

（6）安装宜采用扩大组装和综合的方法，平台或胎架应具有足够的刚度，以保证拼装精度。扩大拼装时，对宜变形的构件应采取夹固措施；综合安装时，应将结构划分为若干独立的体系或单元，每一体系或单元其全部构件安装完后，均应具有足够的空间刚度和稳定性。

（7）安装各层框架构件时，每完成一个层间的柱后应立即矫正，并将支撑系统装上后，方可继续安装上一个层间，同时考虑下一层间的安装偏差。柱子等矫正时，应考虑风力、温差和日照的影响而产生的自然变形，并采取一定的措施予以消除。吊车梁和天车轨道的矫正应在主要构件固定后进行。各种构件的连接接头必须经过校正、检查合格后，方可紧固和焊接。

（8）设计中要求支撑面刨光顶紧的接点，其接触的两个面必须保证有 70％的贴紧，当 0.3mm 的塞尺检查时，插入深度的面积不得大于总面积的 30％，边缘最大间隙不得大于 0.8mm。

钢结构工程安装前，应作好以下准备工作：

（1）技术准备

应加强与设计单位的密切结合。认真审查图纸，了解设计意图和技术要求，并结合施工单位的技术条件，确保设计图纸实施的可能性，从而减少出图后的设计变更。

了解现场情况，掌握气候条件。钢结构的安装一般均作为分包项目进行，因此，对现场施工场地可堆放构件条件、大型机械运输设备进出场条件、水电源供应和消防设施条件、临时用房条件等，需要进行全面的了解，统一规划；另外，对自然气候条件，如温差、风力、湿度及各个季节的气候变化等进行了解，以便于采取相应的技术措施，编制好钢结构安装的施工组织设计。

编制施工组织设计。应在了解和掌握总承包施工单位编制的施工组织设计中对地下结构与地上结构施工、主体结构与裙房施工、结构与装修、设备施工等安排的基础上，择优选定施工方法和施工机具。对于需要采取的新材料、新技术，应组织力量进行试制试验（如厚钢板的焊接等）。

（2）施工组织与管理准备

明确承包项目范围，签订分包合同；确定合理的劳动组织，进行专业人员技术培训工作；进行施工部署安排，对工期进度、施工方法、质量和安全要求等进行全面交底。

（3）物质准备

加强与钢构件加工单位的联系，明确由工厂预拼装的部位和范围及供应日期；进行钢结构安装中所需各种附件的加工订货工作和材料、设备采购等工作；各种机具、仪器的准备；按施工平面布置图的要求，组织钢构件及大型机械进场，并对机械进行安装及试运行。

（4）构件验收

构件制作完后，检查和监理部门应按施工图的要求和《钢结构工程质量验收规范》的规定，对成品进行验收。

钢构件成品出厂时，制造单位应提交产品、质量证明书和下列技术文件：

1）设计更改文件、钢结构施工图，并在图中注明修改部位。

2）制作中对问题处理的协议文件。

3）所用钢材和其他衬料的质量证明书和试验报告。

4）高强度螺栓摩擦系数的实测资料。

5）发运构件的清单。

钢构件进入施工现场后，除了检查构件规格、型号、数量外、还需对运输过程中易产生变形的构件和易损部位进行专门检查，发现问题应及时通知有关单位做好签证手续以便备案，对已变形构件应予以矫正，并重新检验。

（5）基础复测

1）基础施工单位至少在吊装前七天提供基础验收的合格资料。

2）基础施工单位应提供轴线、标高的轴线基准点和标高水准点。

3）基础施工单位在基础上划出有关轴线和记号。

4）支座和地脚螺栓的检查分二次进行，即首次在基础混凝土浇灌前与基础施工单位一起对地脚螺栓位置和固定措施检查，第二次在钢结构安装前作最终验收。

5）提供基础复测报告，对复测中出现的问题应通知有关单位，提出修改措施。

6）为防止地脚螺栓在安装前或安装螺纹受到损伤，宜采用锥形防护套将螺纹进行防护。

（6）构件检验

1）检查构件型号、数量。

2）检查构件有无变形，发生变形应予矫正和修复。

3）检查构件外形和安装孔间的相关尺寸，划出构件的轴线。

4）检查连接板、夹板、安装螺栓、高强螺栓是否齐备，检查摩擦面是否生锈。

5）不对称的主要构件（柱、梁、门架等）应标出其重心位置。

6）清除构件上污垢、积灰、泥土等，油漆损坏处应及时补漆。

2. 钢结构工程的安装

（1）安装顺序

安装多采用综合法，其顺序一般是平面内从中间的一个节间（如标准节间框架）开始，以一个节间的柱网为一个单元，先安装柱，后安装梁，然后往四周扩展；垂直方向自上而下，组成稳定结构后分层安装次要构件，一节间一节间地完成，以便消除安装误差累积和焊接变形，使误差减低到最小限度。在起重机起重能力允许的情况下，为减少高空作业、确定安装质量、减少吊装次，应尽量在地面组拼好，一次吊装就位。

（2）安装要点

1）安装前，应对建筑物的定位轴线、平面封闭角、底层柱的安装位置线、基础标高和基础混凝土强度进行检查，待合格后才能进行安装。

2）凡在地面拼装的构件，需设置拼装架组拼，易变形的构件应先进行加固。组拼后的尺寸经校验无误后，方可安装。

3）合理确定各类构件的吊点。三点或四点吊凡不易计算者，可加设倒链协助找重心，待构件平衡后起吊。

4）钢构件的零件及附件应随构件一并起吊。对尺寸较大、质量较大的节点板，应用铰链固定在构件上；钢柱上的爬梯、大梁上的轻便走道也应牢固固定在构件上；调整柱子垂直度或支撑夹板，应在地面与柱子绑好，并一起起吊。

5）当天安装的构件，应形成空间稳定体系，以确保安装质量和结构的安全。

6）每个流水段一节柱的全部钢构件安装完毕并验收合格后，方能进行下一流水段钢结构的安装。

7）安装时，应注意日照、焊接等温度引起的热影响，施工中应有调整因构件伸长、缩短、弯曲引起的偏差的措施。

（3）安装校正

安装前，首先确定是采用设计标高安装还是采用相对标高安装。柱子、主梁、支撑等大构件安装时，应立即进行校正；校正正确后，应立即进行永久固定，以确保安装质量。

柱子安装时，应先调整标高，再调整位移，最后调整垂直偏差；应按规范规定懂得数值进行校正，标准柱子的垂直偏差应校正到±0.000；用缆风绳或支撑校正柱子时，必须使缆风绳或支撑处于松弛状态，并使柱子保持垂直，才算完毕；当上柱和下柱发生扭转错位时，可在连接上下柱的临时耳板处，加垫板进行调整。

主梁安装时，应根据焊缝收缩量预留焊缝变形量。对柱子垂直度的监测，除监测两端柱子的垂直度变化外，还要监测相邻用梁连接的各根柱子的变化情况，以柱子除预留焊缝收缩值外，各项偏差均符合规范的规定。

当每一节柱子的全部构件安装、焊接、栓接完成并验收合格后，才能从地面引测上一节柱子的定位轴线。各部分构件的安装质量检查记录，必须是安装完成后验收前的最后一次实测记录，中间的检查记录不得作为竣工验收的记录。

（4）构件连接

钢柱之间常用坡口焊接连接；主梁与钢柱的连接，一般上、下翼缘用坡口焊连接，而腹板用高强螺栓连接；次梁与主梁的连接基本上是在腹板处用高强螺栓连接，少量再在上、下翼缘处用坡口焊连接。柱与梁的焊接顺序是先焊接顶部柱、梁的节点，再焊接底部柱、梁的节点，最后焊接中间部分的柱、梁节点。高强螺栓连接两个连接构件的紧固顺序是先主要构件，后次要构件；工字形构件的紧固顺序是上翼缘——下翼缘——腹板；同一节柱上各部梁柱节点的紧固顺序是柱子上部的梁柱节点——柱子下部的梁柱节点——柱子中部的梁柱节点；每一节安设紧固高强螺栓的顺序是摩擦面处理——检查安装连接板——临时螺栓连接——高强螺栓连接紧固——初拧——终拧。

高强度螺栓连接施工主要分扭矩法施工和转角法施工。所谓扭矩法施工，就是施工前确定施工扭矩值大小，然后使用扳手按此扭矩拧到位即可；转角施工即为施工前确定螺母旋转角度值，然后使用扳手拧到控制角度即可。扭剪型高强度螺栓连接副就是采用扭矩法施工的原理进行施工的，只不过其控制扭矩是自标量的；高强度大六角头螺栓则即可采用扭矩法，亦可以采用转角法施工。

高强度螺栓紧固一般应分两次进行，第一次为初拧，第二次为终拧，这是因为接头板材一般总有些翘曲和不平，板层之间不密贴，当一个接头有两个以上螺栓时，先紧固的螺栓就有一部分预拉力损耗在钢板的变形上，当邻近螺栓拧紧板缝消失后，其预拉力就会松弛。为减少这种损失，使接头中各螺栓受力均匀，一般规定高强度螺栓紧固至少分两次进行，即初拧和终拧。对大型螺栓群接头还需增加一次复拧。初拧和复拧扭矩原则上可为终拧扭矩的 50% 左右。

（5）压型钢板安装

建筑钢结构的楼盖一般多采用压型钢板与现浇钢筋混凝土叠合层组合而成，它既是楼盖的永久性支承模板，又与现浇层共同工作，是建筑物的永久组成部分。

压型钢板分为开口式和封闭式两种。开口式分为无痕（上翼加焊剪力钢筋）、带压痕（带加劲肋、上翼压痕、腹板压痕）、带加劲肋三种；封闭式分：无痕、带压痕（在上翼缘）、带加劲肋和端头锚固等几种形式。其配件有抗剪连接件。包括栓钉、槽钢和弯筋，栓钉的端部镶嵌脱氧和稳弧焊剂，其用钢的机械性能及抗拉强度设计值应符合《栓钉焊接技术规程》，（CECS 226—2007）的规定。配件包括堵头板和封边板。焊接瓷环是栓钉焊一次性辅助材料，其作用是熔化金属成型，焊水不外溢，起铸模作用；熔化金属与空气隔绝，防止氧化；集中电弧热量并使焊肉缓冷；释放焊接中有害气体，屏蔽电弧光与飞溅物；充当临时支架。

1）压型钢板安装

压型钢板安装时其工序间的流程为：

钢结构主体验收合格——打设支顶桁架——压型钢板安装焊接——栓钉焊接——封板焊接——交验后设备管道、电路线路施工，钢筋绑扎——混凝土浇筑。

2）栓钉焊接

将每个焊接栓钉配用耐热的陶瓷电弧保护罩用焊钉焊机的焊枪顶住，采用自动定时的电弧焊到钢结构上。栓钉焊分栓钉直接焊在工件上的普通栓钉焊和穿透栓钉焊两种，后者是栓钉在引弧后先熔穿具有一定厚度的薄钢板，然后再与工件熔成一体，其对瓷环强度及热冲击性能要求较高。瓷环产品的质量好坏，直接影响栓钉的质量，故禁止使用受潮瓷环，当受潮后要在 250℃ 温度下焙烘 1h，中间放潮气后使用；保护罩或套应保持干燥，无开裂现象。

焊钉应具有材料质量证明书，规格尺寸应符合要求，表面无有害皱皮、毛刺、微观裂纹、扭歪、弯曲、油垢、铁锈等，但栓钉头部的径向裂纹和开裂如不超过周边至钉体距离的一半，则可以使用；下雨、雪时不能在露天焊。平焊时，被焊构件的倾斜度不能超过 15°。

每日或每班施焊前，应先焊两只焊钉作目检和弯曲 30° 的试验；当母材温度在 0℃ 以下时，每焊 100 只焊钉还应增加一只焊钉试验，在 -18℃ 以下时，则不能焊接。如从受拉构件上去掉不合格的焊钉，则去掉部位处应打磨光洁和平整；如去掉焊钉处的母材受损，则采用手工焊来填补凹坑，并将焊补表面修平；如焊钉的挤出焊脚未达到 360°，允许采用手工焊补焊，补焊的长度应超出缺陷两边各 9.5mm。

栓钉在施焊前必须经过严格的工艺参数试验，对不同厂家、批号、材质及焊接设备的栓焊工艺，均应分别进行试验后确定工艺。栓钉焊的工艺参数包括焊接形式、焊接电压、电流、栓焊时间、栓钉伸长度、栓钉回弹高度、阻尼调整位置，在穿透焊中还包括压型钢板的厚度、间隙和层次。栓焊工艺经过静拉伸、反复弯曲及打弯试验合格后，现场操作时还需根据电缆线的长度、施工季节、风力等因素进行调整。当压型钢板采用镀锌钢板时，应采用相应的除锌措施后焊接。

5.5.4　钢结构工程的涂装

1. 钢结构的防火

（1）概述

火灾作为一种人为灾害是指火源失去控制、蔓延发展而给人民生命财产造成损失的一种灾害性燃烧现象，它对国民经济和人类环境造成巨大的损失和破坏。随着国民经济的高速发展和钢产量的不断提高，近年来，钢结构被广泛地应用于各类建筑工程中，钢结构本身具有一定的耐热性，温度在 250℃以内，钢的性质变化很小，温度达到 300℃以后，强度逐渐下降，达到 450~650℃时，强度为零。因此钢结构防火性能较钢筋混凝土为差，一般用于温度不高于 250℃的场合。所以研究钢结构防火有着十分重大的意义。

我国目前按建筑设计防火规范进行钢结构设计。国家标准《建筑设计防火规范》、《高层民用建筑设计防火规范》对建筑物的耐火等级及相应的构件应达到的耐火极限均有具体规定，在设计时，只要保证钢构件的耐火极限大于规范要求的耐火极限即可。

目前钢结构构件常用的防火措施主要有防火涂料和构造防火两种类型。

（2）防火涂料

钢结构防火涂料分为薄涂型和厚涂型两类。钢结构防火涂料按涂层的厚度来划分，可分类如下：

① B 类

薄涂型钢结构防火涂料。涂层厚度一般为 27mm，有一定装饰效果，高温时涂层膨胀增厚，具有耐火隔热作用，耐火极限可达 0.52h，故又称钢结构膨胀防火涂料。这类涂料又称膨胀装饰涂料或膨胀油灰，它的基本组成是：粘结剂有机树脂或有机与无机复合物 10%；有机和无机绝热材料 30%；颜料和化学助剂 5%~15%；熔剂和稀释剂 10%~25%。一般分为底涂、中涂和面涂（装饰层）涂料。使用时，涂层一般不超过 7mm，有一定装饰效果，高温时能膨胀增厚，可将钢构件的耐火极限由 0.25h 提高到 2h 左右。

② H 类

厚涂型钢结构防火涂料。涂层厚度一般为 85mm，粒状表面，密度较小，热导率低，耐火极限可达 0.53h，又称为钢结构防火隔热涂料。这类涂料又称无机轻体喷涂料或无机耐火喷涂物，其基本组成是：胶结料（硅酸盐水泥基无机高温粘结剂等）：10%~40%；骨料（膨胀蛭石、膨胀珍珠岩或空心微珠、矿棉等）：30%~50%；化学助剂（增稠剂、硬化剂、防水剂等）：1%~10%；自来水 10%~30%。根据设计要求，不同厚度的涂层，可满足防火规范对各钢构件耐火极限的要求，涂层厚度一般在 7mm 以上，干密度小，热导率低，耐火隔热性好，能将钢构件的耐火极限由 0.25h 提高到 1.5~4h。

③ 超薄型钢结构膨胀防火涂料

这类涂料的开展，始于 20 世纪 90 年代中期，其构成与性能特点介于饰面型防火涂料和薄涂型钢结构膨胀防火涂料之间，其中的多数品种属于溶剂型，因此有的又叫钢结构防火漆。基本组成是基料（酚醛、氨基酸、环氧等树脂）：15%~35%；聚磷酸铵等膨胀阻燃材料：35%~50%；钛白粉等颜料与化学助剂：10%~25%；溶剂和稀释剂：10%~30%。

超薄型防火涂料的理化性能要求和试验方法类似于饰面型防火涂料，耐火性能试验同于厚涂型薄涂型钢结构防火涂料，与厚涂型和薄涂型钢结构防火涂料相比，超薄型钢结构防火涂料粒度更小更细，装饰性更好，涂层更薄是其突出特点。一般涂刷 1~3mm，耐火极限可达 0.5~1h。

（3）构造防火

钢结构构件的防火构造可分为外包混凝土材料，外包钢丝网水泥砂浆、外包防火板材，外喷防火涂料等几种构造形式。喷涂钢结构防火涂料与其他构造方式相比较具有施工方便，不过多增加结构自重、技术先进等优点，目前被广泛应用于钢结构防火工程。

（4）钢结构防火施工

钢结构防火施工可分为湿式工法和干式工法。湿式工法有外包混凝土、钢丝网水泥砂浆、喷涂防火涂料等。干式工法主要是指外包防火板材。

1）湿式工法

外包混凝土防火，在混凝土内应配置构造钢筋，防止混凝土剥落。施工方法和普通钢筋混凝土施工原则上没有任何区别。由于混凝土材料具有经济性、耐久性、耐火性等优点，一向被用作钢结构防火材料。但是，浇捣混凝土时，要架设模板，施工周期长，这种工法一般仅用于中、低层钢结构建筑的防火施工。

钢丝网水泥砂浆防火施工也是一种传统的施工方法，但当砂浆层较厚时，容易在干后产生龟裂，为此建议分遍涂抹水泥砂浆。

钢结构防火涂料采用喷涂法施工。方法本身有一定的技术难度，操作不当，会影响使用效果和消防安全。一般规定应由经过培训合格的专业施工队施工。

施工应在钢结构工程验收完毕后进行。为了确保防火涂层和钢结构表面有足够的粘结力，在喷涂前，应清除钢结构表面的锈迹锈斑，如有必要，在除锈后，还应刷一层防锈底漆。且注意防锈底漆不得与防火涂料产生化学反应。另外，在喷涂前，应将钢结构构件连接处的缝隙用防火涂料或其他防火材料填平，以免火灾出现时出现薄弱环节。

当防火涂料分底层和面层涂料时，两层涂料相互匹配。且底层不得腐蚀钢结构，不得与防锈底漆产生化学反应，面层若为装饰涂料，选用涂料应通过试验验证。

对于重大工程，应进行防火涂料抽样检验。每 100t 薄型钢结构防火涂料，应抽样检查一次粘结强度，每使用 500t 厚涂型防火涂料，应抽样检测一次粘结强度和抗压强度。

薄涂型钢结构防火涂料，当采用双组份装时，应在现场按说明书进行调配。出厂时已调配好的防火涂料，施工前应搅拌均匀。涂料的稠度应适当，太稠，施工时容易反弹，太稀，易流淌。

薄涂型涂料的底层涂料一般都比较粗糙，宜采用重力式喷枪喷涂，其压力约为 0.4MPa，喷嘴直径为 4~6mm。喷后的局部修补可用手工抹涂。当喷枪的喷嘴直径可调至 1~3mm 时，也可用于喷涂面层涂料。

底涂层喷涂前应检查钢结构表面除锈是否满足要求，灰尘杂物是否已清除干净。底涂层一般喷 2~3 遍，每遍厚度控制 2.5mm 以内，视天气情况，每隔 8~24h 喷涂一次，必须在前一遍基本干燥后喷涂。喷射时，喷嘴应于钢材表面保持垂直，喷口至钢材表面距离在以保持在 40~60cm 为宜。喷射时，喷嘴操作人员要随身携带测厚计检查涂层厚度，直到达到设计规定厚度方可停止喷涂。若设计要求涂层表面平整光滑时，待喷完最后一遍后应用抹灰刀将表面抹平。

薄涂型面涂层很薄，主要起装饰作用，所以，面层应在底涂层经检测符合设计厚度，并基本干燥后喷涂。应注意不要产生色差。

厚涂型钢结构防火涂料不管是双组份、单组份，均需要现场加水调制，一次调配的涂料必须在规定的时间内用完，否则会固化堵塞管道。

厚涂型钢结构防火涂料宜采用压送式喷涂机喷涂，空气压力为 0.4～0.6MPa，喷口直径宜采用 6～10mm。

厚喷涂型每遍喷涂厚度一般控制在 5～10mm，喷涂必须在前一遍基本干燥后进行，厚度检测方法与薄涂型相同，施工时如发现有质量问题，应铲除重喷。有缺陷应加以修补。

防火涂料施工完毕，涂料、涂装遍数全数检查，涂层厚度按构件数抽查 10%，且同一类涂层的构件不应少于 3 件。涂层厚度用干漆膜测厚仪实测。检查时注意以下事项：

① 由于每种涂料（油漆）安全干透的时间不同，从几小时到几十个小时，甚至若干天后才能彻底干透，如果测量每层厚度，涂装的时间就很长，工程上不现实，因此只检测涂层总厚度。当涂装由制造厂和安装单位分别承担时，才进行单层干漆膜厚度的检测。

② 每个构件检测 5 处，每处的数值为 3 个相距 50mm 测点涂层干漆膜厚度的平均值。每处 3 个测点的平均值应不小于标准涂层厚度的 90%，且在允许偏差范围内；3 点中的最小值应不小于标准涂层厚度的 80%。

③ 标准涂层厚度是指设计要求的涂层厚度值；当设计无要求时，室外应为 150μm，室内应为 125μm。

防火涂层厚度应符合设计要求。

2）干式防火工法

干式防火工法在我国高层钢结构防火施工中曾有过应用，如用石膏板防火，施工时用粘结剂粘贴。常用的板材有轻质混凝土预制板、石膏板、硅酸钙板等。施工时，应注意密封性，不得形成防火薄弱环节，所采用的粘贴材料预计的耐火时间内应能保证受热而不失去作用。

2. 钢结构的防腐

（1）概述

众所周知，钢结构最大的缺点是易于锈蚀，钢结构在各种大气环境条件下使用产生腐蚀，是一种自然现象。新建造的钢结构一般都需仔细除锈、镀锌或刷涂料，以后隔一定的时间又要重新维修。

为了减轻或防止钢结构的腐蚀，目前国内外基本采用涂装方法进行防护，即采用防护层的方法防止金属腐蚀。常用的保护层有以下几种：

1）金属保护层

金属保护层是用具有阴极或阳极保护作用的金属或合金，通过电镀、喷镀、化学镀、热镀和渗镀等方法，在需要防护的金属表面上形成金属保护层（膜）来隔离金属与腐蚀介质的接触，或利用电化学的保护作用使金属得到保护，从而防止了腐蚀。如镀锌钢材，锌在腐蚀介质中因它的电位较低，可以作为腐蚀的阳极而牺牲，而铁则作为阴极而得到了保护。金属镀层多用在轻工、仪表等制造行业上，钢管和薄铁板也常用镀锌的方法。

2）化学保护层

化学保护层是用化学或电化学方法，使金属表面上生成一种具有耐腐蚀性能的化合物薄膜，以隔离腐蚀介质与金属接触，来防止对金属的腐蚀。如钢铁的氧化、铝的电化学氧化，以及钢铁的磷化或钝化等。

3）非金属保护层

非金属保护层是用涂料、塑料和搪瓷等材料，通过涂刷和喷涂等方法，在金属表面形成保护膜，是金属与腐蚀介质隔离，从而防止金属的腐蚀。如钢结构、设备、桥梁、交通工具和管道等的涂装，都是利用涂层来防止腐蚀的。

（2）钢结构的防腐施工

1）基本要求

① 加工的构件和制品，应经验收合格后，方可进行表面处理。

② 钢材表面的毛刺、电焊药皮、焊瘤、飞溅物、灰尘和积垢等，应在除锈前清理干净，同时也要铲除疏松的氧化皮和较厚的锈层。

③ 钢材表面如有油污和油脂，应在除锈前清除干净。如只在局部面积上有油污和油脂，一般可采用局部处理措施；如大面积或全部面积上都有，则可采用有机溶剂或热碱进行清洗。

④ 钢材表面上有酸、碱、盐时，可采用热水或蒸汽冲洗掉。但应注意废水的处理，不能造成污染环境。

⑤ 有些新轧制的钢材，为了防止在短期内存放和运输过程中不锈蚀，而涂上保养漆。对涂有保养漆的钢材，要视具体情况进行处理。如保养漆采用固化剂固化的双组份涂料，而且涂层基本完好，则可用砂布、钢丝绒进行打毛或采用轻度喷射方法处理，并清理掉灰尘之后，即可进行下一道工序的施工。

⑥ 对钢材表面涂车间底漆或一般底漆进行保养的涂层，一般要根据涂层的现状及下道配套漆决定处理方法。凡不可以作进一步涂装或影响下一道涂层附着力的，应全部清除掉。

2）除锈方法的选择

工程实践表明，钢材基层表面处理的质量，是影响涂装质量的主要因素。钢材表面处理的除锈方法主要有：手工工具除锈、手工机械除锈、喷射或抛射除锈、酸洗（化学）除锈和火焰除锈等。

① 喷射或抛射除锈

喷射或抛射除锈分四个等级，除锈等级以字母"Sa"表示。

钢材表面除锈前，应清除厚的锈层、油脂和污垢；除锈后应清除钢材表面上的浮灰和碎屑。喷射或抛射除锈等级，其文字部分叙述如下：

A. Sa1 轻度的喷射或抛射除锈

钢材表面应无可见的油脂或污垢，并且没有附着不牢的氧化皮、铁锈和油漆涂层等附着物。

B. Sa2 彻底的喷射或抛射除锈

钢材表面无可见的油脂和污垢，并且氧化皮、铁锈等附着物已基本清除，其残留物应是牢固附着的。

C. Sa21/2 非常彻底地喷射或抛射除锈

钢材表面无可见的油脂、污垢、氧化皮、铁锈和油漆涂层等附着物，任何残留的痕迹应仅是点状或条纹状的轻微色斑。

D. Sa3 使钢材表观洁净的喷射或抛射除锈

钢材表面应无可见的油脂、污垢、氧化皮、铁锈和油漆涂层等附着物，该表面应显示均匀的金属光泽。

② 手工和动力工具除锈等级：

手工和动力工具除锈可以采用铲刀、手锤或动力钢丝刷、动力砂纸盘或砂轮等工具除锈，以字母"St"表示。

钢材表面除锈前，应清除厚的锈皮、油脂和污垢。除锈后应清除钢材表面上的浮灰和碎屑。手工和动力工具除锈等级，其文字部分叙述如下：

A. St2 彻底的手工和动力工具除锈

钢材表面应无可见的油脂和污垢，并且没有附着不牢的氧化皮、铁锈和油漆涂层等附着物。

B. St3 非常彻底的手工和动力工具除锈

钢材表面应无可见的油脂和污垢，并且没有附着不牢的氧化皮、铁锈和油漆涂层等附着物。除锈应比 St2 更为彻底，底材显露部分的表面应具有金属光泽。

③ 火焰除锈等级：

火焰除锈以字母"FI"表示。

钢材表面除锈前，应清除厚的锈层。火焰除锈应包括在火焰加热作业后，以动力钢丝刷清除加热后附着在钢材表面的附着物。火焰除锈等级，其文字叙述如下：

FI 火焰除锈：钢材表面应无氧化皮、铁锈和油漆涂层等附着物，任何残留的痕迹应仅为表面变色（不同颜色的暗影）。

选择除锈方法时，除要根据各种方法的特点和防护效果外，还要根据涂装的对象、目的、钢材表面的原始状态、要求的除锈等级、现有的施工设备和条件以及施工费用等，进行综合考虑和比较，最后才能确定。

3）涂层厚度的确定

涂层结构形式有：底漆——中间漆——面漆；底漆——面漆；底漆和面漆是一种漆。钢结构涂装设计的重要内容之一，是确定涂层厚度。涂层厚度的确定，应考虑以下因素：

① 钢材表面原始状况。

② 钢材除锈后的表面粗糙度。

③ 选用的涂料品种。

④ 钢结构使用环境对涂料的腐蚀程度。

⑤ 预想的维护周期和涂装维护条件。

涂层厚度，一般是由基本涂层厚度、防护涂层厚度和附加涂层厚度组成。

基本涂层厚度，是指涂料在钢材表面上形成均匀、致密、连续漆膜所需的最薄厚度（包括填平粗糙度波峰所需的厚度）。

防护涂层厚度，是指涂层在使用环境中，在维护周期内受腐蚀、粉化、磨损等所需的厚度。

附加涂层厚度，是指因以后涂装维修和留有安全系数所需的厚度。

涂层厚度应根据需要来确定，过厚虽然可增强防腐力，但附着力和机械性能都要降低；过薄易产生肉眼看不到的针孔和其他缺陷，起不到隔离环境的作用。

施工时涂层厚度应符合设计的相应规定。

5.5.5　网架结构的安装

网架是一种新型结构，钢网架不仅具有跨度大、覆盖面积大、结构轻、省料经济等特点，同时还有良好的稳定性和安全性。因而网架结构一出现就引起人们极大的兴趣和注目，越来越多的为工程建设所采用。尤其是大型的文化体育中心多数采用网架结构。国内如上海体育馆、上海游泳馆和辽宁体育馆，都别具风采。不但是结构新颖，造型雄伟壮观，而且场内没有一根柱子，视野开阔，使人心旷神怡。

1. 一般规定

（1）钢材材质必须符合设计要求，如无出厂合格证或有怀疑时，必须按现行国家标准的相关规定进行机械性能试验和化学分析，经证明符合标准和设计要求后方可使用。

（2）网架的制作与安装，应编制施工组织设计，在施工中必须认真执行。

（3）网架的制作安装、验收及土建施工放线使用的所有钢尺必须标准统一，丈量的拉力要一致。当跨度较大时，应按气温情况考虑温度修正。

（4）焊接工作宜在工厂或预制拼装厂内进行，以减少高空或现场工作量。

现场的钢管焊接应由四级以上技工进行，并经过焊接球节点与钢管连接的全位置焊接工艺考核合格方可参加施工。当采用焊接钢板节点时，应选择合理的工艺顺序，以减少焊接变形及焊接应力。

（5）网架的安装方法，应根据网架受力和构造特点，在满足质量、安全、进度和经济效果的要求下，结合当地的施工技术条件综合确定。

（6）采用吊装或提升、顶升的安装方法时，其吊点的位置和数量的选择，应考虑下列因素：

1）宜与网架结构使用时的受力状况相接近。

2）吊点的最大反力不应大于起重设备的负荷能力。

3）各起重设备的负荷宜接近。

（7）安装方法选定后，应分别对网架施工阶段的吊点反力、挠度、杆件内力、提升或顶升时支承柱的稳定性和风载下网架的水平推力等项进行验算，必要时应采取加固措施。施工荷载应包括施工阶段的结构自重及各种施工活荷载。安装阶段的动力系数，当采用提升法或顶升法施工时，可取1.1；当采用拔杆吊装时，可取1.2；当采用履带式或汽车式起重机吊装时，可取1.3。

（8）无论采用何种施工方法，在正式施工前均应进行试拼及试安装，当确有把握时方可进行正式施工。

（9）在网架结构施工时，必须认真清除钢材表面的氧化皮和锈蚀等污染物，并及时采取防腐蚀措施。不密封的钢管内部必须刷防锈漆，或采取其他防锈措施。焊缝应在清除焊渣后涂刷防锈漆。不能为考虑锈蚀而在设计施工中任意加大钢材截面或厚度。

2. 网架安装

（1）高空散装法

将网架的杆件和节点（或小拼单元）直接在高空设计位置总拼成整体的方法称高空散装法。高空散装法适用于非焊接连接（螺栓球节点或高强螺栓连接）的各种类型网架，并宜采用少支架的悬挑施工方法。因为焊接连接的网架采用高空散装法施工时，不易控制标高和轴线，另外还需采取防火措施。

螺栓球节点网架的安装精度由工厂保证，现场无法进行大量调整。高空拼装时，一般从一端开始，以一个网格为一排，逐排前进。拼装顺序为：下弦节点——下弦杆——腹杆及上弦节点——上弦杆——校正——全部拧紧螺栓。校正前，各工序螺栓均不拧紧。如经试拼，确有把握时也可以一次拧紧。

（2）分条（分块）吊装法

将网架从平面分割成若干条状或块状单元，每个条（块）状单元在地面拼装后，再由起重机吊装到设计位置总拼成整体，此法称分条（分块）吊装法。

（3）高空滑移法

将网架条状单元在建筑物上由一端滑移到另一端，就位后总拼成整体的方法称高空滑移法。

高空滑移法的主要优点是网架的滑移可与其他土建工程平行作业，而使总工期缩短，如体育馆或剧场等土建、装修及设备安装等工程量较大的建筑，更能发挥其经济效果。因此端部拼装支架最好利用室外的建筑物或搭设在室外，以便空出室内更多的空间给其他工程平行作业。在条件不允许时才搭设在室内的一端。其次是设备简单，不需大型起重设备、成本低。特别在场地狭小或跨越其他结构、设备等而起重机无法进入时更为合适。

当选用逐条累积滑移法时，条状单元拼接时容易造成轴线偏差，可采取试拼、套拼或散件拼装等措施避免之。

3. 网壳结构的施工

网壳结构节点和杆件制作精度比网架高。安装方法可沿用网架施工的各种方法，但可根据某种网壳的特点而选用特殊的安装方法，从而达到经济

5.6　工程量清单报价编制案例详析

目前，我国的建筑工程施行招标投标制度。工程招标时，工程量清单随招标文件一起发给投标方。投标单位在组织人员进行投标报价时，首先要根据招标工程的图纸，进行工程量清单的复核，然后在正确理解图纸、勘察现场、进行招标答疑后，确定投标策略，进行工程量清单的报价。工程量清单计价要考虑的因素非常多，对造价人员的综合素质、工作能力要求都很高。下面通过具体的案例，来详细讲解钢结构工程工程量清单计价。

5.6.1　门式刚架工程计价案例分析

【案例 5-1】

根据【例 4-3】门式刚架工程量清单（参见表 4-30），进行门式刚架工程量清单报价。

解：清单报价详见表 5-3 所示。

分部分项工程量清单与计价表

表 5-3

工程名称：××生产车间

第 1 页 共 1 页

序号	项目编码	项目名称	项目特征	计量单位	工程数量	金额(元)		
						单价(元)	合价(元)	其中：暂估价
1	010603001001	实腹钢柱	1. Q235B,热轧 H 型钢。 2. 每根重 0.46t。 3. 安装高度：7.00m。 4. 涂 C53-35 红丹醇酸防锈底漆一道 25μm	t	16.508	6975.22	115146.93	—
2	010604001001	钢梁	1. Q235B,标准 H 型钢。 2. 每根重 1.97t。 3. 安装高度：8.00m。 4. 涂 C53-35 红丹醇酸防锈底漆一道 25μm	t	19.66	6975.22	137132.83	—
3	010605002001	钢板墙板 (含雨篷板)	1. 板型：外板、内板均为 0.425mm 厚,中间为 75mm 厚的 EPS 夹芯板。 2. 安装在 C 型檩条上	m²	724.06	91.41	66186.32	—
4	010606001001	钢支撑	1. 采用 φ20、φ22 的钢支撑。 2. 涂 C53-35 红丹醇酸防锈底漆一道 25μm	t	1.074	8108.58	8708.61	—
5	010606002001	钢檩条	1. 包括屋面檩条和墙面檩条。 2. 型号：C160×50×20×2.5。 3. 涂 C53-35 红丹醇酸防锈底漆一道 25μm	t	13.176	3960	52176.96	—
6	010606013001	零星钢构件	1. 包括：钢拉条、埋件、屋面和墙面的撑杆、系杆、隅撑等。 2. 涂 C53-35 红丹醇酸防锈底漆一道 25μm。	t	4.208	8108.58	34120.9	—
7	010701002001	型材屋面	1. 板型：外板、内板均为 0.425mm 厚,中间为 75mm 厚的 EPS 夹芯板。 2. 安装在 C 型檩条上	m²	1804.206	99.41	179356.12	—
	合计			元			592828.67	

注：1. 报价不包括土建部分及门窗部分。

2. 没有考虑运输费用。

3. 没有考虑防火涂装的费用。

【案例分析】

(1) 在表 5-3 工程量计算过程中，没有考虑材料的损耗，只是根据图纸计算了材料的净用量。钢结构工程计价时，肯定要在综合单价中考虑材料的损耗。目前门式刚架工程的材料损耗率比较认可的在 5% 左右，钢结构公司可以根据自己企业的具体情况，在 3%～6% 之间选择。本案例材料损耗率定为 5%。

(2) 钢梁、钢柱的综合单价的确定：由于钢梁、钢柱的综合单价组成要素相同，所以我们合起来计算它们的综合单价。先计算总费用，再求单价，管理费、利润各取 5%。

　　钢梁、钢柱的总费用计算如下：

　　按 2013 年 5 月 H 钢材料的价格，钢梁、钢柱材料费：4800 元/t；加工费；1500 元/吨；安装费：1500 元/t；钢梁柱上高强螺栓 8 元/个。

　　① 材料费：

$$(16.508＋19.66)×(1＋5\%)×4800＝182286.72 元（注意考虑了材料损耗）$$

　　② 加工费和安装费：

$$(16.508＋19.66)×(1＋5\%)×(1500＋1500)＝113929.20 元$$

　　③ 高强螺栓的费用：

$$188×8＝1504 元$$

　　以上费用合计：　　　　　　　297719.92 元

　　人工费、材料费、机械费合计单价：

$$297719.92÷(16.508＋19.66)＝8231.58 元/t$$

　　其清单报价时的综合单价：

$$8231.58×(1＋5\%＋5\%)＝9054.74 元/t$$

　　（3）屋面板、墙板综合单价的确定：屋面板、墙板的单价中应考率折件、钉子、胶的费用。

　　屋面板和墙板，一般根据设计长度、板型，折合成面积报价，其价格与夹芯的厚度、夹芯材料的容重、顶板与底板的板厚关系较大，本案例是 EPS75mm 厚夹芯板，夹芯材料的容重 12kg/m³，顶、底板厚 0.425mm，目前的价格在 75 元/m²，安装费 25 元/m²。由于墙板安装过程中，要留门窗洞口，所以一般墙板比屋面板的安装费要高 5～10 元/m²，所以，屋面板的报价是 75 元/m²，墙板是 80 元/m²。由于板材是根据图纸尺寸定做的，除非板太长不便运输，一般板长即图纸尺寸，所以不考虑屋面板和墙板的损耗。

　　墙板和屋面板安装过程中，要用到不同的折件，根据【例 4-3】中的统计，折件的展开面积总和是：326.97＋141.42＝468.39m²。0.425mm 厚的折件材料费是 28 元/m²，安装费取 20 元/m²，折件的费用是：48×468.39＝22482.72 元。

　　墙板和屋面板安装过程中，还要用到自攻钉、拉铆钉及结构胶、防水胶。它们的费用按建筑面积、根据工程经验估算。本案例自攻钉、拉铆钉按 2 元/m²；结构胶、防水胶的费用按 3 元/m²；即自攻钉、拉铆钉和结构胶、防水胶的费用：1688.04×(3＋2)＝8440.20 元。

　　雨篷板由于檩条的费用已计入檩条的总费用中，雨篷只报板的费用，按墙板计算，包括材料费、安装费。

　　屋面板综合单价计算过程如下：

　　1）材料费、安装费

$$1804.206×(75＋25)＝180420.60 元；$$

　　2）折件、钉子、胶的费用

$$(22482.72＋8440.20)÷2＝15461.46 元（屋面、墙面各分担 50\%）。$$

　　以上费用合计：180420.60＋15461.46＝195882.06 元；

　　单价：186005.98÷1804.206＝103.10 元/m²。

　　其综合单价：

　　　　103.10元×(1+5%+5%)=113.41元/m²(报价时可取115元/m²)。

墙板的综合单价：120元/m²。

(4)零星钢构件、钢支撑的综合单价的确定

附件的工程量包括拉条、隅撑、系杆、节点板、撑杆、支撑、锚筋，分别是由圆钢、角钢、钢板、钢管等原材料加工而成，材料价格不同，如拉条、支撑所用的圆钢，价格在4600元/t，角钢L50×5，价格在4500元/t，钢板的价格：4800元/t。根据以上原材料的价格分析和这些材料在附件中所占的比例，附件的材料费价格取在4800元/t，加工费1200元/t，安装费1500元/t，合计：7500元/t。考虑5%的损耗，零星钢构件、钢支撑的综合单价计算过程如下：

1)材料费、加工费、安装费：

　　　　　　(4.208+1.074)×(1+5%)×7500=41595.75元；

2)普通螺栓的费用：

　　　　　　2240×5元/套=11200元；

以上费用合计：52795.75元；

单价：52795.75÷5.546=9519.61元/t。

其综合单价：9519.61×(1+5%+5%)=10471.57元/t。

(5)檩条综合单价的确定

檩条不考虑损耗。檩条运到工地的成品价格目前在4500元/t左右，安装费1500元/t，合计：6000元/t。檩条的综合单价计算过程如下：

　　　　　　(4500+1500)×(1+5%+5%)=6600元/t。

从以上报价分析中可看出，清单计价单价很综合，不仅仅是费用综合，施工工序也是综合的。所以，报价时一定要考虑周全，不漏项是报价的关键，费用计算也要搞清楚，特别是计量单位的折算一定要搞明白。

本案例没有考虑吊装、脚手架等措施费，若工程需要，在措施项目清单中考虑；其他费用如总承包服务费、设计费、试验费、计日工等，在其他项目清单中考虑；规费和税金在单位工程费汇总表中考虑。

2.网架工程清单报价案例

【案例5-2】

根据【例4-5】中工程量清单，参见表4-26，进行工程量清单报价。

解：

网架工程的工程量都是材料的净用量，没有考虑材料的损耗。网架工程材料的损耗较少，下料计算掌握好的情况下，杆件的损耗率一般在3%左右；螺栓球是加工好的成品，没有损耗；其他配件如封板、锥头、螺栓、顶丝等，也已标准化，可直接联系厂家按个或按套购买，不考虑损耗。钢杆件、檩条的定尺长度是6m。

本案例钢杆件、檩条的损耗率定为3%，管理费率5%，利润取5%。

钢球的工程量2.335t是净用量，目前螺栓球是根据图纸到网架配件生产厂家订做，价格在7800元/t，这就是材料费和加工费了，再考虑一定的运输费用即可。安装费取600~1000元/t。本案例安装费取800元/t，这样，钢球的单价即7800+800=8600元/t。

杆件的工程量是表4-28中的工程量16.748t考虑3%的损耗得到的。目前钢管的价格

在 5600 元/t 左右，杆件需要加工厂加工，加工费在 600～1000 元/t，安装费取 600～1000 元/t。本案例加工费 800 元/t，安装费取 800 元/t，这样，钢杆件的单价即 5600＋800＋800＝7200 元/t。支托单价同杆件。

檩条的工程量是表 4-28 中的工程量 3.173t 考虑 3% 的损耗得到的。材料费是 4500～4800 元，和钢管的规格有关系，本案例取 4600 元/t，加工费 600 元/t，安装费 600 元/t，合计 5800 元/t。

支座和埋件基本是由钢板加工而成，材料费与钢板厚有关系，我们在此取 5600 元/t，加工费 1200 元/t，施工费 800 元/t，单价：5600＋1200＋800＝7600 元/t。工程量考虑 3% 的损耗。

该网架的其他配件价格表如下：

（1）顶丝：

M6×13：0.12 元/个；M6×15：0.15 元/个；M6×17：0.18 元/个；

（2）螺栓：

M16：1.40 元/个；M20：1.40 元/个；M24：3.90 元/个；

M27：5.17 元/个；M30：7.85 元/个；M33：9.95 元/个；

（3）螺母：

M17：0.75 元/个；M21：0.83 元/个；M25：1.55 元/个；

M28：2.10 元/个；M31：2.55 元/个；M34：3.20 元/个；

（4）封板：

48×14：1.10 元/件；60×14：1.63 元/件；

（5）锥头：5600 元/t。

一般情况，封板按个报价，锥头按 t 报价。

本工程封板由封板与锥头表可知，48×14：2126 件；60×14：450 件。均价：

（1.10×2126＋1.63×450）÷（2126＋450）＝1.20 元/件，考虑到实际施工中运费、损耗等因素，按 3 元/件报价。

高强螺栓、螺母和顶丝是配合使用的，将他们合在一起按 t 报价。计算过程如下：

[2436×（1.40＋0.75＋0.12）＋300×（1.40＋0.83＋0.12）＋96×（3.90＋1.55＋0.12）＋136×（5.17＋2.10＋0.15）＋56×（7.85＋2.55＋0.15）＋48×（9.95＋3.20＋0.18）]÷（0.522＋0.401＋0.0075）＝9682.11元/t

考虑其他费用，取整数：9700 元/t。

锥头材料费 5600 元/t，加工费与安装费与杆件相同，它的报价是：5600＋800＋800＝7200 元/吨。该工程的报价详见表 5-4。

网架的清单计价项目很少，很多费用都综合在一起，所以，综合单价的确定比较难。从工程量上来说，钢网架的工程量，应该是去掉檩条后的所有钢构件的质量，即杆件、球、锥头和封板钢材的总质量，工程量是净用量，不考虑损耗。

计算如下：16.748＋2.335＋1.949＋0.931＋0.842＋0.153＋0.57＋0.431＝23.959t

钢网架综合单价根据上述材料价格分析，应包括以下费用：

（1）材料费

1）杆件：16.748×（1＋3%）×5600＝96602.46元；

2）螺栓球：2.335×7800＝18213元；

3）支座和埋件：（0.57＋0.431）×（1＋3％）×5600＝5773.77元；

4）锥头和封板的费用：（1.10×2126＋1.63×450）＋1.218×5600＝9892.90元；

5）螺栓、螺母、顶丝的费用：

2436×（1.40＋0.75＋0.12）＋300×（1.40＋0.83＋0.12）＋96×（3.90＋1.55＋0.12）＋136×（5.17＋2.10＋0.15）＋56×（7.85＋2.55＋0.15）＋48×（9.95＋3.20＋0.18）＝9079.70元；

6）支托的材料费：0.995×（1＋3％）×6000＝6149.10元；

材料费合计：96602.46＋18213＋5773.77＋9892.90＋9079.70＋6149.10＝145710.93元；

（2）加工费和安装费

1）螺栓球安装费：2.335×800＝1868.00元；

2）杆件、支托、支座和埋件的加工费和安装费：

（16.748＋0.995＋0.57＋0.431）×（1＋3％）×（1200＋800）＝38612.64元；

3）其他安装费：（1.949＋0.931）×800＝2304元；

加工费和安装费合计：42784.64元

综合单价：[（145710.93＋42784.64）÷23.959]×（1＋5％＋5％）＝8654.16元/t，取8700元/t。

檩条的综合单价：（4600＋1200＋800）×（1＋5％＋5％）＝7260元/t。

分部分项工程量清单与计价表　　　　　　　　　　表 5-4

工程名称：××工程　　　　　　　　　　　　　　　　　　　　　第1页　共1页

序号	项目编码	项目名称	项目特征	计量单位	工程数量	金额（元）		
						综合单价	合价	其中：暂估价
1	010601002001	钢网架	1. 螺栓球网架。 2. 网架跨度：24m。 3. 探伤检测。 4. 涂 C53-35 红丹醇酸防锈底漆一道 25μm；	t	23.959	8700	208443.30	—
2	0.0606002001	钢檩条	1. 屋面檩条。 2. 型号：（方钢管 80×60×3.0）。 3. 涂 C53-35 红丹醇酸防锈底漆一道 25μm	t	2.173	7260	15775.98	—
	合计	元				224219.28		

注：1. 报价不包括土建部分及屋面维护部分。
　　2. 没有考虑运输费用。
　　3. 没有考虑防火涂装的费用。
　　4. 没有考虑吊装等施工措施费。

注意：根据综合单价的定义，清单计价中的综合单价由人工费、材料费、机械使用费、管理费、利润组成。用公式来表达即：

综合单价＝人工费＋材料费＋机械使用费＋管理费＋利润

＝人工的消耗量×人工单价＋∑（材料的消耗量×材料单价）＋∑（机械消耗量×机械单价）＋（人工费＋材料费＋机械使用费）×管理费率＋（人工费＋材料费＋机械使用费＋管理费）×利润率

其中，管理费率和利润率在确定报价策略时，由投标单位的决策者和造价人员在考虑诸多因素后，协商确定。综上所述，综合单价的确定关键就是人工费、材料费、机械使用费的确定。

人工费、材料费、机械使用费的确定，竞争主要体现在三大生产要素的消耗量上。因为单价采用市场价，现在材料市场销售渠道畅通，竞争激烈，价格比较透明，报价前通过询价，基本上偏差不大；而三大生产要素的消耗量却是企业定额，它与企业关系非常密切，不同的企业，受多种因素的影响，其消耗量肯定不是一个标准，所以报价绝对不一样，竞争力也不同。目前实行清单计价关键是施工企业要建立、健全企业定额，并不断地更新，才能在我国当前建筑业激烈的竞争中占有优势。（另外，企业定额是一商业秘密，注意保护。）

当前实行清单计价以来，消耗量的采用有 2 种情况：（1）采用本公司的企业定额（实力较强的大公司一般都有自己的企业定额）。（2）采用国家或工程所在地相关部门颁布的消耗量标准。企业定额测算时，消耗量水平较先进，竞争力强；而国家或工程所在地相关部门颁布的消耗量标准，由于测算时采用的是社会平均水平，所以反应的生产力水平较低，竞争力较差。所以清单报价时，应该力求采用自己企业的定额。所以，建立健全自己企业的企业定额是当务之急，也是彻底进行清单计价的核心问题。

过以上清单计价基本理论的讲解，我们可以看到，工程量清单的编制相对简单些，比较容易掌握，只要按照清单计价规范的规定，统一的项目编码、统一的项目名称、统一的计量单位、统一的工程量计算规则，统一的表格格式，正确理解图纸，认真读图，准确计算工程量，完整地编写好项目特征，按照清单格式填写即可；但是清单计价比较复杂，除具备编制清单的业务能力以外（报价前首先要符合工程量清单的工程量），还要进行报价。大家都知道清单报价采用综合单价，综合单价的确定有 2 个难题：（1）工程量的问题。清单工程量计算规则计算的是图纸净量，不考虑任何损耗，而实际施工过程中会加大某些工程内容的工程量，如必要的施工损耗、施工做法等，所以清单报价时，综合单价的确定不能直接按清单的工程量来确定，而是要考虑以上问题带来的工程量的增加，将增加的工程量折合到招标文件提供的工程量中综合体现。（2）消耗量及其单价的确定，传统的定额计价，为预算人员提供了消耗量标准和单价，预算人员只要掌握定额精神，正确套用即可。清单计价消耗量标准应该来自于企业定额，三大生产要素的价格来自于市场，预算人员必须十分关心企业的造价管理，随时掌握市场价格的变化，才能在第一时间准确、合理地进行清单报价。没有企业定额，就没有自己企业的报价，就失掉了一定的竞争力。所以预算人员必须具备编制企业定额的能力，不断丰富、积累、及时修改企业定额，使得自己的报价反映本公司的竞技水平，体现企业的竞争性。另外，清单计价将措施项目从构成工程实体的项目中分离出来，预算人员必须要对建筑工程的施工熟悉，像建筑工程重要的施工方案、施工措施的选用，新材料、新技术、新工艺的应用，都应该及时分析并掌握它们对工程造价的影响，在确定综合单价时统筹考虑，合理报价。实际上，清单报价给广大造价技术人员提出许多技术难题，也对广大从事工程造价的工作人员提出了更高的专业素质要求。

第6章 工程量清单与施工合同管理

6.1 工程量清单与施工合同主要条款的关系

6.1.1 合同在工程项目中的基本作用

(1) 合同控制着工程项目的实施,它详细定义了工程任务的各种方面。例如:责任人,即由谁来完成任务并对最终成果负责;工程任务的规模、范围、质量、工作量及各种功能要求;工期,即时间的要求;价格,包括工程总价格,各分部工程的单价、合价及付款方式等;未能履行合同约定的责任义务、发生的赔偿等。这些构成了与工程相关的子目标。项目中标和计划的落实是通过合同来实现的。

(2) 合同作为工程项目施工任务委托和承接的法律依据,是工程实施过程中双方的最高行为准则。工程施工过程中的一切活动都是为了履行合同,都必须按合同办事,双方的行为主要靠合同来约束,所以,工程管理以合同为核心。订立合同是双方的法律行为,合同一经签订,只要合同合法,双方就必须全面完成合同规定的责任和义务。如果不能履行自己的责任和义务,甚至单方面撕毁合同,则必须接受经济的,甚至法律的处罚。

(3) 合同是工程进行中解决双方争执的依据。由于双方经济利益不一致,在工程建设过程中争执是难免的,合同和争执有不解之缘。合同争执是经济利益冲突的表现,它常常起因于双方对合同理解的不一致,合同实施环境的变化,有一方违反合同或未能正确履行合同等情况。

6.1.2 合同管理的重要性

由于合同将工期、成本、质量目标统一起来,划分各方面的责任和权利,所以在项目管理中合同管理居于核心地位,作为一条主线贯穿始终。没有合同管理,项目管理目标就不明确。目前国际惯例主要体现在:严格的符合国际惯例的招标投标制度、建设工程监理制度、国际通用的 FIDIC 条件等。

6.1.3 合同的周期

不同种类的合同有不同委托方式和履行方式,它们经过不同的过程,就有不同的生命周期。在项目的合同体系中比较典型的、也是最为复杂的是工程承包合同,它经历了以下2个阶段:

(1) 合同的形成阶段。合同一般通过招标投标来形成,它通常从起草招标文件到定标为止。

(2) 合同的执行阶段。这个阶段从签订合同开始直到承包商按合同规定完成工程,并通过保修期为止。

6.1.4　合同种类的选择

在实际工程中，不同种类的合同有不同的应用条件、不同的权利和责任的分配、不同的付款方式，对合同双方有不同的风险，应按具体情况选择合同类型。有时在一个工程承包合同中，不同的工程分项采用不同的计价方式。现代工程中最典型的合同类型有：单价合同、固定总价合同、成本加酬金合同。

实行工程量清单计价的工程，应当采用单价合同。合同工期较短、建设规模较小，技术难度较低，且施工图设计已审查完备的建设工程可以采用总价合同；紧急抢险、救灾以及施工技术特别复杂的建设工程可以采用成本加酬金合同。

6.1.5　重要合同价款的确定

实行招标的工程合同价款应在中标通知书发出之日起 30 日内，由发承包双方依据招标文件和中标人的投标文件在书面合同中约定。合同约定不得违背招、投标文件中关于工期、造价、质量等方面的实质性内容。招标文件与中标人投标文件不一致的地方，以投标文件为准。

发承包双方应在合同条款中对下列事项进行约定：

(1) 预付工程款的数额、支付时间及抵扣方式。

(2) 安全文明施工措施的支付计划，使用要求等。

(3) 工程计量与支付工程进度款的方式、数额及时间。

(4) 工程价款的调整因素、方法、程序、支付及时间。

(5) 施工索赔与现场签证的程序、金额确认与支付时间。

(6) 承担计价风险的内容、范围以及超出约定内容、范围的调整办法。

(7) 工程竣工价款结算编制与核对、支付及时间。

(8) 工程质量保证（保修）金的数额、预扣方式及时间。

(9) 违约责任以及发生工程价款争议的解决方法及时间。

(10) 与履行合同、支付价款有关的其他事项等。

合同收入组成内容包括以下 2 部分：(1) 合同中规定的初始收入，即建筑承包商与客户在双方签订的合同中最初商定的合同总金额，即发、承包双方在施工合同中约定的，包括了暂列金额、暂估价、计日工的合同总金额，它构成了合同收入的基本内容。(2) 因合同变更、索赔、奖励等构成的收入，这部分收入并不构成合同双方在签订合同时已经在合同中商定的总金额，而是在执行合同过程中由于合同变更、索赔、奖励的原因形成的追加收入。所以，在工程造价管理中，一切价款的变化都要以合同为准绳，经合同双方认可后，签字形成文件，进入计价程序，最后形成建设项目的最终造价。

6.2　工程变更和索赔管理

6.2.1　工程变更

1. 工程变更

由于工程建设的周期长，涉及的经济关系和法律关系复杂，受自然条件和客观因素的影响比较大，导致项目建设的实际情况与项目招投标时的情况相比会发生一些变化，这样就必然使得实际施工情况和合同规定的范围和内容有不一致之处，由此而产生了工程变更。工程变更包括：工程量的变更、工程项目的变更、进度计划的变更、施工条件的变更等。变更产生的原因很多，有业主的原因，如业主修改项目计划，项目投资额的增减，业主对施工进度要求的变化等；有设计单位的原因，如有设计错误，必须对设计图纸作修改；新技术、新材料的应用，有必要改变原设计、实施方案和实施计划；另外，国家法律法规和宏观经济政策的变化也是产生变更的一个重要的原因。总的说来，工程变更可以分为设计变更和其他变更两类。

设计变更，如果在施工中发生，将对施工进度产生很大影响。工程项目、工程量、施工方案的改变，也将引起工程费用的变化。因此，应尽量减少设计变更，如果必须对设计进行变更，一定要严格按照国家的规定和合同约定的程序进行。由于发包人对原设计进行变更，以及经工程师同意，承包人要求进行的设计变更，导致合同价款的增减及造成的承包人损失，由发包人承担，延误的工期应顺延。

其他变更，如果合同履行中发包人要求变更工程质量标准及发生其他实质性变更，由双方协商解决。

2. 我国现行的工程变更价款的规定

设计单位对原设计存在的缺陷提出的设计变更，应编制设计变更文件；发包方或承包方提出的设计变更，须经监理工程师审查同意后交原设计单位编制设计文件。变更涉及安全、环保等内容时应按规定经有关部门审定。施工中发包人如果需要对原工程设计变更，需要在变更前规定的时间内通知承包方。由于业主原因发生的变更，由业主承担因此而产生的经济支出，确认承包方工期的变更；变更如果由于承包方违约所致，则产生的经济支出和工期损失由承包方承担。

3. 工程变更价款的调整与确定

(1) 工程变更引起已标价工程量清单项目或其工程数量发生变化，应按照下列规定调整：

1) 已标价工程量清单中有适用于变更工程项目的，采用该项目的单价；但当工程变更导致该清单项目的工程数量发生变化，且工程量偏差超过 15%，此时，该项目单价的调整应按照《2013 规范》第 9.6.2 条的规定调整。

2) 已标价工程量清单中没有适用，但有类似于变更工程项目的，可在合理范内参照类似项目的单价。

3) 已标价工程量清单中没有适用也没有类似于变更工程项目的，由承包人根据变更工程资料、计量规则和计价办法、工程造价管理机构发布的信息价格和承包人报价浮动率提出变更工程项目的单价，报发包人确认后调整。承包人报价浮动率可按下列公式计算：

招标工程：承包人报价浮动率 $L=(1-$ 中标价/招标控制价$)\times100\%$；

非招标工程：承包人报价浮动率 $L=(1-$ 报价值/施工图预算$)\times100\%$

4) 已标价工程量清单中没有适用也没有类似于变更工程项目，且工程造价管理机构发布的信息价格缺价的，由承包人根据变更工程资料、计量规则、计价办法和通过市场调查等取得有合法依据的市场价格提出变更工程项目的单价，报发包人确认后调整。

（2）工程变更引起施工方案改变，并使措施项目发生变化的，承包人提出调整措施项目费的，应事先将拟实施的方案提交发包人确认，并详细说明与原方案措施项目相比的变化情况。拟实施的方案经发承包双方确认后执行。该情况下，应按照下列规定调整措施项目费：

1）安全文明施工费，按照实际发生变化的措施项目调整。

2）采用单价计算的措施项目费，按照实际发生变化的措施项目按《13 规范》第 9.3.1 条的规定确定单价。

3）按总价（或系数）计算的措施项目费，按照实际发生变化的措施项目调整，但应考虑承包人报价浮动因素，即调整金额按照实际调整金额乘以《13 规范》第 9.3.1 条规定的承包人报价浮动率计算。

如果承包人未事先将拟实施的方案提交给发包人确认，则视为工程变更不引起措施项目费的调整或承包人放弃调整措施项目费的权利。

（3）如果工程变更项目出现承包人在工程量清单中填报的综合单价与发包人招标控制价或施工图预算相应清单项目的综合单价偏差超过 15%，则工程变更项目的综合单价可由发承包双方按照下列规定调整：

1）当 $P_0 < P_1 \times (1-L) \times (1-15\%)$ 时，

该类项目的综合单价按照 $P_1 \times (1-L) \times (1-15\%)$ 调整。

2）当 $P_0 > P_1 \times (1+15\%)$ 时，

该类项目的综合单价按照 $P_1 \times (1+15\%)$ 调整。

式中　P_0——承包人在工程量清单中填报的综合单价；

　　　P_1——发包人招标控制价或施工预算相应清单项目的综合单价；

　　　L——《13 规范》第 9.3.1 条定义的承包人报价浮动率。

（4）如果发包人提出的工程变更，因为非承包人原因删减了合同中的某项原定工作或工程，致使承包人发生的费用或（和）得到的收益不能被包括在其他已支付或应支付的项目中，也未被包含在任何替代的工作或工程中，则承包人有权提出并得到合理的利润补偿。

（5）项目特征描述不符

承包人在招标工程量清单中对项目特征的描述，应被认为是准确的和全面的，并且与实际施工要求相符合。承包人应按照发包人提供的工程量清单，根据其项目特征描述的内容及有关要求实施合同工程，直到其被改变为止。合同履行期间，出现实际施工设计图纸（含设计变更）与招标工程量清单任一项目的特征描述不符，且该变化引起该项目的工程造价增减变化的，应按照实际施工的项目特征重新确定相应工程量清单项目的综合单价，计算调整的合同价款。

（6）工程量清单缺项

合同履行期间，出现招标工程量清单项目缺项的，发承包双方应调整合同价款。招标工程量清单中出现缺项，造成新增工程量清单项目的，应按照《13 规范》第 9.3.1 条规定确定单价，调整分部分项工程费。由于招标工程量清单中分部分项工程出现缺项，引起措施项目发生变化的，应按照《13 规范》第 9.3.2 条的规定，在承包人提交的实施方案被发包人批准后，计算调整的措施费用。

(7) 工程量偏差

工程量偏差，是承包人按照合同签订时图纸（含经发包人批准由承包人提供的图纸）实施，完成合同工程应予计量的实际工程量与招标工程量清单列出的工程量之间的偏差。

合同履行期间，出现工程量偏差，且符合《13 规范》第 9.6.2、9.6.3 条规定的，发承包双方应调整合同价款。出现《13 规范》第 9.3.3 条情形的，应先按照其规定调整，再按照本条规定调整对于任一招标工程量清单项目，如果因本条规定的工程量偏差和第 9.3 条规定的工程变更等原因导致工程量偏差超过 15%，调整的原则为：当工程量增加 15% 以上时，其增加部分的工程量的综合单价应予调低；当工程量减少 15% 以上时，减少后剩余部分的工程量的综合单价应予调高。此时，按下列公式调整结算分部分项工程费：

1）当 $Q_1 > 1.15Q_0$ 时，

$$S = 1.15Q_0 \times P_0 + (Q_1 - 1.15Q_0) \times P_1$$

2）当 $Q_1 < 0.85Q_0$ 时，

$$S = Q_1 \times P_1$$

式中　S——调整后的某一分部分项工程费结算价；

Q_1——最终完成的工程量；

Q_0——招标工程量清单中列出的工程量；

P_1——按照最终完成工程量重新调整后的综合单价；

P_0——承包人在工程量清单中填报的综合单价。

如果工程量出现《13 规范》第 9.6.2 条的变化，且该变化引起相关措施项目相应发生变化，如按系数或单一总价方式计价的，工程量增加的措施项目费调增，工程量减少的措施项目费适当调减。

(8) 物价变化

合同履行期间，出现工程造价管理机构发布的人工、材料、工程设备和施工机械台班单价或价格与合同工程基准日期相应单价或价格比较出现涨落，且符合《13 规范》第 9.7.2、9.7.3 条规定的，发承包双方应调整合同价款。

按照《13 规范》第 9.7.1 条规定人工单价发生涨落的，应按照合同工程发生的人工数量和合同履行期与基准日期人工单价对比的价差的乘积计算或按照人工费调整系数计算调整的人工费。

承包人采购材料和工程设备的，应在合同中约定可调材料、工程设备价格变化的范围或幅度，如没有约定，则按照《13 规范》第 9.7.1 条规定的材料、工程设备单价变化超过 5%，施工机械台班单价变化超过 10%，则超过部分的价格应予调整。该情况下，应按照价格系数调整法或价格差额调整法（具体方法见条文说明）计算调整的材料设备费和施工机械费。

执行《13 规范》第 9.7.3 条规定时，发生合同工程工期延误的，应按照下列规定确定合同履行期用于调整的价格或单价：

1）因发包人原因导致工期延误的，则计划进度日期后续工程的价格或单价，采用计划进度日期与实际进度日期两者的较高者。

2）因承包人原因导致工期延误的，则计划进度日期后续工程的价格或单价，采用计划进度日期与实际进度日期两者的较低者。

承包人在采购材料和工程设备前，应向发包人提交一份能阐明采购材料和工程设备数量和新单价的书面报告。发包人应在收到承包人书面报告后的 3 个工作日内核实，并确认用于合同工程后，对承包人采购材料和工程设备的数量和新单价予以确定；发包人对此未确定也未提出修改意见的，视为承包人提交的书面报告已被发包人认可，作为调整合同价款的依据。承包人未经发包人确定即自行采购材料和工程设备，再向发包人提出调整合同价款的，如发包人不同意，则合同价款不予调整。

发包人供应材料和工程设备的，《13 规范》第 9.7.3、9.7.4、9.7.5 条规定均不适用，由发包人按照实际变化调整，列入合同工程的工程造价内。

6.2.2　索赔管理

1. 索赔概念

20 世纪 80 年代中期，云南鲁布革引水发电工程首次采用国际工程管理模式，给中国工程界带来了巨大的冲击，而冲击的核心内容是索赔，由此索赔引起我国的重视。

索赔一词正式引入我国法规始于 1991 年颁布的《建设工程施工合同》及《建设工程施工合同管理办法》。索赔的英文"claim"一词本意为"主张自身权益"，它是一种正当权利的要求，而非无理的争利，更不意味着对过错的惩罚，所以其基调是温和的。合同双方均应正确理解索赔，正确对待索赔。

所谓索赔是指在项目合同的履行过程中，合同一方因另一方不履行或没有全面履行合同所设定的义务而遭受损失时，向对方所提出的赔偿要求或补偿要求。对工程承包人而言，索赔指由于发包人或其他方面的原因，导致承包人在施工过程中付出额外的费用或造成的损失，承包人通过合法的途径和程序，要求发包人偿还其在施工中的损失。承包人向发包人提出的索赔称为施工索赔，发包人向承包人提出的索赔叫反索赔。即索赔是双向的，索赔的过程实际上就是运用法律知识维护自身合法权益的过程。

2. 索赔的内容

索赔的主要内容可概括为：工期索赔和费用索赔两种。有的工程在索赔中只有费用索赔或工期索赔一种，有的工程在索赔中两种索赔全有，二者是互相联系，不可分割的。

（1）工期索赔

由于非承包人责任的原因而导致施工进度延误，要求批准顺延合同工期的索赔，称之为工期索赔。工期索赔形式上是对权利的要求，以避免在原定合同竣工日不能完工，被发包人追究拖期违约责任。一旦获得批准合同工期顺延后，承包人不仅免除了承担拖期违约赔偿费的风险，而且可能因提前竣工得到奖励，最终仍反映在经济收益上。

发生工期索赔，主要原因是：

1）由于业主原因引起的工期拖延。如业主开工令下达过晚，延误提交设计文件，延误供货，工程暂停超过规定期限，不能及时对材料和工程进行检验或认可，施工计划的改变等等。

2）由于不可抗力因素导致工程无法正常施工或施工中断。如特殊的自然灾害，如暴雨（雪）等。

3）由于非承包人原因导致工程受阻。如其他承包人拖延工期造成连续效应等。

4）由于非承包人不能合理预见或不可抗拒的原因导致工程施工不能正常进行，如地震、罢工等。

（2）费用索赔

费用索赔的目的是要求经济补偿。当施工的客观条件改变导致承包人增加外支，要求对超出计划成本的附加开支给予补偿，以挽回不应由承包人承担的经济损失。

发生费用索赔的原因，常常有以下多种：

1）工程变更。

2）未规定的检验费用。

3）合同单价索赔。如材料变更、物价非正常浮动等。

4）不利的外界障碍或条件

5）业主违约，如业主长期拖延付款等。

6）发生了合同中有关条款规定可引起索赔的事件。

承包人要求赔偿时，可以选择以下一项或几项方式获得赔偿：

1）延长工期。

2）要求发包人支付实际发生的额外费用。

3）要求发包人支付合理的预期利润。

4）要求发包人按合同的约定支付违约金。

发包人要求赔偿时，可以选择以下一项或几项方式获得赔偿：

1）延长质量缺陷修复期限。

2）要求承包人支付实际发生的额外费用。

3）要求承包人按合同的约定支付违约金。

3. 索赔的程序

在工程项目施工阶段，每出现一个索赔事件，都应按照国家有关规定、国际惯例和工程项目合同条件的规定，认真及时地协商解决。我国《建设工程施工合同》对索赔的程序和时间要求有明确而严格的限定，主要包括：

（1）发包人未能按合同约定履行自己的各项义务或发生错误以及应由发包人承担责任的其他情况，造成工期延误和延期支付合同价款及造成承包人的其他经济损失，承包人可按下列程序以书面形式向发包方索赔：

1）索赔事件发生后 28 天内，向工程师发出索赔意向通知。

2）发出索赔意向通知后 28 天内，向工程师提出补偿经济损失和延长工期的索赔报告及有关资料。

3）工程师收到承包人送交的索赔报告和有关资料后，于 28 天内给予答复，或要求承包人进一步补充索赔理由和证据。

4）工程师在收到承包人送交的索赔报告和有关资料后 28 天内未给予答复或未对承包人作进一步要求，视为该项索赔已经认可。

5）当该索赔事件持续进行时，承包人应当阶段性向工程师发出索赔意向，在索赔事件终了后 28 天内，向工程师送交索赔的有关资料和最终索赔报告。

（2）承包人未能按合同约定履行自己的各项义务或发生错误给发包人造成损失，发包人也按以上各条款确定的时限向承包人提出索赔。

4. 工程索赔产生的原因

(1) 当事人违约

当事人违约常常表现为没有按照合同约定履行自己的义务。发包人违约常常表现为没有为承包人提供合同约定的施工条件、未按照合同约定的期限和数额付款等。工程师未能按照合同约定完成工作，如未能及时发出图纸、指令等也视为发包人违约。

承包人违约的情况则主要是没有按照合同约定的质量、期限完成施工，或者由于不当行为给发包人造成其他损害。

(2) 不可抗力事件

不可抗力又可分为自然事件和社会事件。自然事件主要是不利的自然条件和客观障碍，如在施工过程中遇到了经现场调查无法发现、业主提供的资料也未提到的、无法预料的情况，如地下水、地质断层等。社会事件则包括国家政策、法律、法令的变更，战争、罢工等。

(3) 合同缺陷

合同缺陷表现为合同条件规定不严谨甚至矛盾，合同中的遗漏或错误。在这种情况下，工程师应给予解释。如果这种解释将导致成本增加或工期延长，发包人应给予补偿。

(4) 合同变更

表现为设计变更、施工方法变更、追加或者取消某些工作、合同规定的其他变更等。

(5) 工程师指令

工程师指令有些时候也会产生索赔，如工程师指令承包人加速施工、进行某项工作、更换某些地区材料、采取某些措施等。

(6) 其他第三方原因

常常表现为与工程有关的第三方的问题而引起的对本工程的不利影响。

5. 工程索赔的处理原则

(1) 索赔必须以合同为依据

不论是风险事件的发生，还是当事人不完成合同工作，都必须在合同中找到相应的依据，当然，有些依据可能是合同中隐含的。在不同的合同条件下，这些依据可能是不同的。如因为不可抗力导致的索赔，在国内《建设工程施工合同文本》条件下，承包人机械设备损坏的损失，是由承包人承担的，不能向发包人索赔；但在 FIDIC 合同条件下，不可抗力事件一般都列为业主承担的风险，损失由业主承担。具体的合同中的协议条款不同，其依据的差别就更大了。

(2) 及时、合理地处理索赔

索赔事件发生后，应及时提出索赔，索赔的处理也应当及时。索赔处理不及时，对双方都会产生不利影响。如承包人的索赔长期得不到合理解决，索赔积累的结果会导致其资金困难，同时会影响工程进度，给双方带来不利的影响。

(3) 处理索赔还必须坚持合理性原则

既考虑到国家的有关规定，也应考虑到工程的实际情况。如：承包人提出索赔要求，机械停工按照机械台班单价计算损失显然是不合理的，因为机械停工不发生运行费用。

(4) 加强主动控制，减少工程索赔

这就要求在工程管理过程中，应当尽量将工作做在前向，减少索赔事件的发生。这样能够使工程更加顺利地进行，降低工程投资，缩短施工工期。

建设工程工程量清单计价索赔的主要内容

6. FIDIC中主要索赔条款

在FIDIC条款中，明文列载承包人可以引用索赔的条款很多，实际索赔中引用较多的条款有：

（1）第6.4条"图纸的误期和误期损失"规定：在任何情况下，如因工程师（代表）没有或不能在一合理时间内发出承包人所要求的图纸或指示，而使承包人造成工程计划或施工的误期或中断情况，或导致费用的增加时，承包人有权向业主索赔。

（2）第12.2条"不利的外界障碍或条件"规定：如果在工程施工中承包人在现场遇到了气候条件以外的外界障碍或条件，在他看来这些障碍和条件是一个有经验的承包人无法预见的，承包人有权向业主索赔。

（3）第17.1条"放线"规定：在工程施工期间工程的任何一个部分的位置、标高、尺寸或轴线出现差错，如果这类差错是由工程师（代表）书面提供的错误资料所引起的，承包人有权向业主索赔。

（4）第36.4条"未规定的检验费用"规定：工程师（代表）要求做的任何检验为合同未曾指明或规定，或没有专门说明，或是在现场以外的，如果检验合格，承包人有权向业主索赔。

（5）第40.1条"工程的暂时停工"规定：根据工程师（代表）指示，承包人暂停工程或部分工程的施工，并对工程进行妥善保护，承包人有权向业主索赔。

（6）第40.2条"持续84天以上的停工"规定：如果从停工之日算起的84天内工程师（代表）没有允许复工，承包人有权终止合同并向业主索赔。

（7）第41.4条"工程开工"规定：承包人在收到工程师的有关开工通知后，应尽快开工，此通知应在接到中标通知书后于投标书附件中规定的时间内发出。若因开工令延误引起承包人窝工和施工计划调整的，承包人有权向业主索赔。

（8）第42.2条"未能给出占有权"规定：因业主未能按规定给出现场占有权而导致承包人延误工期和付出了费用，承包人有权向业主索赔。

（9）第51.5条"工程变更"规定：工程师对工程或其任何部分的形式、质量、数量进行变动或改动施工时间，所造成的影响应按第52条进行估价，给予补偿。

（10）第69条"业主的违约"规定：若业主违约，承包人有权向业主索赔。

（11）第70条"费用和法规的变更"规定：国家或地方法规发生变更，致使承包人施工中的费用发生增减，承包人有权向业主索赔。

随着我国加入WTO过渡期的结束，参与国际竞争、适应国际惯例是建筑企业面临的重大课题，而目前国内由"亚行"、"世行"贷款投资的大型建设项目也越来越多。由于建筑施工存在许多事先难以确定的因素，如地下地质情况不明，提供的设计图纸有误或不准确等，都可导致工程量增加或工程延期，如何确定合理费用，及时索赔，以保证合同双方权益，尤显重要。FIDIC条款（土木工程施工合同条件）作为工程承包业的国际惯例，具有成熟、规范、严格、公正等特点，在建筑行业得到普遍运用。施工企业要充分认识到索赔工作的重要性，努力提高自身的管理水平，促进项目管理规范化，造价人员要充分掌握索赔技巧，真正体会到"中标靠低价、赚钱靠索赔"的深刻内涵。

6.3　工程竣工结算与决算

6.3.1　工程结算

1. 工程竣工结算的概念及要求

建设工程竣工结算是指施工企业按照合同规定的内容全部完成所承包的工程，经验收质量合格，并符合合同要求之后，向发包单位进行的最终工程价款结算。

合同工程完工后，承包人应在提交竣工验收申请前编制完成竣工结算文件，并在提交竣工验收申请的同时向发包人提交竣工结算文件。

承包人未在规定的时间内提交竣工结算文件，经发包人催促后 14 天内仍未提交或没有明确答复，发包人有权根据已有资料编制竣工结算文件，作为办理竣工结算和支付结算款的依据，承包人应予以认可。

《建设工程施工合同（示范文本）》中对竣工结算作了详细规定：

（1）工程竣工验收报告经发包方认可后 28 天内，承包人向发包人递交竣工结算报告及完整的结算资料，双方按照协议书约定的合同价款及专用条款约定的合同价款调整内容，进行工程结算。

（2）发包方收到承包方递交的竣工结算报告及结算资料后 28 天内进行核实，给予确认或者提出修改意见。发包方确认竣工结算报告后通知银行向承包方支付工程竣工结算价款。承包方收到竣工结算价款后 14 天内将竣工工程交付发包方。

（3）发包方收到竣工结算报告及结算资料后 28 天内无正当理由不支付工程竣工结算价款的，从第 29 天起按承包方同期向银行贷款利率支付拖欠工程价款的利息，并承担违约责任。

（4）发包方收到竣工结算报告及结算资料后 28 天内不支付工程竣工结算价款，承包方可以催发包方支付结算价款。发包方收到竣工结算报告及结算资料后 5 天内仍不支付的，承包方可以与发包方协议将工程折价，也可以由承包方申请人民法院将该工程依法拍卖，承包方就该工程折价或者拍卖的价款优先受偿。

（5）工程竣工验收报告经发包方认可后 28 天内，承包方未能向发包方递交竣工结算报告及完整的结算资料，造成工程竣工结算不能正常进行或工程竣工结算价款不能及时支付，发包方要求交付工程的，承包方应当交付；发包方不要求交付工程的，承包方承担保管责任。

（6）发包方和承包方对工程竣工结算发生争议时，按争议的约定处理。

2. 工程竣工结算书的编制

工程竣工结算应根据"工程竣工结算书"和"工程价款结算账单"进行。工程竣工结算书是承包人按照合同约定，根据合同造价、设计变更（增减）项目、现场经济签证和施工期间国家有关政策性费用调整文件编制的，经发包人（或发包人委托的中介机构）审查确定的工程最终造价的经济文件，表示发包人应付给承包方的全部工程价款。工程价款结算账单反映了承包人已向发包人收取的工程款。

（1）工程竣工结算书的编制原则和依据

1）工程竣工结算书的编制原则

① 编制工程结算书要严格遵守国家和地方的有关规定，既要保证建设单位的利益，又要维护施工单位的合法权益。

② 要按照实事求是的原则，编制竣工结算的项目一定是具备结算条件的项目，办理工程价款结算的工程项目必须是已经完成的，并且工程数量、质量等都要符合设计要求和施工验收规范，未完工程或工程质量不合格的不能结算。需要返工的，需要返修并经验收合格后，才能结算。

2）工程竣工结算书编制的依据

①《13 规范》。

② 工程合同。

③ 发承包双方实施过程中已确认的工程量及其结算的合同价款。

④ 发承包双方实施过程中已确认的调整后追加的（减）的合同价款。

⑤ 建设工程设计文件及相关资料。

⑥ 投标文件。

⑦ 其他依据。

（2）工程竣工结算书的内容

工程竣工结算书的内容除最初中标的工程投标报价或审定的工程施工图预算的内容外还应包括以下内容：

1）工程量量差。工程量量差指施工图预算的工程量与实际施工的工程数量不符所发生的量差。工程量量差主要是由于修改设计或设计漏项、现场施工变更、施工图预算错误等原因造成的。这部分应根据业主和承包商双方签证的现场记录按合同规定进行调整。

2）人工、材料、机械台班价格的调整。

3）费用调整。费用价差产生的原因包括：

① 由于直接费（或人工费、机械费）增加，而导致费用（包括管理费、利润、税金）增加，相应地需要进行费用调整。

② 因为在施工期间，国家或地方有新的费用政策出台，需要进行的费用调整。

4）其他费用，包括零星用工费、窝工费和土方运费等，应一次结清，施工单位在施工现场使用建设单位的水、电费也应按规定在工程竣工时清算，付给建设单位。

（3）工程竣工结算书的编制方法

编制工程竣工结算书的方法主要包括以下 2 种方法：

1）以原工程预算书为基础，将所有原始资料中有关的变更增减项目进行详细计算，将其结果和原预算进行综合，编制竣工结算书。

2）根据更改修正等原始资料绘出竣工图，据此重新编制一个完整的预算作为工程竣工结算书。

针对不同的工程承包方式，工程结算的方式也不同，工程结算书要根据具体情况采用不同方式来编制。采用施工图预算承包方式的工程，结算是在原工程预算书的基础上，加上设计变更原因造成的增、减项目和其他经济签证费用编制而成的；采用招投标方式的工程，其结算原则上应按中标价格（即合同标价）进行。如果在合同中有规定允许调价的条文，承包商在工程竣工结算时，可在中标价格的基础上进行调整；采用施工图预算加包干系数或平方米造价包干的住宅工程，一般不再办理施工过程中零星项目变动的经济洽商。在工程竣工结算时也不再办理增减调整。只有在发生超过包干范围的工程内容时，才能在工程竣工结算中进行调整。平方米造价包干的工程，按已完成工程的平方米数量进行结算。

办理竣工工程价款结算的一般公式为：

竣工结算工程价款＝预算或合同价款＋施工过程中洽商增减－预付及已结算工程价款－保险金

（式 6-1）

3. 工程竣工结算的审查

工程竣工结算的审查是竣工结算阶段的一项重要工作。经审查核定的工程竣工结算是核定建设工程造价的依据，也是建设项目验收后竣工决算和核定新增固定资产价值的依据。因此，建设单位、监理公司及审计部门等都十分关注竣工结算的审核把关。一般从以下几方面入手：

（1）核实合同条款

首先，应对竣工是否符合合同条件要求，工程是否竣工验收合格，只有按合同要求完成全部工程并验收合格才能列入竣工结算。其次，应按合同约定的结算方法、材料价格及优惠条款等，对工程竣工结算进行审核，若发现合同开口或有漏洞，应请发包人与承包人认真研究，明确结算要求。

（2）检查隐蔽验收记录

所有隐蔽工程均需进行验收，两人以上签证；实行工程监理的项目应经监理工程师签证确认，审核竣工结算时对隐蔽工程施工记录和验收签证，手续完整，工程量与竣工图一致方可列入结算。

（3）落实设计变更签证

设计修改变更应由原设计单位出具设计变更通知单和修改图纸，设计、校审人员签字并加盖公章，经发包人和监理工程师审查同意、签证；重大设计变更应经原审核部门审批，否则不应列入结算。

（4）按图核实工程量

竣工结算的工程量应依据竣工图、设计变更和现场签证等进行核算，并按照国家规定或双方同意的计算规则计算工程量。

（5）防止重复计算计取

工程竣工结算子目多、篇幅大，往往有计算误差，应认真核算，防止因计算误差多计或少算。

4. 我国现行工程价款的主要结算方式

我国现行工程价款结算根据不同情况，可采取多种方式。

（1）按月结算

按月结算是实行旬末或月中预支，月终结算，竣工后清算的办法。跨年度竣工的工程，在年终进行工程盘点，办理年度结算。这种结算办法是按分部分项工程，即以假定"建筑安装产品"为对象，按月结算，待工程竣工后再办理竣工结算，一次结清，找补余款。我国现行建筑安装工程价款结算中，相当一部分实行的是这种按月结算。

（2）竣工后一次结算

建设项目或单项工程全部建筑安装工程建设期在 12 个月以内，或者工程承包合同价在 100 万元以下的，可以实行工程价款每月月中预支，竣工后一次结算。

（3）分段结算

分段结算是当年开工，当年不能竣工的单项工程或单位工程按照工程形象进度，划分不同阶段进行结算。分段结算可以预支工程款。分段的划分标准，由各部门、省、自治区、直辖市、计划单列市规定。

（4）目标结算

目标结算是在工程合同中，将承包工程的内容分解成不同的控制界面，以业主验收控制界面作为支付工程价款的前提条件。即：将合同中的工程内容分解成不同的验收单元，当承包商完成单元工程内容，经业主验收后，业主支付构成单元工程内容的工程价款。

（5）结算双方的其他结算方式

承包商与业主办理的已完成工程价款结算，无论采取何种方式，在财务上都可以确认为已完工部分的工程收入实现。

6.3.2 工程价款及支付

1. 工程预付款

施工企业承包工程。一般都实行包工包料，这就需要有一定数量的备料周转金。承包人应在签订合同或向发包人提供与预付款等额的预付款保函（如有）后向发包人提交预付款支付申请。发包人应对在收到支付申请的 7 天内进行核实后向承包人发出预付款支付证书，并在签发支付证书后的 7 天内向承包人支付预付款。发包人没有按时支付预付款的，承包人可催告发包人支付；发包人在付款期满后的 7 天内仍未支付的，承包人可在付款期满后的第 8 天起暂停施工。发包人应承担由此增加的费用和（或）延误的工期，并向承包人支付合理利润。此预付款构成承包人为该承包工程项目储备主要材料、结构件所需的流动资金。

工程预付款仅用于施工开始时与本工程有关的备料和动员费用，承包人应将此款专用于合同工程。如承包方滥用此款，发包方有权立即收回。另外，《建筑工程施工合同（示范文本）》的通用条款明确规定："实行预付款的，双方应当在专用条款内约定发包人向承包人预付工程款的时间和数额，开工后按约定比例逐次扣回。"

（1）预付备料款的限额

预付备料款的限额由下列主要因素决定：主要材料费（包括外购构件）占工程造价的比例；材料储备期；施工工期。

对于承包人常年应备的备料款限额，计算公式为：

备料款限额＝(年度承包工程总值×主要材料所占比重)/年度施工日历日天数×材料储备天数

（式 6-2）

一般建筑工程备料款的数额不应超过当年建筑工程量（包括水、暖、电）的 30%，安装工程按年安装工作量的 10% 计算；材料占比重较多的安装工程按年计划产值的 15% 左右拨付。

在实际工作中，备料款的数额，要根据各个工程类型、合同工期、承包方式和供应体制等不同条件而定。例如，工业项目中的钢结构和管道安装占比重较大的工程，其主要材料所占比重比一般安装工程要高，因而备料款数额也要相应增大；工期短的工程比工期长的工程要高，材料由承包人自购的比由发包人供应的要高。在大多数情况下，甲乙双方都在合同中按当年工作量确定一个比例来确定备料款数额。对于包工不包料的工程项目可以不预付备料款。

（2）备料款的扣回

发包单位拨付给承包单位的备料款属于预支性质，到了工程中、后期，所储备材料的价值逐渐转移到已完成工程当中，随着主要材料的使用，工程所需主要材料的减少应以充抵工程款的方式陆续扣回。扣款的方法如下：

1）从未施工工程尚需的主要材料及构件相当于备料款数额时起扣，从每次结算工程款中，按材料比重扣抵工程款，竣工前全部扣除。备料款起扣点计算公式为：

$$T = P - M/N \qquad\qquad （式 6-3）$$

式中　T——起扣点，即预付备料款开始扣回时的累计完成工程量金额；

　　　M——预付备料款的限额；

　　　N——主要材料所占比重；

　　　P——为承包工程价款总额。

第一次应扣回预付备料款：

　　金额 =（累计已完工程价值 - 起扣点已完工程价值）× 主要材料所占比重

以后每次应扣回预付备料款：

　　金额 = 每次结算的已完工程价值 × 主要材料所占比重

2）扣款的方法可以是经双方在合同中约定承包方完成金额累计达到一定比例后，由承包方开始向发包方还款，发包方从每次应付给承包方的金额中扣回预付款，发包方应在工程竣工前将工程预付款的总额逐次扣回。

【例 6-1】　某建设单位与承包商签订了工程施工合同，合同中含有两个子项工程，估算甲项工程量为 2300m^3，乙项工程量为 3200m^3，经协商，甲项合同价为 185 元/m^3，乙项合同价为 15 元/m^3。承包合同规定：

（1）开工前建设单位应向承包商支付合同价 20% 的预付款。

（2）建设单位自第一个月起从承包商的工程款中，按 5% 的比例扣留保留金。

（3）当子项工程实际工程量超过估算工程量 10% 时，对超出部分可进行调价，调整数为 0.9。

（4）工程师签发月度付款最低金额为 25 万元。

（5）预付款在最后两个月扣除，每月扣除 50%。

承包商每月实际完成并经工程师确认的工程量，见表 6-1 所示。

承包商每月实际完成并经工程师签证确认的工程量　　　　　　表 6-1

项　目	月　份			
	1	2	3	4
甲项	500m^3	800m^3	800m^3	500m^3
乙项	600m^3	900m^3	800m^3	700m^3

请问：

（1）预付款是多少？

（2）每月工程量价款是多少？工程师应签证的工程款是多少？实际签发的付款凭证金额是多少？

解：

（1）预付款金额为：

$$(2300\times185+3200\times15)\times20\%=9.47万元$$

（2）每月工程量价款、工程师应签证的工程款及实际签发的付款凭证金额计算如下。

1）第一个月

工程量价款：　　　　　　$500\times185+600\times15=20.8万元$

应签证工程款：　　　　　$20.8\times(1-5\%)=19.6万元$

因为合同规定工程师签发月度付款最低金额为 25 万元。故本月工程师不签发付款凭证。

2）第二个月

工程量价款：　　　　　　$800\times185+900\times15=29.5万元$

应签证工程款：　　　　　$29.5\times(1-5\%)=28.18万元$

上个月应签证的工程款为 19.6 万元，本月工程师实际签发的付款凭证为 28.18＋19.6＝46.928 万元。

3）第三个月

工程量价款：　　　　　　$800\times185+800\times15=28万元$

应签证工程款：　　　　　$28\times(1-5\%)=26.6万元$

应扣预付款：　　　　　　$9.47\times50\%=4.735万元$

应付款：　　　　　　　　$26.6-4.735=21.865万元$

因为合同规定工程师签发月度付款最低金额为 25 万元，故本月工程师不签发付款凭证。

4）第四个月

甲项工程累计完成工程量为 $2600m^3$，比原估算工程量超出 $400m^3$，已超出估算工程量的 10%，超出部分单价应进行调整。

甲项超出估算工程量 10% 的工程量为：

$$2600-2300\times(1+10\%)=70m^3$$

该部分工程量单价应调整为：

$$185\times0.9=166.5元/m^3$$

乙项工程累计完成工程量为 $3000m^3$，不超过估算工程量，其单价不予调整。

本月应完成工程量价款为：

$$(500-70)\times185+70\times166.5+700\times15=10.17万元$$

本月应签证的工程款为：

$$10.17\times(1-5\%)=9.66万元$$

考虑本月预付款的扣除、上个月的应付款。本月工程师实际签发的付款凭证为：

$$10.17+21.865-9.47\times50\%=27.3万元$$

预付款应从每支付期应支付给承包人的工程进度款中扣回，直到扣回的金额达到合同约定的预付款金额为止。

承包人的预付款保函（如有）的担保金额根据预付款扣回的数额相应递减，但在预付款全部扣回之前一直保持有效。发包人应在预付款扣完后的 14 天内将预付款保函退还给承包人。

2. 工程进度款（中间结算）

承包人在工程建设中按月（或形象进度、控制界面）完成的分部分项工程量计算各项费用，向发包人办理月工程进度（或中间）结算，并支取工程进度款。

以按月结算为例，现行的中间结算办法是，承包人在旬末或月中向发包人提出预支工程款账单预支一旬或半月的工程款，月末再提出当月工程价款结算和已完工程月报表，收取当月工程价款，并通过银行进行结算。发包人与承包人的按月结算，要对现场已完工程进行清点，由监理工程师对承包人提出的资料进行核实确认，发包人审查后签证。目前月进度款的支取一般以承包人提出的月进度统计报表作为凭证。

（1）工程进度款结算的步骤

1）由承包人对已经完成的工程量进行测量统计，并对已完成工程量的价值进行计算。测量统计、计算的范围不仅包括合同内规定必须完成的工程量及价值，还应包括由于变更、索赔等而发生的工程量和相关的费用。

2）承包人按约定的时间向监理单位提出已完工程报告，包括工程计量报审表和工程款支付申请表，申请对完成的合同内和由于变更产生的工程量进行核查，对已完工程量价值的计算方法和款项进行审查。

3）工程师接到报告后应在合同规定的时间内按设计图纸对已完成的合格工程量进行计量，依据工程计量和对工程量价值计算审查结果，向发包人签发工程款支付证书。工程款支付证书同意支付给承包人的工程款应是已经完成的进度款减去应扣除的款项（如应扣回的预付备料款、发包人向承包人供应的材料款等）。

4）发包人对工程计量的结果和工程款支付证书进行审查确认，与承包人进行进度款结算，并在规定时间内向承包人支付工程进度款。同期用于工程上的发包人供应给承包人的材料设备价款，以及按约定发包人应按比例扣回的预付款，与工程进度款同期结算。合同价款调整、设计变更调整的合同价款及追加的合同价款应与工程进度款调整支付。

（2）工程进度款结算的计算方法

工程进度款的计算主要根据已完成工程量的计量结果和发包人与承包人事先约定的工程价格的计价方法。在《建筑工程施工发包与承包计价管理办法》中规定，工程价格的计价可以采用工料单价法和综合单价法。

1）工料单价法

是指单位工程分部分项的单价为直接费，直接费以人工、材料、机械的消耗量及其相应价格确定。管理费、规费、利润和税金等按照有关规定另行计算。

2）综合单价法

是指单位工程分部分项工程量的单价为全费用单价，全费用单价综合计算完成分部分项工程所发生的人工费、材料费、机械使用费、管理费、规费、利润和税金。

两种方法在选择时，既可以采用可调价格的方式，即工程价格在实施期间可随价格变化调整。也可以采用固定价格的方式，即工程价格在实施期间不因价格变化而调整，在工程价格中已考虑风险因素并在合同中明确了固定价格所包括的内容和范围。实践中采用较多的是可调工料单价法和固定综合单价法。

可调工料单价法计价，要按照国家规定的工程量计算规则计算工程量，工程量乘以单价作为直接成本单价，管理费、规费、利润和税金等按照工程建设合同标准分别计算。因为价格是可调的，其材料等费用在结算时按合同规定的内容和方式进行调价。固定综合单价法包含了风险费用在内的全费用单价，故不受时间价值的影响。

3. 工程保修金（尾留款）

甲乙双方一般都在工程建设合同中约定，工程项目总造价中应预留出一定比例的尾留款作为质量保修费用（又称保留金），待工程项目保修期结束后最后拨付。尾留款的扣除一般有两种做法：

（1）当工程进度款拨付累计达到该建筑安装工程造价的一定比例（一般为95％～96％左右）时，停止支付，预留造价部分作为尾留款。

（2）尾留款（保修金）的扣除也可以从发包方向承包方第一次支付的工程进度款开始在每次承包方应得的工程款中按约定的比例（一般是3％～5％）扣除作为保留金，直到保留金达到规定的限额为止。

4. 工程价款的动态结算

在我国，目前实行的是市场经济，物价水平是动态的、不断变化的。建设项目在工程建设合同周期内，随着时间的推移，经常要受到物价浮动的影响，其中人工费、机械费、材料费、运费价格的变化，对工程造价产生很大影响。

为使工程结算价款基本能够反映工程的实际消耗费用，现在通常采用的动态结算办法有实际价格调整法、调价文件计算法、调值公式法等。

（1）实际价格调整法

现在建筑材料需要市场采购供应的范围越来越大，有相当一部分工程项目对钢材、木材、水泥和装饰材料等主要材料采取实际价格结算的方法。承包商可凭发票按实报销。这种方法方便而正确，但由于是实报实销，承包商对降低成本不感兴趣；另外，由于建筑材料市场采购渠道广泛，同一种材料价格会因采购地点不同有差异，甲乙双方也会因此产生纠纷。为了避免副作用，价格调整应该在地方主管部门定期发布最高限价范围内进行，合同文件中应规定发包方有权要求承包方在保证材料质量的前提下选择更廉价的材料供应来源。

（2）调价文件计算法

这种方法是甲乙双方签订合同时按当时的预算价格承包，在合同工期内按照造价部门调价文件的规定，进行材料补差（在同一价格期内按所完成的材料用量乘以价差）。也有的地方定期发布主要材料供应价格或指令性价格，对这一时期的工程进行材料补差，同时按照文件规定的调整系数，对人工、机械、次要材料费用的价差进行调整。

（3）调值公式法

根据国际惯例，对建设项目的动态结算一般采用此方法。在绝大多数国际工程项目中，甲乙双方在签订合同时就明确提出这一公式，以此作为价差调整的依据。

建筑安装调值公式一般包括固定部分、材料部分和人工部分，其表达式为

$$P = P_0(a_0 + a_1 A/A_0 + a_2 B/B_0 + a_3 C/C_0 + a_4 D/D_0 + \cdots) \qquad (\text{式 } 6\text{-}4)$$

式中　P——调值后合同款或工程实际结算款；

　　　P_0——合同价款中工程预算进度款；

　　　a_0——固定要素，代表合同支付不能调整的部分占合同总价中的比重；

a_1，a_2，a_3，a_4，…为有关各项费用（如：人工费、钢材费、水泥费、运输费等）在合同总价中所占比重，$a_1 + a_2 + a_3 + a_4 + \cdots = 1$；

A_0，B_0，C_0，D_0，…为基准日期与 a_1，a_2，a_3，a_4，…对应的各项费用的基期价格指数或价格；A，B，C，D，…为在工程结算月份与 a_1，a_2，a_3，a_4，…对应的各项费用的现行价格指数和价格。

各部分的成本比重系数在许多标书中要求在投标时提出，并在价格分析中予以论述，但也有由发包方（业主）在标书中规定一个允许范围，由投标人在此范围内选定。

6.3.3　工程竣工决算

工程竣工决算分为施工企业编制的单位工程竣工成本决算和建设单位编制的建设项目竣工决算两种。

1. 单位工程竣工成本决算

单位工程竣工成本决算是单位工程竣工后，由施工企业编制的，施工企业内部对竣工的单位工程进行实际成本分析，反映其经济效果的技术经济文件。

单位工程竣工成本决算，以单位工程为对象，以单位工程竣工结算为依据，核算一个单位工程的预算成本、实际成本、成本降低额。工程竣工成本决算反映单位工程预算执行情况，分析工程成本节约、超支的原因，并为同类工程积累成本资料，以总结经验教训、提高企业管理水平。

2. 建设项目竣工决算

（1）建设项目竣工决算的概念

建设项目竣工决算是建设项目竣工后，由建设单位编制的、反映竣工项目从筹建开始到项目竣工交付使用为止的全部建设费用、建设成果和财务状况的总结性文件。

建设项目竣工决算是办理交付使用资产的依据，也是竣工报告的重要组成部分。建设单位与使用单位在办理资产的验收交接手续时，通过竣工决算反映了交付使用资产的全部价值，包括固定资产、流动资产、无形资产和递延资产的价值。同时，建设项目竣工决算还详细提供了交付使用资产的名称、规格、型号、数量和价值等明细资料，是使用单位确定各项新增资产价值并登记入账的依据。

建设项目竣工决算是分析和检查设计概算的执行情况，考核投资效果的依据。建设项目竣工决算反映了竣工项目计划、实际的建设规模、建设工期以及设计和实际的生产能力，也反映了概算总投资和实际的建设成本，同时还反映了所达到的主要技术经济指标。通过对这些指标计划数、概算数与实际数进行对比分析，不仅可以全面掌握建设项目计划和概算的执行情况，而且可以考核建设项目投资效果，见表 6-2 所示。

建设项目竣工决算表　　　　　　　　　　　　　　　表 6-2

建设单位：某公司　　　　　　　　　　　　　　　开工时间　年　月　日
工程名称：住宅
工程结构：砖混
建筑面积：300m²　　　　　　　　　　　　　　　竣工时间　年　月　日

成本项目	预算成本（元）	实际成本（元）	降低额（元）	降低率（%）	人工、材料、机械使用	预算用量	实际用量	实际用量与预算用量比较	
								节超量	节超率（%）
人工费	102860	102064	69	0.8	钢材	113t	111t	2t	1.8
材料费	1254240	122313	31104	2.5	木材	65.5m³	65m³	0.5m³	0.8
机械费	1625	182012	−14386	−8.	水泥	186.5t	1 90.5t	−3t	−1.
其他直接费	890	6205	−315	−4.	砖	501 千块	495 千块	千块	1.2
直接成本	153125	1514426	16198	1.1	砂	211m³	21. m³	5. m³	−2.6
施管费	268639	263218	5521	1.98	石	181t	186.4t	−5.4t	−3.5
其他间接费	9l890	88255	−3635	−4.1	沥青	6.88t	6.5t	0.38t	4.8
总计	1902254	1883260	18984	1	生石灰	44.55t	42.3t	2.25t	5.1
预算总造价：2036933 元（土建工程费用）					工日	6ll	6163	−56	0.8
单方造价：5.09 元/m²					机械费	1625	182012	−14386	−8
单位工程成本：预算成本 528.40 元/m²									
实际成本 523.13 元/m²									

（2）建设项目竣工决算的内容

1）竣工决算报告情况说明书

竣工决算报告情况说明书，主要反映竣工工程建设成果和经验，是对竣工决算报表进行分析和补充说明的文件，是全面考核分析工程投资与造价的书面总结。其内容主要包括以下几个方面：

① 建设项目概况，对工程总的评价。从工程进度、质量、安全和造价 4 个方面进行说明。

② 各项财务和技术经济指标的分析。

③ 工程建设的经验及有待解决的问题。

2）竣工财务决算报表

竣工财务决算报表，要根据大、中型建设项目和小型建设项目分别制定。

大、中型建设项目竣工决算报表，包括建设项目竣工财务决算审批表；大、中型建设项目概况表；大、中型建设项目竣工财务决算表；大、中型建设项目交付使用资产总表；建设项目交付使用资产明细表。

小型建设项目竣工决算报表，包括建设项目竣工财务决算审批表；竣工财务决算总表；建设项目交付使用资产明细表。

3. 竣工决算的编制

（1）竣工决算的编制依据。竣工决算的编制依据主要包括以下几个方面：

1）经批准的可行性研究报告、投资估算、初步设计或扩大初步设计及其概算或修正概算。

2）经批准的施工图设计及其施工图预算或标底造价、承包合同、工程结算等有关资料。

3）设计变更记录、施工记录或施工签证单及其施工中发生的费用记录。

4）有关该建设项目其他费用的合同、资料。

5）历年基建计划、历年财务决算及批复文件。

6）设备、材料调价文件和调价记录。

7）有关财务核算制度、办法和其他有关资料文件等。

（2）竣工决算的编制步骤

1）收集、整理和分析有关依据资料。

2）对照、核实工程变动情况，重新核实各单位工程、单项工程造价。

3）清理各项实物、财务、债务和节余物资。

4）填写竣工决算报表。

5）编制竣工决算说明。

6）做好工程造价对比分析。

7）清理、装订好竣工图。

8）按规定上报、审批、存档。

第 7 章　工程造价审计

7.1　工程造价审计概述

7.1.1　工程造价审计含义

工程造价审计是建设项目审计的核心内容和主要构成要素。其重要性分别体现在我国《审计法》、《国家建设项目审计准则》和《内部审计实务指南第 1 号——建设项目内部审计》的有关规定中。

《审计法》第二十二条规定："审计机关对政府投资和以政府投资为主的建设项目的预算执行情况和决算进行审计监督。"

建设项目审计，是基本建设经济监督活动的一种重要形式。它是审计机关依据国家的方针、政策和有关法规，运用现代审计技术方法，对建设单位投资过程、投资效益和财经纪律的遵守情况进行审查，做出客观公正的评价，并提出审计报告，以贯彻国家的投资政策，维护国家的利益，维护被审计单位的正当利益，严肃财经纪律，促使建设单位加强对投资的控制与管理，提高投资效益的一种经济监督活动。

《国家建设项目审计准则》第十三条规定："审计机关对建设成本进行审计时，应当检查建设成本的真实性和合法性。"第十五条规定："审计机关根据需要对工程结算和工程决算进行审计时，应当检查工程价款结算与实际完成投资的真实性、合法性及工程造价控制的有效性。"

中国内部审计协会 2005 年颁发的《内部审计实务指南第 1 号——建设项目内部审计》（以下简称《建设项目内部审计》）第三十二条规定："工程造价审计是指对项目全部成本的真实性、合法性进行的审计评价。工程造价审计的目标包括：检查工程价格结算与完成的投资额的真实性、合法性；检查是否存在虚列工程、套取资金、弄虚作假、高估冒算行为等。"

因此，从理论层面上看，工程造价审计是指由独立的审计机构和审计人员，依据党和国家在一定时期颁发的方针政策、法律法规和相关的技术经济标准，运用审计技术对建设项目全过程的各项工程造价活动以及与之相联系的各项工作进行的审计、监督。

由于工程造价审计是建设项目审计的重要组成部分，因此，工程造价审计在审计主体、审计范围、审计程序以及审计方法等方面与建设项目审计是一致的。

7.1.2　工程造价审计主体

与其他专业审计一样，我国建设项目审计的主体由政府审计机关、社会审计组织和内部审计机构 3 大部分组成。其中，政府审计机关重点审计以国家投资或融资为主的基础设施性项目和公益性项目；社会审计组织接受被审单位或审计机关的委托对委托审计的项目实施审计，在我国的审计实务中，社会审计组织接受建设单位委托实施审计的项目大多以企业投资为主的竞争性项目，接受政府审计机关委托进行审计的项目大多为基础性项目或公益性项目；内部审计机构则重点审计本单位或系统内投资建设的所有建设项目。

7.1.3 工程造价审计内容

建设项目审计的内容按其审计范围，可分为宏观审计和微观审计 2 个方面。宏观审计也称计划审计，是指对各地区、各部门投资计划的投资规模、结构、方向及拨款、贷款进行的审计。微观审计是指对具体的建设项目所涉及的建设单位、施工单位、监理单位等的相关财务收支的真实性、合法性的审查，对建设项目的投资效益进行审查，以及对建设单位内部控制制度的设置和落实情况进行审查。建设项目审计按固定资产形成过程的程序来划分，又可分为前期审计、建设过程审计、投资完成审计和投资效益审计。其具体的审计内容包括以下 3 个方面：

（1）投资估算、设计概算编制的审计

对以国家投资或融资为主的基础设施性项目和公益性项目，在可行性研究阶段应当审查投资估算是否准确，是否与项目工艺、项目规模相符，是否存在高估冒算现象；在初步设计阶段应当审查设计概算及修正的设计概算是否符合经批准的投资估算，检查设计概算及修正的设计概算的编制依据是否有效、内容是否完整、数据是否准确。

（2）概算执行情况审计及决算审计

对以国家投资或融资为主的基础设施性项目和公益性项目，在概算实施阶段重点审查是否存在"三超"（即概算超估算、施工图预算超概算、决算超预算）现象，审查调整概算的准确性，是否存在利用调整概算多列项目、提高标准、扩大规模的现象；竣工决算审计是在单位工程决算审计基础上，重点审查资产价值与设计概算的一致性，超支原因的合理性，结余资金的真实性等内容。

（3）工程结算审计

对以企事业单位或独立经济核算的经济实体投资为主的竞争性项目，工程造价审计的重点是工程结算审计，目的是帮助企业、事业单位减少投资浪费、提高投资效益。

7.2 工程造价审计实施

7.2.1 工程造价审计方法

审计方法是审计人员为取得审计证据，据以证实被审计事实，做出审计评价而采取的各种专门技术手段的总称。审计方法的选择是否得当，与整个审计工作进程和审计结论的正确与否有着密切的关系。

工程造价审计的方法很多，如简单审计法，全面审计法，抽样审计法，对比审计法，分组审计法，现场观察法，复核法，分析筛选法等，本书不一一介绍，主要介绍以下几种。

1. 简单审计方法

在某一建设项目的审计过程中，对关于某一个不重要或者经审计人员主观经验判断认为信赖度较高的环节和方面，可就其中关键审计点进行审核，而不需全面详细审计。如在建设项目的概预算审计中，如果是信誉度较高单位编制的概预算文件，审计人员可以采取简单审计方法，仅从工程单价、收费标准两方面进行审计。

2. 全面审计法

对建设项目工程量的计算、单价的套选和取费标准的运用等所有建设项目的财务收支等进行全面审计。此种方法审查面广、细致，有利于发现建设项目中存在的各种问题。但此种方法费时费力，一般仅用于大型工程、重点项目或问题较多的建设项目。

3. 现场观察法

现场观察法是指采用对施工现场直接考察的方法，观察现场工作人员及管理活动，检查工程实际进展与图纸范围（或合同义务）是否一致、吻合。审计人员对影响工程造价较大的某些关键部位或关键工序应到现场实地观察和检查，尤其对某些涉及造价调整的隐蔽工程应有针对性地在隐蔽前抽查监理验收资料，并且做好相关记录，有条件的还可以留有影像资料。

这种审计方法对十分重视工程计量工作的单价合同工程显得尤为重要。如对于土方开挖、回填等分项工程，审计人员应要求监理人员进行实测实量，分阶段验收，要严格分清不同土质、深度、体积、地下水、放坡和支撑等情况，分别测量工程量，不能只是一个工程量总数。

4. 分析筛选审计法

分析筛选审计法指造价人员综合运用各种系统方法，对建设工程项目的具体内容进行分离和分类，综合分析，发现疑点，然后揭露问题的一种方法。分析筛选法的目的在于通过分析查找可疑事项，为审计工作寻找线索，进而查出各种错误和弊端。

在分析筛选过程中，可以利用主观经验，或通过各类经济技术指标的对比，经多次筛选，选出可疑问题，然后进行审计。如：先将建设项目中不同类型工程的每平方米造价与规定的标准进行比较，若未超出规定标准，就可进行简单审计，若超出规定标准，再根据各分部工程造价的比重，用积累的经验数据进行第二次筛选，如此下去，直至选取出重点。这种方法可加快审计速度，但事先须积累必要的经验数据，而且不能发现所有问题，可能会遗漏存在重大问题的环节或项目。

5. 复核法

复核法是指将有关工程资料中的相关数据和内容进行互相对照，以核实是否相符和正确的一种审计技术方法。

在工程造价审计中，可以利用工程资料之间的依存关系和逻辑关系进行审计取证。例如，通过将初步设计概算与合同总价对比，可以分析有无提高标准和增列工程的问题；将竣工结算与完成工作量、竣工图、变更、现场签证等有关资料核对，分析工程价款结算与实际完成投资是否一致和真实；将工程核算资料与会计核算资料核对，分析有无成本不实、核算不一致的情况等。

在造价审计过程中，造价审计人员利用被审单位所提供的隐蔽工程签证单与施工单位所提供的施工日志核对，普遍能查出工程结算存在重复签证与乱签证，多计隐蔽工程造价的情况。

6. 询价比价法

询价比价法是对设备材料等采购的市场公允价格进行确定的方法。主要包括市场询价和综合比价等方法。

市场询价是指审计人员通过市场询价（调查），掌握拟审计物资不同供货商的价格信息，经比较后确定有利于购买单位的最优价格，将之作为审计标准。要求对同一物资应调查 3 个及以上供货商，有较多的价格信息进行比较。

综合比价法是指对所购物资的进价及其他相关费用进行综合比较后确定有利于购买单位的最优价格，将之作为审计标准。如在概算审计中，对一些设计深度不够、难以核算、投资较大的关键设备和设施应进行多方面查询核对，明确其价格构成、规格质量等情况。

工程造价审计方法各有其优缺点。审计时究竟以何种方法为主，要结合项目特点、审计内容综合确定，必要时要综合运用各种方法进行审计。

7.2.2　工程造价审计程序

建设项目审计程序，是指进行该项审计工作所必须遵循的先后工作顺序。按照科学的程序实施建设项目审计，可以提高审计工作效率，明确审计责任，提高审计工作质量，按照我国内部审计协会颁发的《内部审计准则》要求，建设项目审计程序一般可分为审计准备阶段、审计实施阶段、审计终结阶段和后续审计阶段。

1. 审计准备阶段

审计准备阶段是审计工作的起点，为审计工作的顺利实施制定科学合理的审计计划，主要包括：确定审计项目，成立审计小组，制定审计方案，初步收集审计资料，下达审计通知书或签订审计业务约定书。

（1）确定审计项目

审计项目的确定方式因审计主体的不同而有所不同。

国家审计机关主要根据上级审计机关和本级人民政府的要求，确定审计工作重点，编制年度审计计划，确定审计项目。如国家审计署每年都会制定当年的审计工作重点。

社会审计机构则主要根据自身综合实力，考虑经济利益及审计风险的大小来确定审计项目。

内部审计机构主要根据本部门和本单位当年项目建设安排，按照本单位的管理要求，根据项目的重要程度和风险大小，结合自身的能力，有重点地选择审计项目。

（2）成立审计小组

在确定审计项目后，根据项目的性质、特点和具体审计内容合理安排组织审计人员，成立审计小组，并进行合理分工，在分工中注意审计人员的知识结构和年龄结构，进行合理组织，一般情况下，工程造价审计项目的组成人员由工程技术人员、财务会计人员、技术经济人员和管理人员组成。

（3）制定审计方案

审计方案是对整个审计工作事前做出的整体安排。审计方案主要包括项目审计依据、目标、范围，被审项目基本情况，审计内容和分工，审计起止时间安排等内容，国家审计机关主持的审计项目在报主管领导批准后，由审计小组负责实施。

（4）初步收集审计资料

在实施项目审计前，审计人员应初步收集与工程造价审计有关的资料，比如有关的法律、法规、规章、政策及其他标准规范等，还包括被审单位的基本情况和被审项目的以往审计档案资料等。

（5）下达审计通知书或签订审计业务约定书

按照《中华人民共和国国家审计基本准则》（审计署第 1 号）规定：审计机关应当在实施审计 3 日前，向被审计单位送达审计通知书。国家审计具有强制性，被审计单位没有权利选择审计主体。

社会审计机构与被审单位之间主要是通过签订业务约定书的形式，建立审计与被审计的关系，审计单位与被审单位的选择是双向的。

2. 审计实施阶段

审计实施阶段是根据计划阶段确定的范围、要点、步骤和方法等，进行取证、评价，借以形成结论，实现目标的中间过程。

（1）进驻被审计单位，收集审计资料

审计人员按照下达的审计通知书或签订的业务约定书所规定的进点审计时间进驻被审计单位。进点后一般要开一个进点会，一方面向被审计单位领导和有关人员说明来意，宣传政策，取得理解、信任和支持；另一方面通过进点会向被审计单位领导和有关人员了解项目的一些具体情况，如建设单位和建设项目的基本情况、项目资金的来源和数量、项目概算数额及其调整、工程的进展情况、设计单位、施工单位、主要设备和材料供应商的名称地址等。

（2）内部控制制度的测试及评价

对被审计单位内部控制制度的测试和评价属于制度基础审计方法，通过对内部制度的健全性和符合性测试，从而评价建设项目内部控制制度的有效性，并据此根据需要对审计方案进行适当修改，如果内部控制制度被评定为无效的，则需要加大实质性审计工作内容；如果内部控制制度被评定为有效的，则可适当减少实质性审计工作内容。

（3）实施实质性审计，初步得出审计结论

根据最新的审计方案，对建设项目实施实质性审计。在此阶段，审计人员根据最新确定的审计范围和审计重点，对项目的有关资料、工程承包合同文件等文件资料和实物进行认真的审核和检查。审计过程中需要不断进入施工现场，对实物进行测量和盘点，调查收集第一手资料，保证审计内容的真实性。

在经过周密计划和详细的审计之后，审计人员可以依据国家现阶段的方针、政策、法律、法规及有关技术经济文件，对审计项目进行评价，初步得出审计结论。

（4）编写审计报告

审计组对审计事项实施审计后，应该向审计机关提出审计组的审计报告。审计组的审计报告送审计机关前，应当征求被审计单位的意见。被审计单位应当自接到审计组的审计报告之日起 10 天内，将其书面意见送至审计组。审计组应当将被审计单位的书面意见一并报送审计机关。审计机关按照规定的程序对审计组的审计报告进行审议，并对被审计单位对审计组的审计报告提出的意见一并研究后，提出审计机关的审计报告；对违反国家规定的财政收支、财务收支行为，依法应当给予处理、处罚的，在法定职权范围内作出审计决定或者向有关主管机关提出处理、处罚的意见，审计机关应当将审计机关的审计报告和审计决定送达审计单位和有关主管部门，审计决定自送达之日起生效。

社会审计单位的审计报告的主送单位是审计委托单位，不需要也无权出具审计决定，审计报告只起到"鉴证"作用。内部审计机构也可以参照国家审计机关的模式完成审计报告。

3. 审计终结阶段

审计工作实施阶段结束后，审计人员应把审计过程中形成的文件资料整理归档。需要归档的主要资料有：审计工作底稿，审计报告，审计建议书，审计决定，审计通知书，审计方案和审计时所做的主要资料的复印件。

7.3　工程造价审计内容

工程造价审计的实质就是项目后评估审计中的经济性审计，其主要目标是审计工程造价的真实性，计算过程的规范性和执行过程的正确性。

7.3.1　建设项目概算审计

1. 审计概算编制依据

（1）审计编制依据的合法性。设计概算必须依据经有关部门批准的可行性研究报告及投资估算进行编制，审查其是否存在"搭车"多列项目的现象，对概算投资超过批准估算投资规定幅度以上的，应分析原因，要求被审计单位重新上报审批。

（2）审计编制依据的时效性。设计概算的大部分编制依据应当是国家或有关部门颁发的现行规定，注意编制概算的时间与其使用的文件资料的时间是否吻合，不能使用过时的依据资料。

（3）审计编制依据的适用性。各种编制依据都有规定的使用范围，如各主管部门规定的各种专业定额及取费标准，只适用于该部门的专业工程；各地区规定的定额及取费标准只适合于本地区的工程等。在编制概算时，不得使用规定范围之外的依据资料。

2. 审计概算编制深度

一般大、中型项目的设计概算，应有完整的编制说明和"三级概算"（即建设项目总概算书、单项工程综合概算书、单位工程概算书），审计过程中应注意审查其是否符合规定的"三级概算"，各级概算的编制是否按规定的编制深度进行编制。

3. 审计概算书内容的完整性及合理性

（1）审计建设项目总概算书。重点审计总概算中所列的项目是否符合建设项目前期决策批准的项目内容，项目的建设规模、生产能力、设计标准、建设用地、建筑面积、主要设备、配套工程和设计定员等是否符合批准的可行性研究报告，各项费用是否有可能发生，费用之间是否重复，总投资额是否控制在批准的投资估算以内，总概算的内容是否完整地包括了建设项目从筹建到竣工投产为止的全部费用。

（2）审计单项工程综合概算和单位工程概算。这一部分的审计应特别注意工程费用部分，重点审计在概算书中所体现的各项费用的计算方法是否得当，概算指标或概算定额的标准是否适当，工程量计算是否正确。如建筑工程采用工程所在地区的概算定额、价格指数和有关人工、材料、机械台班的单价是否符合现行规定，安装工程采用的部门或地区定额是否符合工程所在地区的市场价格水平，概算指标调整系数、主材价格、人工、机械台班和辅助调整系数是否是按当时最新规定执行，引进设备安装费率或计取标准、部分行业安装费率是否按有关部门规定计算等。对于生产性建设项目，由于工业建设项目设备投资比较大，设备费的审计也十分重要。

（3）审计工程其他费概算。重点审计其他费用的内容是否真实，在具体的建设项目中是否有可能发生，费用计算的依据是否适当，费用之间是否重复等有关内容。审计要点和难点主要在建设单位管理费审计、建设用地费审计和联合试运转费审计等方面。

（4）在审计过程中，还应重点检查总概算中各项综合指标和单项指标与同类工程技术经济指标对比是否合理。

【例 7-1】　某建设单位决定拆除本单位内的一座 3 层单身职工宿舍，而后在该场地上建设一栋 18 层高的综合办公大楼。同时，在原场地之外的另一建设地点新建一座与原来规模相同的单身职工宿舍，预计其建筑安装工程费造价为 50 万元。这一方案已经得到了有关部门的批准。建设单位在编制综合办公大楼的设计概算时，计算了职工宿舍拆除费 12 万元，职工安置补助费 50 万余（按照建设宿舍的费用计算）。

审计发现的问题是：

拆除费应计入综合办公大楼的设计概算。如果 12 万元的数额是正确的，该项费用的计算就是正确的。

单身职工的安置补助费也应计入综合办公大楼的设计概算，但不能按照新建职工宿舍的费用标准计算，应考虑需要安置的时间和部门规定的补助费标准计算。

在该项目设计概算中，安置费用补助费按照 50 万元计算，是一个典型的"夹带"项目行为，即用一个综合办公大楼的投资建设两个工程项目。

【例 7-2】　某大学新校区建设项目概算编制说明如下（建设项目总概算书、单项工程综合概算书、单位工程概算书略）：

该项目总投资 26808 万元。其中工程费用 21550 万元。工程建设其他费用 4258 万元，预备费 1000 万元。

本概算根据××设计院设计的初步设计图纸、初步设计说明、土建工程采用 2006 年版《××省建筑工程概算定额》。

概算取费标准按《××省建筑安装工程费用定额》及××市建委文件规定。

主要设备、材料按目前市场价计列。

审计发现的问题：

工程概况内容不完整。工程概况应包括建设规模、工程范围并说明工程总概算中包括和不包括的内容。经查明，本概算中未包括由该大学的共建单位负责提供的 30hm² （450 亩）土地［总征地 33.33hm² （500 亩）］，概算编制单位应当对此加以说明。

编制依据不完整。概算中的附属建筑、设备工器具购置费及其他费用，没有说明相应的编制依据和编制方法。经查明，附属建筑是根据经验估算的，设备工器具购置费与工程建设其他费用是按照可行性研究报告中的投资估算直接列入的，未进行详细的分析和测算。

该概算未编制资金筹措及资金年度使用计划。

工程概算投资的内容不完整、不合理。具体表现在：

设备购置费缺乏依据。审计发现初步设计中没有设备详单，概算中所列设备费 1500

万元纯属"拍脑袋"决定。

征地拆迁费不完整。本项目需征地 33.33hm²（500 亩），而概算中未将共建单位提供 30hm²（450 亩）用地费用列入。

未考虑有关贷款的利息费用。概算未编制资金筹措计划，所以无法计算建设期利息，但贷款是肯定要发生的，因此，这样的概算也就很难作为控制实际投资的标准。

装饰装修材料的价格缺乏依据。设计单位在初步设计中，仅仅注明使用材料的品种，对装饰材料的档次标准未做出规定，这使得装饰材料的价格难以合理确定。

审计建议：要求设计单位和建设单位针对审计发现的问题加以改正和完善。

7.3.2　建设项目概算执行情况审计

对概算在工程实施过程中的执行情况进行审计的主要内容包括：

1. 项目规模、标准和内容的审计

在我国的工程建设中，概算实施中的超规模、超标准、超概算的现象较为严重。概算执行情况审计，应重点审计工程承包合同中确定的建设规模、建设标准、建设内容和合同价格等是否控制在批准的初步设计及概算文件范围内。对确已超出规定范围的，应当审计是否按规定程序报原项目审批部门审查同意。对未经审查部门批准，擅自扩大建设规模、提高建设标准的，应当告知有关部门严肃处理。

2. 概算调整审计

由于工程建设项目周期较长，不确定因素较多，项目实施过程中进行适当调整是难以避免的，但是必须要加强对调整概算的审计，防止建设单位利用"调整"机会"搭车"多列项目、提高建设标准、扩大建设规模。同时，审计中应注意审查调整概算的准确性，注意调整事项是否与有关规定和市场行情相符。

3. 审计工程物资及设备采购

（1）审计采购计划。要检查建设单位采购计划所列各种设备、材料是否符合已报经批准的设计文件和基本建设计划；检查所拟定的采购地点是否合理；检查采购程序是否规范；检查采购的批准权与采购权等不相容职务分离及相关内部控制是否健全、有效等。

（2）审计采购合同。要检查采购是否按照公平竞争、择优择廉的原则来确定供应方；检查设备和材料的规格、品种、质量、数量、单价、包装方式、结算方式、运输方式、交货地点、期限、总价和违约责任等条款规定是否齐全；检查对新型设备、新型材料的采购是否进行实地考察、资质审查、价格合理分析及专利权真实性审查；检查采购合同与财务决算、计划、设计、施工和工程造价等各个环节衔接部位的管理情况，是否存在因脱节而造成的资产流失问题等。

（3）审计物资核算。要检查货款的支付是否按照合同的有关条款执行；检查代理采购中代理费用的计算和提取方法是否合理；检查有无任意提高采购费用和开支标准的问题；检查会计核算资料是否真实可靠；检查采购成本计算是否准确、合理等。

（4）审计物资管理。要检查购进设备和材料是否按合同约定的质量标准进行验收，是否有健全的验收、入库和保管制度，检查验收记录的真实性、完整性和有效性；检查验收合格的设备和材料是否全部入库，有无少收、漏收、错收以及涂改凭证等问题；检查设备和材料的存放、保管、领用的内部控制制度是否健全；检查建设项目剩余或不使用的设备和材料以及废料的销售情况；检查库存物资的盘点制度及执行情况、对盘点结果的处理措施等。

7.3.3 建设项目竣工决算审计

竣工决算审计是指审计机关依法对建设项目竣工决算的真实性、合法性以及效益进行的审计监督。竣工决算审计的目的是保障建设资金合理、合法的使用，正确评价投资效益，总结建设经验，提高建设项目管理水平。

建设项目竣工决算主要包括以下内容：

1. 工程结算审计

工程结算审计包括设备采购费用审计的重点，因合同类型的不同而有所不同。一般而言，对工程变更、现场签证和工程量计量的审计是工程结算审计的重点。

(1) 工程变更审计。工程变更审计成为工程结算审计中的一个关注点，对工程变更的审计主要包括工程变更手续是否合理、合法；工程变更是否真实，主要指工程实体与设计变更通知要求是否吻合；工程变更的工程量计算是否正确；变更工程的价款计算是否正确、合理。

(2) 现场签证审计。工程施工现场签证也是工程造价审计的一个重点。目前工程实践中存在的现场签证内容不清楚、程序不规范、责权不清楚等情况，是造成合同价格得不到有效执行和控制的重要原因。审计人员应要求建设单位建立健全现场签证管理制度，明确签证权限，实行限额签证。同时要求签证单上必须有发包人代表、监理工程师、承包人（项目部）三方的签字和盖章，方可作为竣工结算的依据；必须明确签证的原因、位置、尺寸、数量、材料、人工、机械台班、价格和签证时间。在现场签证审计过程中还应要求各相关方及时做好现场签证，减少事后补签的情况。

(3) 工程量审计。工程量的审计也是工程结算审计的重点，工程量审计的含义不仅包括现场真实工程情况的检查和工程数量的计算，更包括合同范围外工程量的判定。因承包人自身原因造成的合同内工程数量的增加，在工程结算中是不予支持的；合同范围外工程量的审计更强调合同范围外工程量签证程序的审计。

2. 基建支出的审计

审计后的工程结算由财务部门进行会计核算，编制财务竣工决算报表，对财务竣工决算报表的审计重点是审查"建筑安装工程投资"、"设备投资"、"待摊投资"、"其他投资"的核算内容与方法是否合法、正确；列支范围是否符合现行制度的规定；其发生、分配是否真实、合法；核算所设置的会计科目及其明细科目是否正确；账务处理是否正确。在审计中，如发现费用支出不符合规定的范围，或其支出的账务处理有误，应督促建设单位根据制度的规定予以调整。审查各项目是否与历年资金平衡表中各项目期末数的关系相一致；根据竣工工程概况表，将基建支出的实际合计数与概算合计数进行比较，审查基建投资支出的情况。

在基建支出审计中，其他各项费用主要审计土地费用是否超过批准的设计概算，是否存在"搭车"征地行为；审计建设单位管理费的列支范围和标准是否符合有关规定；审计管理车辆购置费、生活福利设施费、工器具及办公生活家具购置费以及职工培训费的使用是否合理合规。

3. 交付使用资产审计

建设单位已经完成建造、购置过程，并已交付生产使用单位的各项资产，主要包括固定资产和为生产准备的不够固定资产标准的设备、工具、器具和家具等流动资产，还包括建设单位用基建拨款或投资借款购建的在建设期间自用的固定资产，都属于交付使用资产。

交付使用资产的依据是竣工决算中交付使用资产明细表。建设单位在办理竣工验收和财产交接工作以前，必须依据"建筑安装工程投资"、"设备投资"、"其他投资"和"待摊投资"等科目的明细记录，计算交付使用资产的实际成本，以便编制交付使用资产明细表。交付使用资产明细表应由交接双方签证后才能作为交接使用资产入账的依据。

交付使用资产的审计，应审查以下几个方面：

（1）交付使用资产明细表所列数量金额是否与账面相符，是否与交付使用资产总表相符，是否与设计概算相符，其中建安工程和大型设备应逐一核对，小型设备工具、器具和家具等只可抽查一部分，但其总金额应与有关数字相符。

（2）交付使用资产明细表应经过移交单位和接收单位双方签章，交接双方必须落实到人，交接财产必须经双方清点过目，不可看表不看物。

（3）交付使用资产的固定资产是否经过有关部门组织竣工验收，没有竣工验收报告的，不得列入交付使用资产。

（4）审查交付使用资产中有无应列入待摊投资和其他投资的，如有发现应予调整。

（5）审查待摊投资的分摊方法是否符合会计制度；工程竣工时，应全部分摊完，不留余额。

4. 基建收入的审计

基建收入主要指项目建设过程中各项工程建设副产品变价净收入、负荷试车和试生产收入，以及其他收入等，基建收入的审计主要包括收入的范围是否真实、合法，收入的账务处理是否正确，数据是否真实，有无转移收入、私设"小金库"的情况，基建收入的税收计缴是否正确，是否按比例进行分配。

5. 竣工结余资金审计

建设项目竣工结余资金是指建设项目竣工后剩余的资金，其主要占用形态表现为剩余的库存材料、库存设备及往来账款等。竣工结余资金的审计主要包括：

（1）审计银行存款、现金和其他货币资金的结余是否真实存在。

（2）对库存物资进行盘点，审计库存材料、设备的真实性和质量状况，审计处理库存物资的计价是否合理。

（3）审计往来款项的真实性和准确性，包括各类预付款项的支付是否符合协议和合同，应收款项是否真实准确，重点审计坏账损失是否真实、正确、合规。

（4）审计竣工结余资金的处理是否合法合规。

【例 7-3】　某城市自来水厂是该市新建的一项基础设施工程，建设期 3 年，项目总投资 11493.56 万元，其中市政府筹集 4500 万元，市政公用局和市自来水公司集资解决 6993.56 万元。项目建成后，依法对该项目实行竣工决算审计。

审计发现的问题是：

（1）概算漏项。少列投资 847.69 万元，错误计算少计 333.4 万元，实际材料设备涨价扣除价差预备费后增加投资 2349.82 万元，合计 3557.91 万元。

（2）财务核算不合规定。建设单位将生产工人培训费 12000 元，计入了待摊投资。

（3）建设单位工程管理部为了工程管理方便，购买了一辆 25 万元的小轿车为管理人员使用。小轿车的使用寿命 10 年，该费用一次计入建设单位管理费用。

（4）通过现场调查发现，已经记入设备投资完成额的需安装的部分设备安装工程内容存在缺少设计图纸依据的问题，该部分设备的成本 500 万元。

针对以上问题，审计评价与建议是：

（1）概算投资缺口 3557.91 万元，应如实向各主管部门汇报，反映超概算的原因以及各要素的详细计算过程，请示调整项目概算。

（2）对财务核实不合规的地方，应按照国家规定的会计制度进行调整。

① 生产工人的培训费应计入其他投资的相应科目，调减待摊投资 12000 元，调增其他投资 12000 元。

② 建设单位工程管理部购买的作为工程管理的小轿车 25 万元，不应一次性全部记入该工程项目，应按小轿车在建设期的折旧费计入摊销投资——建设单位管理费。

③ 由于缺少部分设备安装的图纸，没有同时满足"正式开始安装"的条件，不能计算设备投资完成额，应办理假退库，调减设备投资 500 万元，调增库存设备 500 万元。

7.4 清单计价的工程结算审计思路

由于工程价款结算是基建支出的重要组成部分，是固定资产价值形成的主要形式，因此工程价款结算审计一直是建设项目造价审计的重点。

在定额计价模式下，工程价款结算审计的重点是工程量的计算和定额的套用，在清单计价条件下，由于工程价款结算的依据是双方签订的合同和招投标过程中编制的工程量清单计价的相关表格，因此，清单计价条件下，工程价款结算审计要改变过去定额模式下的审计思路。

7.4.1 招标投标的审计

事实上，对招标投标的审计本身就是建设项目审计的一个重要内容，它不仅包括对招标程序的合法、合规性审计、开标评标定标过程的规范性审计，还包括合同签订过程的规范性、合同条款的完整性、符合性审计。由于在工程量清单计价中，工程价款结算数额更大程度地取决于双方签订的合同和工程量清单计价相关表格的各项内容；因此在本节中，我们主要介绍对清单报价评审的审计及相应合同条款的审计。

1. 审计招标文件中矛盾和含糊的用语

招标文件中的合同条款和工程量清单直接影响投标人的报价，也将影响到工程价款的结算，审计招标文件的规范性和准确性是保证报价准确的重要环节。

【例 7-4】 某两栋高层住宅工程，建筑面积为 $20000m^2$，在招标文件中明确规定合同采用固定总价合同，但在工程量清单中，详细列出了主要材料暂定价格，请提出审计意见？

审计分析：

该案例有两处不妥：

（1）该工程规模较大，不宜采用固定总价合同。

（2）"固定总价合同"的规定与"主要材料暂定价格"存在矛盾，因为在固定总价合同中，投标人承担价格和工程量的风险，因此投标人会在报价中考虑价格上涨的风险；而材料暂定价格限制了投标人对价格风险的估计和把握，因此，在价款结算中，这必定会成为双方各执一词、难以协调的问题所在。

2. 审计报价评审细则规定是否全面

是否明确规定可能的报价偏差及相应的评审办法。投标人在清单报价中有意或无意的偏差、错误可能会导致工程的高价结算，例如，投标人对招标人费用的下浮处理、未按规定计取规费和税金、对清单项目、特征的修改，单价与合价的不一致，都在一定程度上隐瞒了其单价水平和企业实力，在评标中应作为废标处理或予以调整。

是否对投标报价与施工方法的一致性进行评审。工程量清单招标要求在技术标和商务标两方面都体现投标人的企业综合能力，要求报价紧密结合施工技术、工艺和标准，分部分项单价应该在技术标和市场价中取得支持，因此投标人的施工方法和工艺的选择，将更加直接影响工程造价，也将成为判断报价是否合理的基础，目前评标中，施工组织设计与报价的对应性评审也成为评委评审的内容之一，企业个别水平得以真实体现。

是否对不平衡报价予以重点评审，对投标人而言，不平衡报价是一种投标策略，而对招标人而言，则将导致低价发包，高价结算，更严重的是当投标单价成倍或数倍高于适中的市场价时，招标人将蒙受巨额损失，因此如何防止这种现象的产生或者将其控制在合理幅度内就成为工程量清单招标中招标人重点对待的问题。

7.4.2　价款结算的依据的审计

现场签证、工程变更通知等都是施工单位实际发生费用的证据，是价款结算的依据和凭证。在以往的工程价款结算审计中，主要强调其真实性审计——是否有监理签字、是否与工程实际相符等。在清单计价模式下，承包商为中标不惜在报价中降低利润空间，但在工程施工阶段，承包商为了追求利润最大化，会在现场签证和工程变更上做文章，以此取得更大的利润。因此，对工程变更的必要性和经济性的审计也是同样重要的。

【例 7-5】　某单层厂房，因土质较差，设计图纸采用水泥搅拌桩和条形基础，工程量清单按此设计编制。在实际施工过程中，施工单位以节约工期为由提出变更基础设计，由原设计改为筏板基础。对此业主征求了审计的意见。

审计分析：经过技术经济论证发现虽然筏板基础可以节约少量工期，但造价却大幅度提高，因此审计人员认为原设计满足技术要求，对工期没有实质性影响，相对经济合理，建议业主采用原设计方案。

7.4.3　审计介入时间的转变

在我国，造价审计的重点反映为建设项目决算审计，但众所周知，决算直接受概预算的影响，因此重视建设项目概预算审计、重视招投标全过程的跟踪审计，从源头控制建设项目决算，是建设项目决算真实性与可靠性的保证。此外，如本节前面所述，在工程量清单计价条件下，无论是对招标投标的审计，还是对价款结算依据的审计，都是建立在事前审计和跟踪审计的前提条件下的。因此，为提高投资效果、保证建设资金合理合法使用，工程造价审计应尽量提前介入，采取事前审计和跟踪审计的方法，向决策审计延伸、向设计方案审计延伸，向工程管理审计和质量审计方向延伸。

当然从我国审计实践上看，只有内部审计机构有条件实施"同步审计"，国家审计目前由于受到审计概念、审计体制、审计资源等诸多因素的限制，普遍开展审计该设计概算的跟踪审计还有待时日。

附录 A 钢结构工程识图基本知识

A1 常用型钢的标注方法

常用型钢的标注方法应符合表 A1-1 中的规定。

表 A1-1

常用型钢的标注方法

序号	名 称	截 面	标 注	说 明
1	等边角钢	∟	∟ $b×t$	b 为肢宽; t 为壁厚
2	不等边角钢	B ⌐	∟ $B×b×t$	B 为长肢宽; b 短为肢宽; t 为壁厚
3	工字钢	I	I N Q I N	轻型工字钢加注 Q 字 N 为工字钢的型号
4	槽钢	[	[N Q [N	轻型槽钢加注 Q 字 N 为槽钢的型号
5	方钢	▨ b	☐ b	b 为边长
6	扁钢	b	$b×t$	b 为宽 t 为厚度
7	板钢	——	$\dfrac{b×t}{l}$	$\dfrac{宽×厚}{板长}$
8	圆钢	⊘	ϕd	d 为直径
9	钢管	○	$DN ××$ $D×t$	内径 外径×壁厚

续表

序号	名　称	截　面	标　注	说　明
10	薄壁方钢管		B　$b{\times}t$	薄壁型钢加注 B 字 t 为壁厚
11	薄壁等肢角钢		B　$b{\times}t$	
12	薄壁等肢卷边角钢		B　$b{\times}a{\times}t$	
13	薄壁槽钢		B　$h{\times}b{\times}t$	
14	薄壁卷边槽钢		B　$h{\times}b{\times}a{\times}t$	
15	薄壁卷边 Z 型钢		B　$h{\times}b{\times}a{\times}t$	
16	T 型钢		TW ×× TM ×× TN ××	TW 宽翼缘 T 型钢 TM 中翼缘 T 型钢 TN 窄翼缘 T 型钢
17	H 型钢		HW ×× HM ×× HN ××	HW 宽翼缘 H 型钢 HM 宽翼缘 H 型钢 HN 窄翼缘 H 型钢
18	起重机钢轨		QU × ×	详细说明产品规格型号
19	轻轨及钢轨		×× kg/m	

A2　螺栓、孔、电焊铆钉的表示方法

螺栓、孔、电焊铆钉的表示方法应符合表 A2-1 中的规定。

螺栓、孔、电焊铆钉的表示方法　　　　　　　　　　　　**表 A2-1**

序号	名　称	图　例	说　明
1	永久螺栓		
2	高强螺栓		
3	安全螺栓		1. 细"＋"线表示定位线。 2. M 表示螺栓型号。 3. 表示螺栓孔直径。 4. ϕd 表示膨胀螺栓、电焊柳钉直径。 5. 采用引出线标注螺栓时，横线上表示螺栓规格，横线下标注螺栓孔直径
4	胀锚螺栓		
5	圆形螺栓孔		
6	长圆形螺栓孔		
7	电焊柳钉		

A3　常用焊缝的表示方法

1. 焊接钢构件的焊缝除应按现行的国家标准《焊缝符号表示法》（GB/T 324—2008）中的规定外，还应符合本节的各项规定。

2. 单面焊缝的标注方法应符合下列规定。

（1）当箭头指向焊缝所在一面时，应将图形符号和尺寸标注在横线的上方，如图 A3-1（a）所示；当箭头指向焊缝所在的另一面（相对应的那面）时，应将图形号和尺寸标注在横线的下方，如图 A3-1（b）所示。

（2）表示环绕工作件周围的焊缝时，应按图 A3-1（c）的规定执行。其围焊焊缝符号

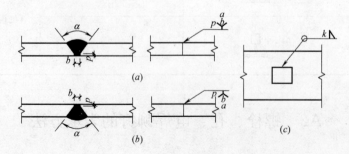

图 A3-1　单面焊缝的标注方法图

为圆圈，绘在引出线的转折处，并标注焊角尺寸 K，如图 A3-1（c）所示。

3. 双面焊缝的标注，应在横线的上、下都标注符号和尺寸。上方表示箭头一面的符号和尺寸，下方表示另一面的符号和尺寸，如图 A3-2（a）所示；当两面的焊缝尺寸相同时，只需在横线上方标注焊缝的符号和尺寸，如图 A3-2（b）、（c）、（d）所示。

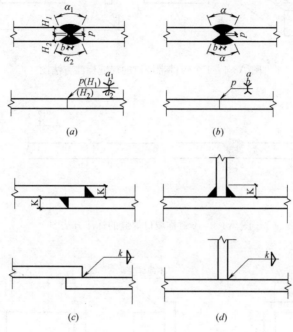

图 A3-2　双面焊缝的标注方法图

4. 3 个和 3 个以上的焊件相互焊接的焊缝，不得作为双面焊缝标注。其焊缝符号和尺寸应分别标注，如图 A3-3 所示。

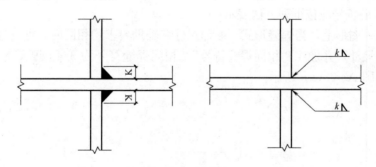

图 A3-3　3 个以上焊件的焊缝标注方法图

5. 相互焊接的两个焊件中，当只有一个焊件带坡口时（如单面 V 形），引出线箭头必须指向带坡口的焊件，如图 A3-4 所示。

6. 相互焊接的两个焊件，当为单面带双边不对称坡口焊缝时，引出线箭头必须指向较大坡口的焊件，如图 A3-5 所示。

7. 当焊缝分布不规则时，在标注焊缝符号的同时，宜在焊缝处加中实线（表示可见焊缝），或加细线（表示不可见焊缝），如图 A3-6 所示。

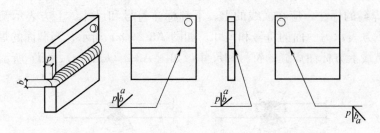

图 A3-4　1个焊件带坡口的焊缝标注方法图

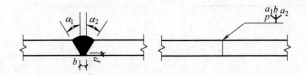

图 A3-5　不对称坡口焊缝的标注方法图

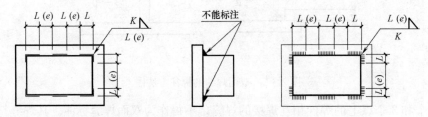

图 A3-6　不规则焊缝的标注方法图

8. 相同焊缝符号应按下列方法表示：

（1）在同一图形上，当焊缝形式、断面尺寸和辅助要求均相同时，可只选择一处标注焊缝的符号和尺寸，并加注"相同焊缝符号"，相同焊缝符号为3/4圆弧，绘在引出线的转折角处，如图 A3-7（a）所示。

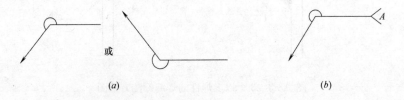

图 A3-7　相同焊缝的表示方法图

（2）一图形上，当有数种相同焊缝时，可将焊缝分类编号标注。在同一类焊缝中可选择一处标注焊缝符号和尺寸。分类编号采用大写的拉丁字母 A、B、C……，如图 A3-7（b）所示。

9. 需要在施工现场进行焊接的焊件焊缝，应标注"现场焊缝"符号。现场焊缝符号为涂黑的三角形旗号，绘在引出线的转折处，如图 A3-8 所示。

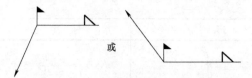

图 A3-8　现场焊缝的表示方法图

10. 当需要标注的焊缝能够用文字表述清楚时，也可采用文字表达的方式。
11. 建筑钢结构常用焊缝符号及符号尺寸应符合表 A3-1 的规定。

建筑钢结构常用焊缝符号及符号尺寸　　　　　　　　　　　　　表 A3-1

序号	焊缝名称	形　式	标　注　法	符号尺寸(mm)
1	V 形焊缝			
2	单边 V 形焊缝		注:箭头指向剖口	
3	带钝边单边 V 形焊缝			
4	带钝边双 U 形焊缝			—
5	带钝边 J 形焊缝			

199

序号	焊缝名称	形 式	标 注 法	符号尺寸(mm)
6	带钝边双 J 形焊缝			—
7	角焊缝			
8	双面角焊缝			—
9	剖口角焊缝			
10	喇叭形焊缝			
11	双面半喇叭形焊缝			
12	塞焊			

A4 尺寸标注

1. 两构件的两条很近的重心线，应按图 A4-1 的规定在交汇处将其各自向外错开。

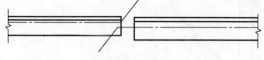

图 A4-1 两构件重心不重合的表示方法图

2. 弯曲构件的尺寸应按图 A4-2 的规定沿其弧度的曲线标注弧的轴线长度。

3. 切割的板材，应按图 A4-3 的规定标注各线段的长度及位置。

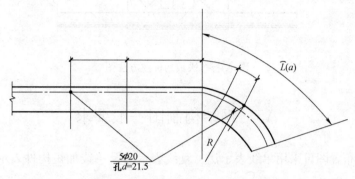

图 A4-2 弯曲构件尺寸的标注方法图

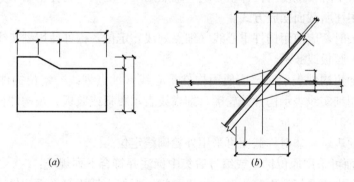

图 A4-3 切割板材尺寸的标注方法图

4. 不等边角钢的构件，应按图 A4-4 的规定标注出角钢一肢的尺寸。

5. 节点尺寸，应按图 A4-4、图 A4-5 的规定，注明节点板的尺寸和各杆件螺栓孔中心或中心距。以及杆件端部至几何中心线交点的距离。

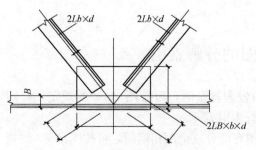

图 A4-4 节点尺寸及不等边角钢的标注方法

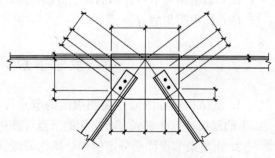

图 A4-5 节点尺寸的标注方法

6. 双型钢组合截面的构件，应按图 A4-6 的规定注明缀板的数量及尺寸。引出横线上方标注缀板的数量及缀板的宽度、厚度、引出横线下方标注缀板的长度尺寸。

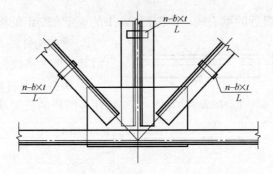

图 A4-6　缀板的标注方法图

A5　钢结构制图一般要求

1. 钢结构布置图可采用单线表示法、复线表示法及单线加短构件表示法，并符合下列规定：

（1）单线表示时，应使用构件重心线（细点划线）定位。构件采用中实线表示；非对称截面应在图中注明截面摆放方式。

（2）复线表时，应使用构件重心线（细点划线）定位，构件使用细实线表示构件外轮廓，细虚线表示腹板或肢板。

（3）单线加短构件表示时，应使用构件重心线（细点划线）定位构件采用中实线表示；短构件使用细实线表示构件外轮廓，细虚线表示腹板或肢板；短构件长度一般为构件实际长度的（1/3）～（1/2）

（4）为方便表示，非对称截面可采用外轮廓线定位。

2. 构件断面可采用原位标注或编号后集中标注并符合下列规定：

（1）平面图中主要标注内容为梁、水平支撑、栏杆、铺板等平面构件。

（2）剖立面图中主要标注内容为柱、支撑等竖向构件。

3. 构件连接应根据设计深度的不同要求，采用如下表示方法：

（1）制造图的表示方法，要求有构件详图及节点详图。

（2）索引图加节点详图的表示方法。

（3）标准图集的方法。

A6　复杂节点详图的分解索引

1. 从结构平面图或立面图引出的节点详图较为复杂时，可按图 A6-2 的规定，将图 A6-1 的复杂节点分解成多个简化的节点详图进行索引。

2. 由复杂节点详图分解的多个简化节点详图有部分或全部相同时，可按图 A6-3 的规定简化标注索引。

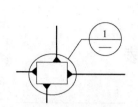
图 A6-1 复杂节点详图的索引图

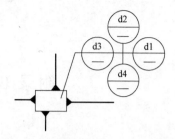
图 A6-2 分解为简化点详图的索引图

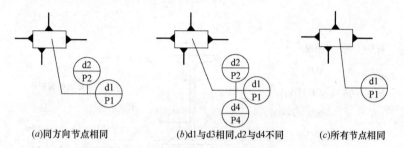

(a)同方向节点相同　　(b)d1与d3相同,d2与d4不同　　(c)所有节点相同

图 A6-3 节点详图分解索引的简化标注图

A7 常用构件代号

常用构件代号,见表 A7-1 所示。

常用构件代号　　　　　　　　　　　　　　　　　　表 A7-1

序号	名 称	代号	序号	名 称	代号	序号	名 称	代号
1	板	B	19	圈梁	QL	37	承台	CT
2	屋面板	WB	20	过梁	GL	38	设备基础	SJ
3	空心板	KB	21	连续梁	LL	39	桩	ZH
4	槽形板	CB	22	基础梁	JL	40	挡土墙	DQ
5	折板	ZB	23	楼梯梁	TL	41	地沟	DG
6	密肋板	MB	24	框架梁	KL	42	柱间支撑	ZC
7	楼梯板	TB	25	框支梁	KZL	43	垂直支撑	CC
8	盖板或沟盖板	GB	26	屋面框架梁	WKL	44	水平支撑	SC
9	挡雨板或檐口板	YB	27	檩条	LT	45	梯	T
10	吊车安全走道板	DB	28	屋架	WJ	46	雨篷	YP
11	墙板	QB	29	托架	TJ	47	阳台	YT
12	天沟板	TGB	30	天窗架	CJ	48	梁垫	LD
13	梁	L	31	框架	GJ	49	预埋件	M-
14	屋面梁	WL	32	钢架	GJ	50	天窗端墙	TD
15	吊车梁	DL	33	支架	ZJ	51	钢筋网	W
16	单轨吊车梁	DDL	34	柱	Z	52	钢筋骨架	G
17	轨道连接	DGL	35	框架柱	KZ	53	基础	J
18	车挡	CD	36	构造柱	GZ	54	暗柱	AZ

注:1. 预埋钢筋混凝土构件、现浇钢筋混凝土构件、钢构件和木构件,一般可直接采用本表中的构件代号。在绘图中,当需要区别上述构件的材料种类时,可在构件代号前加注材料代号,并在图纸中加以说明。
　　2. 预应力钢筋混凝土构件的代号,应在构件代号前加注"Y-",如 Y-DL 表示预应力钢筋混凝土吊车梁。

附录 B 型钢规格表

B1 普通工字钢

符号：
- h —— 高度；
- b —— 宽度；
- t_w —— 腹板厚度；
- t —— 翼缘平均厚度；
- I —— 惯性矩；
- W —— 截面模量；
- i —— 回转半径；
- Sx —— 半截面的面积矩。

长度：
- 型号10~18，长 5~19m；
- 型号20~63，长 6~19m。

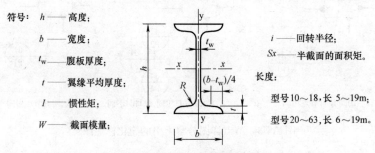

图 B1-1 普通工字钢尺寸

普通工字钢规格 表 B1-1

型号		尺 寸					截面积 (cm^2)	质量 (kg/m)	$x-x$轴				$y-y$轴		
		h	b	t_w	t	R			I_x	W_x	i_x	I_x/S_x	I_y	W_y	i_y
		(mm)							(cm^4)	(cm^3)	(cm)		(cm^4)	(cm^3)	(cm)
10		100	68	4.5	7.6	6.5	14.3	11.2	245	49	4.14	8.69	33	9.6	1.51
12.6		126	74	5.0	8.4	7.0	18.1	14.2	488	77	5.19	11.0	47	12.7	1.61
14		140	80	5.5	9.1	7.5	21.5	16.9	712	102	5.75	12.2	64	16.1	1.73
16		160	88	6.0	9.9	8.0	26.1	20.5	1127	141	6.57	13.9	93	21.1	1.89
18		180	94	6.5	10.7	8.5	30.7	24.1	1699	185	7.37	15.4	123	26.2	2.00
20	a	200	100	7.0	11.4	9.0	35.5	27.9	2369	237	8.16	17.4	158	31.6	2.11
	b		102	9.0			39.5	31.1	2502	250	7.95	17.1	169	33.1	2.07
22	a	220	110	7.5	12.3	9.5	42.1	33.0	3406	310	8.99	19.2	226	41.1	2.32
	b		112	9.5			46.5	36.5	3583	326	8.78	18.9	240	42.9	2.27
25	a	250	116	8.0	13.0	10.0	48.5	38.1	5017	401	10.2	21.7	280	48.4	2.40
	b		118	10.0			53.5	42.0	5278	422	9.93	21.4	297	50.4	2.36
28	a	280	122	8.5	13.7	10.5	55.4	43.5	7115	508	11.3	24.3	344	56.4	2.49
	b		124	10.5			61.0	47.9	7481	534	11.1	24.0	364	58.7	2.44
32	a	320	130	9.5	15.0	11.5	67.1	52.7	11080	692	12.8	27.7	459	70.6	2.62
	b		132	11.5			73.5	57.7	11626	727	12.6	27.3	484	73.3	2.57
	c		134	13.5			79.9	62.7	12173	761	12.3	26.9	510	76.1	2.53
36	a	360	136	10.0	15.8	12.0	76.4	60.0	15796	878	14.4	31.0	555	81.6	2.69
	b		138	12.0			83.6	65.6	16574	921	14.1	30.6	584	84.6	2.64
	c		140	14.0			90.8	71.3	17351	964	13.8	30.2	614	87.7	2.60
40	a	400	142	10.5	16.5	12.5	86.1	67.6	21714	1086	15.9	34.4	660	92.9	2.77
	b		144	12.5			94.1	73.8	22781	1139	15.6	33.9	693	96.2	2.71
	c		146	14.5			102	80.1	23847	1192	15.3	33.5	727	99.7	2.67

续表

型号		尺 寸					截面积 (cm²)	质量 (kg/m)	x—x 轴				y—y 轴		
		h	b	t_w	t	R			I_x	W_x	i_x	I_x/S_x	I_y	W_y	i_y
		mm							(cm⁴)	(cm³)	(cm)		(cm⁴)	(cm³)	(cm)
45	a	450	150	11.5	18.0	13.5	102	80.4	32241	1433	17.7	38.5	855	114	2.89
	b		152	13.5			111	87.4	33759	1500	17.4	38.1	895	118	2.84
	c		154	15.5			120	94.5	35278	1568	17.1	37.6	938	122	2.79
50	a	500	158	12.0	20.0	14.0	119	93.6	46472	1859	19.7	42.9	1122	142	3.07
	b		160	14.0			129	101	48556	1942	19.4	42.3	1171	146	3.01
	c		162	16.0			139	109	50639	2026	19.1	41.9	1224	151	2.96
56	a	560	166	12.5	21.0	14.5	135	106	65576	2342	22.0	47.9	1366	165	3.18
	b		168	14.5			147	115	68503	2447	21.6	47.3	1424	170	3.12
	c		170	16.5			158	124	71430	2551	21.3	46.8	1485	175	3.07
63	a	630	176	13.0	22.0	15.0	155	122	94004	2984	24.7	53.8	1702	194	3.32
	b		178	15.0			167	131	98171	3117	24.2	53.2	1771	199	3.25
	c		780	17.0			180	141	102339	3249	23.9	52.6	1842	205	3.20

B2 普通槽钢

符号:
同普通工字钢。但W_y为对应翼缘肢尖的截面模量

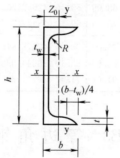

长度:

型号 5～8,长 5～12m;

型号 10～18,长 5～19m;

型号 20～20,长 6～19m。

图 B2-1 普通槽钢尺寸

普通槽钢规格 表 B2-1

型号		尺寸					截面积 (cm²)	质量 (kg/m)	x—x 轴			y—y 轴			y_1—y_1 轴	Z_0
		h	b	t_w	t	R			I_x	W_x	i_x	I_y	W_y	i_y	I_{y1}	
		(mm)							(cm⁴)	(cm³)	(cm)	(cm⁴)	(cm³)	(cm)	(cm⁴)	(cm)
5		50	37	4.5	7.0	7.0	6.92	5.44	26	10.4	1.94	8.3	3.5	1.10	20.9	1.35
6.3		63	40	4.8	7.5	7.5	8.45	6.63	51	16.3	2.46	11.9	4.6	1.19	28.3	1.39
8		80	43	5.0	8.0	8.0	10.24	8.04	101	25.3	3.14	16.6	5.8	1.27	37.4	1.42
10		100	48	5.3	8.5	8.5	12.74	10.00	198	39.7	3.94	25.6	7.8	1.42	54.9	1.52
12.6		126	53	5.5	9.0	9.0	15.69	12.31	389	61.7	4.98	38.0	10.3	1.56	77.8	1.59
14	a	140	58	6.0	9.5	9.5	18.51	14.53	564	80.5	5.52	53.2	13.0	1.70	107.2	1.71
	b		60	8.0	9.5	9.5	21.31	16.73	609	87.1	5.35	61.2	14.1	1.69	120.6	1.67
16	a	160	63	6.5	10.0	10.0	21.95	17.23	866	108.3	6.28	73.4	16.3	1.83	144.1	1.79
	b		65	8.5	10.0	10.0	25.15	19.75	935	116.8	6.10	83.4	17.6	1.82	160.8	1.75

型号		尺寸					截面积 (cm²)	质量 (kg/m)	x—x 轴			y—y 轴			y₁—y₁ 轴	Z₀
		h	b	t_w	t	R			I_x	W_x	i_x	I_y	W_y	i_y	I_{y1}	
				(mm)			(cm²)	(kg/m)	(cm⁴)	(cm³)	(cm)	(cm⁴)	(cm³)	(cm)	(cm⁴)	(cm)
18	a	180	68	7.0	10.5	10.5	25.69	20.17	1273	141.4	7.04	98.6	20.0	1.96	189.7	1.88
	b		70	9.0	10.5	10.5	29.29	22.99	1370	152.2	6.84	111.0	21.5	1.95	210.1	1.84
20	a	200	73	7.0	11.0	11.0	28.83	22.63	1780	178.0	7.86	128.0	24.2	2.11	244.0	2.01
	b		75	9.0	11.0	11.0	32.83	25.77	1914	191.4	7.64	143.6	25.9	2.09	268.4	1.95
22	a	220	77	7.0	11.5	11.5	31.84	24.99	2394	217.6	8.67	157.8	28.2	2.23	298.2	2.10
	b		79	9.0	11.5	11.5	36.24	28.45	2571	233.8	8.42	176.5	30.1	2.21	326.3	2.03
25	a	250	78	7.0	12.0	12.0	34.91	27.40	3359	268.7	9.81	175.9	30.7	2.24	324.8	2.07
	b		80	9.0	12.0	12.0	39.91	31.33	3619	289.6	9.52	196.4	32.7	2.22	355.1	1.99
	c		82	11.0	12.0	12.0	44.91	35.25	3880	310.4	9.30	215.9	34.6	2.19	388.6	1.96
28	a	280	82	7.5	12.5	12.5	40.02	31.42	4753	339.5	10.90	217.9	35.7	2.33	393.3	2.09
	b		84	9.5	12.5	12.5	45.62	35.81	5118	365.6	10.59	241.5	37.9	2.30	428.5	2.02
	c		86	11.5	12.5	12.5	51.22	40.21	5484	391.7	10.35	264.1	40.0	2.27	467.3	1.99
32	a	320	88	8.0	14.0	14.0	48.50	38.07	7511	469.4	12.44	304.7	46.4	2.51	547.5	2.24
	b		90	10.0	14.0	14.0	54.90	43.10	8057	503.5	12.11	335.6	49.1	2.47	592.9	2.16
	c		92	12.0	14.0	14.0	61.30	48.12	8603	537.7	11.85	365.0	51.6	2.44	642.7	2.13
36	a	360	96	9.0	16.0	16.0	60.89	47.80	11874	659.7	13.96	455.0	63.6	2.73	818.5	2.44
	b		98	11.0	16.0	16.0	68.09	53.45	12652	702.9	13.63	496.7	66.9	2.70	880.5	2.37
	c		100	13.0	16.0	16.0	75.29	59.10	13429	746.1	13.36	536.6	70.0	2.67	948.0	2.34
40	a	400	100	10.5	18.0	18.0	75.04	58.91	17578	878.9	15.30	592.0	78.8	2.81	1057.9	2.49
	b		102	12.5	18.0	18.0	83.04	65.19	18644	932.2	14.98	640.6	82.6	2.78	1135.8	2.44
	c		104	14.5	18.0	18.0	91.04	71.47	19711	985.6	14.71	687.8	86.2	2.75	1220.3	2.42

B3　等边角钢

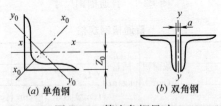

(a) 单角钢　　　(b) 双角钢

图 B3-1　等边角钢尺寸

等边角钢规格　　　　　　　　　　　　　　　　表 B3-1

型号	圆角 R	重心矩 Z₀	截面积 A	质量	惯性矩 I_x	截面模量		回转半径			i_y，当 a 为下列数值				
						W_x^{max}	W_x^{min}	i_x	i_{x0}	i_{y0}	6mm	8mm	10mm	12mm	14mm
	(mm)		(cm²)	(kg/m)	(cm⁴)	(cm³)		(cm)			(cm)				
∟20×$\frac{3}{4}$	3.5	6.0	1.13	0.89	0.40	0.66	0.29	0.59	0.75	0.39	1.08	1.17	1.25	1.34	1.43
		6.4	1.46	1.15	0.50	0.78	0.36	0.58	0.73	0.38	1.11	1.19	1.28	1.37	1.46

续表

型号	圆角 R	重心矩 Z_0	截面积 A	质量	惯性矩 I_x	截面模量		回转半径			i_y,当 a 为下列数值				
						W_x^{max}	W_x^{min}	i_x	i_{x0}	i_{y0}	6mm	8mm	10mm	12mm	14mm
	(mm)		(cm²)	(kg/m)	(cm⁴)	(cm³)		(cm)			(cm)				
$\llcorner25\times\genfrac{}{}{0}{}{3}{4}$	3.5	7.3	1.43	1.12	0.82	1.12	0.46	0.76	0.95	0.49	1.27	1.36	1.44	1.53	1.61
		7.6	1.86	1.46	1.03	1.34	0.59	0.74	0.93	0.48	1.30	1.38	1.47	1.55	1.64
$\llcorner30\times\genfrac{}{}{0}{}{3}{4}$	4.5	8.5	1.75	1.37	1.46	1.72	0.68	0.91	1.15	0.59	1.47	1.55	1.63	1.71	1.80
		8.9	2.28	1.79	1.84	2.08	0.87	0.90	1.13	0.58	1.49	1.57	1.65	1.74	1.82
$\llcorner36\times$ 3	4.5	10.0	2.11	1.66	2.58	2.59	0.99	1.11	1.39	0.71	1.70	1.78	1.86	1.94	2.03
4		10.4	2.76	2.16	3.29	3.18	1.28	1.09	1.38	0.70	1.73	1.80	1.89	1.97	2.05
5		10.7	2.38	2.65	3.95	3.68	1.56	1.08	1.36	0.70	1.75	1.83	1.91	1.99	2.08
$\llcorner40\times$ 3	5	10.9	2.36	1.85	3.59	3.28	1.23	1.23	1.55	0.79	1.86	1.94	2.01	2.09	2.18
4		11.3	3.09	2.42	4.60	4.05	1.60	1.22	1.54	0.79	1.88	1.96	2.04	2.12	2.20
5		11.7	3.79	2.98	5.53	4.72	1.96	1.21	1.52	0.78	1.90	1.98	2.06	2.14	2.23
$\llcorner45\times$ 3	5	12.2	2.66	2.09	5.17	4.25	1.58	1.39	1.76	0.90	2.06	2.14	2.21	2.29	2.37
4		12.6	3.49	2.74	6.65	5.29	2.05	1.38	1.74	0.89	2.08	2.16	2.24	2.32	2.40
5		13.0	4.29	3.37	8.04	6.20	2.51	1.37	1.72	0.88	2.10	2.18	2.26	2.34	2.42
6		13.4	5.08	3.99	9.33	6.99	2.95	1.36	1.71	0.88	2.12	2.20	2.28	2.36	2.44
$\llcorner50\times$ 3	5.5	13.4	2.97	2.33	7.18	5.36	1.96	1.55	1.96	1.00	2.26	2.33	2.41	2.48	2.56
4		13.8	3.90	3.06	9.26	6.70	2.56	1.54	1.94	0.99	2.28	2.36	2.43	2.51	2.59
5		14.2	4.80	3.77	11.21	7.90	3.13	1.53	1.92	0.98	2.30	2.38	2.45	2.53	2.61
6		14.6	5.69	4.46	13.05	8.95	3.68	1.51	1.91	0.98	2.32	2.40	2.48	2.56	2.64
$\llcorner56\times$ 3	6	14.8	3.34	2.62	10.19	6.86	2.48	1.75	2.20	1.13	2.50	2.57	2.64	2.72	2.80
4		15.3	4.39	3.45	13.18	8.63	3.24	1.73	2.18	1.11	2.52	2.59	2.67	2.74	2.82
5		15.7	5.42	4.25	16.02	10.22	3.97	1.72	2.17	1.10	2.54	2.61	2.69	2.77	2.85
8		16.8	8.37	6.57	23.63	14.06	6.03	1.68	2.11	1.09	2.60	2.67	2.75	2.83	2.91
$\llcorner63\times$ 4	7	17.0	4.98	3.91	19.03	11.22	4.13	1.96	2.46	1.26	2.79	2.87	2.94	3.02	3.09
5		17.4	6.14	4.82	23.17	13.33	5.08	1.94	2.45	1.25	2.82	2.89	2.96	3.04	3.12
6		17.8	7.29	5.72	27.12	15.26	6.00	1.93	2.43	1.24	2.83	2.91	2.98	3.06	3.14
8		18.5	9.51	7.47	34.45	18.59	7.75	1.90	2.39	1.23	2.87	2.95	3.03	3.10	3.18
10		19.3	11.66	9.15	41.09	21.34	9.39	1.88	2.36	1.22	2.91	2.99	3.07	3.15	3.23
$\llcorner70\times$ 4	8	18.6	5.57	4.37	26.39	14.16	5.14	2.18	2.74	1.40	3.07	3.14	3.21	3.29	3.36
5		19.1	6.88	5.40	32.21	16.89	6.32	2.16	2.73	1.39	3.09	3.16	3.24	3.31	3.39
6		19.5	8.16	6.41	37.77	19.39	7.48	2.15	2.71	1.38	3.11	3.18	3.26	3.33	3.41
7		19.9	9.42	7.40	43.09	21.68	8.59	2.14	2.69	1.38	3.13	3.20	3.28	3.36	3.43
8		20.3	10.67	8.37	48.17	23.79	9.68	2.13	2.68	1.37	3.15	3.22	3.30	3.38	3.46
$\llcorner75\times$ 5	9	20.3	7.41	5.82	39.96	19.73	7.30	2.32	2.92	1.50	3.29	3.36	3.43	3.50	3.58
6		20.7	8.80	6.91	46.91	22.69	8.63	2.31	2.91	1.49	3.31	3.38	3.45	3.53	3.60
7		21.1	10.16	7.98	53.57	25.42	9.93	2.30	2.89	1.48	3.33	3.40	3.47	3.55	3.63
8		21.5	11.50	9.03	59.96	27.93	11.20	2.28	2.87	1.47	3.35	3.42	3.50	3.57	3.65
10		22.2	14.13	11.09	71.98	32.40	13.64	2.26	2.84	1.46	3.38	3.46	3.54	3.61	3.69
$\llcorner80\times$ 5	9	21.5	7.91	6.21	48.79	22.70	8.34	2.48	3.13	1.60	3.49	3.56	3.63	3.71	3.78
6		21.9	9.40	7.38	57.35	26.16	9.87	2.47	3.11	1.59	3.51	3.58	3.65	3.73	3.80
7		22.3	10.86	8.53	65.58	29.38	11.37	2.46	3.10	1.58	3.53	3.60	3.67	3.75	3.83
8		22.7	12.30	9.66	73.50	32.36	12.83	2.44	3.08	1.57	3.55	3.62	3.70	3.77	3.85
10		23.5	15.13	11.87	88.43	37.68	15.64	2.42	3.04	1.56	3.58	3.66	3.74	3.81	3.89

续表

型号	圆角 R	重心矩 Z_0	截面积 A	质量	惯性矩 I_x	截面模量		回转半径			i_y,当a为下列数值				
						W_x^{max}	W_x^{min}	i_x	i_{x0}	i_{y0}	6mm	8mm	10mm	12mm	14mm
	(mm)	(mm)	(cm²)	(kg/m)	(cm⁴)	(cm³)		(cm)			(cm)				
6		24.4	10.64	8.35	82.77	33.99	12.61	2.79	3.51	1.80	3.91	3.98	4.05	4.12	4.20
7		24.8	12.30	9.66	94.83	38.28	14.54	2.78	3.50	1.78	3.93	4.00	4.07	4.14	4.22
∟90×8	10	25.2	13.94	10.95	106.5	42.30	16.42	2.76	3.48	1.78	3.95	4.02	4.09	4.17	4.24
10		25.9	17.17	13.48	128.6	49.57	20.07	2.74	3.45	1.76	3.98	4.06	4.13	4.21	4.28
12		26.7	20.31	15.94	149.2	55.93	23.57	2.71	3.41	1.75	4.02	4.09	4.17	4.25	4.32
6		26.7	11.93	9.37	115.0	43.04	15.68	3.10	3.91	2.00	4.30	4.37	4.44	4.51	4.58
7		27.1	13.80	10.83	131.0	48.57	18.10	3.09	3.89	1.99	4.32	4.39	4.46	4.53	4.61
8		27.6	15.64	12.28	148.2	53.78	20.47	3.08	3.88	1.98	4.34	4.41	4.48	4.55	4.63
∟100×10	12	28.4	19.26	15.12	179.5	63.29	25.06	3.05	3.84	1.96	4.38	4.45	4.52	4.60	4.67
12		29.1	22.80	17.90	208.9	71.72	29.47	3.03	3.81	1.95	4.41	4.49	4.56	4.64	4.71
14		29.9	26.26	20.61	236.5	79.19	33.73	3.00	3.77	1.94	4.45	4.53	4.60	4.68	4.75
16		30.6	29.63	23.26	262.5	85.81	37.82	2.98	3.74	1.93	4.49	4.56	4.64	4.72	4.80
7		29.6	15.20	11.93	177.2	59.78	22.05	3.41	4.30	2.20	4.72	4.79	4.86	4.94	5.01
8		30.1	17.24	13.53	199.5	66.36	24.95	3.40	4.28	2.19	4.74	4.81	4.88	4.96	5.03
∟110×10	12	30.9	21.26	16.69	242.2	78.48	30.60	3.38	4.25	2.17	4.78	4.85	4.92	5.00	5.07
12		31.6	25.20	19.78	282.6	89.34	36.05	3.35	4.22	2.15	4.82	4.89	4.96	5.04	5.11
14		32.4	29.06	22.81	320.7	99.07	41.31	3.32	4.18	2.14	4.85	4.93	5.00	5.08	5.15
8		33.7	19.75	15.50	297.0	88.20	32.52	3.88	4.88	2.50	5.34	5.41	5.48	5.55	5.62
10		34.5	24.37	19.13	361.7	104.8	39.97	3.85	4.85	2.48	5.38	5.45	5.52	5.59	5.66
∟125×	14	35.3	28.91	22.70	423.2	119.9	47.17	3.83	4.82	2.46	5.41	5.48	5.56	5.63	5.70
12		36.1	33.37	26.19	481.7	133.6	54.16	3.80	4.78	2.45	5.45	5.52	5.59	5.67	5.74
14															
10		38.2	27.37	21.49	514.7	134.6	50.58	4.34	5.46	2.78	5.98	6.05	6.12	6.20	6.27
12		39.0	32.51	25.52	603.7	154.6	59.80	4.31	5.43	2.77	6.02	6.09	6.16	6.23	6.31
∟140×	14	39.8	37.57	29.49	688.8	173.0	68.75	4.28	5.40	2.75	6.06	6.13	6.20	6.27	6.34
14		40.6	42.54	33.39	770.2	189.9	77.46	4.26	5.36	2.74	6.09	6.16	6.23	6.31	6.38
16															
10		43.1	31.50	24.73	779.5	180.8	66.70	4.97	6.27	3.20	6.78	6.85	6.92	6.99	7.06
12		43.9	37.44	29.39	916.6	208.6	78.98	4.95	6.24	3.18	6.82	6.89	6.96	7.03	7.10
∟160×	16	44.7	43.30	33.99	1048	234.4	90.95	4.92	6.20	3.16	6.86	6.93	7.00	7.07	7.14
14		45.5	49.07	38.52	1175	258.3	102.6	4.89	6.17	3.14	6.89	6.96	7.03	7.10	7.18
16															
12		48.9	42.24	33.16	1321	270.0	100.8	5.59	7.05	3.58	7.63	7.70	7.77	7.84	7.91
14		49.7	48.90	38.38	1514	304.6	116.3	5.57	7.02	3.57	7.67	7.74	7.81	7.88	7.95
∟180×	16	50.5	55.47	43.54	1701	336.9	131.4	5.54	6.98	3.55	7.70	7.77	7.84	7.91	7.98
16		51.3	61.95	48.63	1881	367.1	146.1	5.51	6.94	3.53	7.73	7.80	7.87	7.95	8.02
18															
14		54.6	54.64	42.89	2104	385.1	144.7	6.20	7.82	3.98	8.47	8.54	8.61	8.67	8.75
16		55.4	62.01	48.68	2366	427.0	163.7	6.18	7.79	3.96	8.50	8.57	8.64	8.71	8.78
∟200×18	18	56.2	69.30	54.40	2621	466.5	182.2	6.15	7.75	3.94	8.53	8.60	8.67	8.75	8.82
20		56.9	76.50	60.06	2867	503.6	200.4	6.12	7.72	3.93	8.57	8.64	8.71	8.78	8.85
24		58.4	90.66	71.17	3338	571.5	235.8	6.07	7.64	3.90	8.63	8.71	8.78	8.85	8.92

B4 不等边角钢

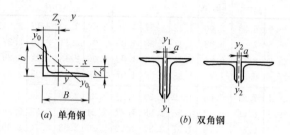

图 B4-1 不等边角钢尺寸

不等边角钢规格   表 B4-1

角钢型号 $B \times b \times t$	圆角 R	重心矩 Z_x	重心矩 Z_y	截面积 A	质量	回转半径 i_x	回转半径 i_y	回转半径 i_{y0}	i_{y1},当 a 为下列数值 6mm	8mm	10mm	12mm	i_{y2},当 a 为下列数值 6mm	8mm	10mm	12mm
		(mm)		(cm²)	(kg/m)	(cm)			(cm)				(cm)			
∟25×16×3	3.5	4.2	8.6	1.16	0.91	0.44	0.78	0.34	0.84	0.93	1.02	1.11	1.40	1.48	1.57	1.65
∟25×16×4		4.6	9.0	1.50	1.18	0.43	0.77	0.34	0.87	0.96	1.05	1.14	1.42	1.51	1.60	1.68
∟32×20×3	3.5	4.9	10.8	1.49	1.17	0.55	1.01	0.43	0.97	1.05	1.14	1.23	1.71	1.79	1.88	1.96
∟32×20×4		5.3	11.2	1.94	1.52	0.54	1.00	0.43	0.99	1.08	1.16	1.25	1.74	1.82	1.90	1.99
∟40×25×3	4	5.9	13.2	1.89	1.48	0.70	1.28	0.54	1.13	1.21	1.30	1.38	2.07	2.14	2.23	2.31
∟40×25×4		6.3	13.7	2.47	1.94	0.69	1.26	0.54	1.16	1.24	1.32	1.41	2.09	2.17	2.25	2.34
∟45×28×3	5	6.4	14.7	2.15	1.69	0.79	1.44	0.61	1.23	1.31	1.39	1.47	2.28	2.36	2.44	2.52
∟45×28×4		6.8	15.1	2.81	2.20	0.78	1.43	0.60	1.25	1.33	1.41	1.50	2.31	2.39	2.47	2.55
∟50×32×3	5.5	7.3	16.0	2.43	1.91	0.91	1.60	0.70	1.38	1.45	1.53	1.61	2.49	2.56	2.64	2.72
∟50×32×4		7.7	16.5	3.18	2.49	0.90	1.59	0.69	1.40	1.47	1.55	1.64	2.51	2.59	2.67	2.75
∟56×36×3	6	8.0	17.8	2.74	2.15	1.03	1.80	0.79	1.51	1.59	1.66	1.74	2.75	2.82	2.90	2.98
∟56×36×4		8.5	18.2	3.59	2.82	1.02	1.79	0.78	1.53	1.61	1.69	1.77	2.77	2.85	2.93	3.01
∟56×36×5		8.8	18.7	4.42	3.47	1.01	1.77	0.78	1.56	1.63	1.71	1.79	2.80	2.88	2.96	3.04
∟63×40×4	7	9.2	20.4	4.06	3.19	1.14	2.02	0.88	1.66	1.74	1.81	1.89	3.09	3.16	3.24	3.32
∟63×40×5		9.5	20.8	4.99	3.92	1.12	2.00	0.87	1.68	1.76	1.84	1.92	3.11	3.19	3.27	3.35
∟63×40×6		9.9	21.2	5.91	4.64	1.11	1.99	0.86	1.71	1.78	1.86	1.94	3.13	3.21	3.29	3.37
∟63×40×7		10.3	21.6	6.80	5.34	1.10	1.96	0.86	1.73	1.80	1.88	1.97	3.15	3.23	3.30	3.39
∟70×45×4	7.5	10.2	22.3	4.55	3.57	1.29	2.25	0.99	1.84	1.91	1.99	2.07	3.39	3.46	3.54	3.62
∟70×45×5		10.6	22.8	5.61	4.40	1.28	2.23	0.98	1.86	1.94	2.01	2.09	3.41	3.49	3.57	3.64
∟70×45×6		11.0	23.2	6.64	5.22	1.26	2.22	0.97	1.88	1.96	2.04	2.11	3.44	3.51	3.59	3.67
∟70×45×7		11.3	23.6	7.66	6.01	1.25	2.20	0.97	1.90	1.98	2.06	2.14	3.46	3.54	3.61	3.69
∟75×50×5	8	11.7	24.0	6.13	4.81	1.43	2.39	1.09	2.06	2.13	2.20	2.28	3.60	3.68	3.76	3.83
∟75×50×6		12.1	24.4	7.26	5.70	1.42	2.38	1.08	2.08	2.15	2.23	2.30	3.63	3.70	3.78	3.86
∟75×50×8		12.9	25.2	9.47	7.43	1.40	2.35	1.07	2.12	2.19	2.27	2.35	3.67	3.75	3.83	3.91
∟75×50×10		13.6	26.0	11.6	9.10	1.38	2.33	1.06	2.16	2.24	2.31	2.40	3.71	3.79	3.87	3.96

角钢型号 $B\times b\times t$	圆角 R	重心矩 Z_x	Z_y	截面积 A	质量	回转半径 i_x	i_y	i_{y0}	i_{y1}，当 a 为下列数值 6mm	8mm	10mm	12mm	i_{y2}，当 a 为下列数值 6mm	8mm	10mm	12mm
		(mm)		(cm²)	(kg/m)	(cm)			(cm)				(cm)			
L80×50× 5	8	11.4	26.0	6.38	5.00	1.42	2.57	1.10	2.02	2.09	2.17	2.24	3.88	3.95	4.03	4.10
6		11.8	26.5	7.56	5.93	1.41	2.55	1.09	2.04	2.11	2.19	2.27	3.90	3.98	4.05	4.13
7		12.1	26.9	8.72	6.85	1.39	2.54	1.08	2.06	2.13	2.21	2.29	3.92	4.00	4.08	4.16
8		12.5	27.3	9.87	7.75	1.38	2.52	1.07	2.08	2.15	2.23	2.31	3.94	4.02	4.10	4.18
L90×56× 5	9	12.5	29.1	7.21	5.66	1.59	2.90	1.23	2.22	2.29	2.36	2.44	4.32	4.39	4.47	4.55
6		12.9	29.5	8.56	6.72	1.58	2.88	1.22	2.24	2.31	2.39	2.46	4.34	4.42	4.50	4.57
7		13.3	30.0	9.88	7.76	1.57	2.87	1.22	2.26	2.33	2.41	2.49	4.37	4.44	4.52	4.60
8		13.6	30.4	11.2	8.78	1.56	2.85	1.21	2.28	2.35	2.43	2.51	4.39	4.47	4.54	4.62
L100×63× 6	10	14.3	32.4	9.62	7.55	1.79	3.21	1.38	2.49	2.56	2.63	2.71	4.77	4.85	4.92	5.00
7		14.7	32.8	11.1	8.72	1.78	3.20	1.37	2.51	2.58	2.65	2.73	4.80	4.87	4.95	5.03
8		15.0	33.2	12.6	9.88	1.77	3.18	1.37	2.53	2.60	2.67	2.75	4.82	4.90	4.97	5.05
10		15.8	34.0	15.5	12.1	1.75	3.15	1.35	2.57	2.64	2.72	2.79	4.86	4.94	5.02	5.10
L100×80× 6	10	19.7	29.5	10.6	8.35	2.40	3.17	1.73	3.31	3.38	3.45	3.52	4.54	4.62	4.69	4.76
7		20.1	30.0	12.3	9.66	2.39	3.16	1.71	3.32	3.39	3.47	3.54	4.57	4.64	4.71	4.79
8		20.5	30.4	13.9	10.9	2.37	3.14	1.71	3.34	3.41	3.49	3.56	4.59	4.66	4.73	4.81
10		21.3	31.2	17.2	13.5	2.35	3.12	1.69	3.38	3.45	3.53	3.60	4.63	4.70	4.78	4.85
L110×70× 6	10	15.7	35.3	10.6	8.35	2.01	3.54	1.54	2.74	2.81	2.88	2.96	5.21	5.29	5.36	5.44
7		16.1	35.7	12.3	9.66	2.00	3.53	1.53	2.76	2.83	2.90	2.98	5.24	5.31	5.39	5.46
8		16.5	36.2	13.9	10.9	1.98	3.51	1.53	2.78	2.85	2.92	3.00	5.26	5.34	5.41	5.49
10		17.2	37.0	17.2	13.5	1.96	3.48	1.51	2.82	2.89	2.96	3.04	5.30	5.38	5.46	5.53
L125×80× 7	11	18.0	40.1	14.1	11.1	2.30	4.02	1.76	3.11	3.18	3.25	3.33	5.90	5.97	6.04	6.12
8		18.4	40.6	16.0	12.6	2.29	4.01	1.75	3.13	3.20	3.27	3.35	5.92	5.99	6.07	6.14
10		19.2	41.4	19.7	15.5	2.26	3.98	1.74	3.17	3.24	3.31	3.39	5.96	6.04	6.11	6.19
12		20.0	42.2	23.4	18.3	2.24	3.95	1.72	3.21	3.28	3.35	3.43	6.00	6.08	6.16	6.23
L140×90× 8	12	20.4	45.0	18.0	14.2	2.59	4.50	1.98	3.49	3.56	3.63	3.70	6.58	6.65	6.73	6.80
10		21.2	45.8	22.3	17.5	2.56	4.47	1.96	3.52	3.59	3.66	3.73	6.62	6.70	6.77	6.85
12		21.9	46.6	26.4	20.7	2.54	4.44	1.95	3.56	3.63	3.70	3.77	6.66	6.74	6.81	6.89
14		22.7	47.4	30.5	23.9	2.51	4.42	1.94	3.59	3.66	3.74	3.81	6.70	6.78	6.86	6.93
L160×100× 10	13	22.8	52.4	25.3	19.9	2.85	5.14	2.19	3.84	3.91	3.98	4.05	7.55	7.63	7.70	7.78
12		23.6	53.2	30.1	23.6	2.82	5.11	2.18	3.87	3.94	4.01	4.09	7.60	7.67	7.75	7.82
14		24.3	54.0	34.7	27.2	2.80	5.08	2.16	3.91	3.98	4.05	4.12	7.64	7.71	7.79	7.86
16		25.1	54.8	39.3	30.8	2.77	5.05	2.15	3.94	4.02	4.09	4.16	7.68	7.75	7.83	7.90
L180×110× 10	14	24.4	58.9	28.4	22.3	3.13	5.81	2.42	4.16	4.23	4.30	4.36	8.49	8.56	8.63	8.71
12		25.2	59.8	33.7	26.5	3.10	5.78	2.40	4.19	4.26	4.33	4.40	8.53	8.60	8.68	8.75
14		25.9	60.6	39.0	30.6	3.08	5.75	2.39	4.23	4.30	4.37	4.44	8.57	8.64	8.72	8.79
16		26.7	61.4	44.1	34.6	3.05	5.72	2.37	4.26	4.33	4.40	4.47	8.61	8.68	8.76	8.84
L200×125× 12	14	28.3	65.4	37.9	29.8	3.57	6.44	2.75	4.75	4.82	4.88	4.95	9.39	9.47	9.54	9.62
14		29.1	66.2	43.9	34.4	3.54	6.41	2.73	4.78	4.85	4.92	4.99	9.43	9.51	9.58	9.66
16		29.9	67.0	49.7	39.0	3.52	6.38	2.71	4.81	4.88	4.95	5.02	9.47	9.55	9.62	9.70
18		30.6	67.8	55.5	43.6	3.49	6.35	2.70	4.85	4.92	4.99	5.06	9.51	9.59	9.66	9.74

注：一个角钢的惯性矩 $I_x=Ai_x^2$，$I_y=Ai_y^2$；一个角钢的截面模量 $W_x^{max}=I_x/Z_x$，$W_x^{min}=I_x/(b-Z_x)$；$W_y^{max}=I_y/Z_y$，$W_y^{min}=I_y/(B-Z_y)$。

B5 H 型 钢

符号：h——高度；
b——宽度；
t_1——腹板厚度；
t_2——翼缘厚度；
I——惯性矩；
W——截面模量；

i——回转半径；
S_x——半截面的面积矩。

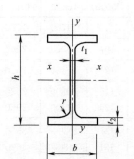

图 B5-1 H 型钢尺寸

H 型钢规格 表 B5-1

类别	H 型钢规格 $(h×b×t_1×t_2)$	截面积 A (cm^2)	质量 q (kg/m)	x—x 轴 I_x (cm^4)	W_x (cm^3)	i_x (cm)	y—y 轴 I_y (cm^4)	W_y (cm^3)	i_y (cm)
HW	100×100×6×8	21.90	17.2	383	76.5	4.18	134	26.7	2.47
	125×125×6.5×9	30.31	23.8	847	136	5.29	294	47.0	3.11
	150×150×7×10	40.55	31.9	1660	221	6.39	564	75.1	3.73
	175×175×7.5×11	51.43	40.3	2900	331	7.50	984	112	4.37
	200×200×8×12	64.28	50.5	4770	477	8.61	1600	160	4.99
	♯200×204×12×12	72.28	56.7	5030	503	8.35	1700	167	4.85
	250×250×9×14	92.18	72.4	10800	867	10.8	3650	292	6.29
	♯250×255×14×14	104.7	82.2	11500	919	10.5	3880	304	6.09
	♯294×302×12×12	108.3	85.0	17000	1160	12.5	5520	365	7.14
	300×300×10×15	120.4	94.5	20500	1370	13.1	6760	450	7.49
	300×305×15×15	135.4	106	21600	1440	12.6	7100	466	7.24
	♯344×348×10×16	146.0	115	33300	1940	15.1	11200	646	8.78
	350×350×12×19	173.9	137	40300	2300	15.2	13600	776	8.84
	♯388×402×15×15	179.2	141	49200	2540	16.6	16300	809	9.52
	♯394×398×11×18	187.6	147	56400	2860	17.3	18900	951	10.0
	400×400×13×21	219.5	172	66900	3340	17.5	22400	1120	10.1
	♯400×408×21×21	251.5	197	71100	3560	16.8	23800	1170	9.73
	♯414×405×18×28	296.2	233	93000	4490	17.7	31000	1530	10.2
	♯428×407×20×35	361.4	284	119000	5580	18.2	39400	1930	10.4
HM	148×100×6×9	27.25	21.4	1040	140	6.17	151	30.2	2.35
	194×150×6×9	39.76	31.2	2740	283	8.30	508	67.7	3.57
	244×175×7×11	56.24	44.1	6120	502	10.4	985	113	4.18
	294×200×8×12	73.03	57.3	11400	779	12.5	1600	160	4.69

类别	H型钢规格 ($h \times b \times t_1 \times t_2$)	截面积 A	质量 q	x—x轴			y—y轴		
				I_x	W_x	i_x	I_y	W_y	i_y
		(cm²)	(kg/m)	(cm⁴)	(cm³)	(cm)	(cm⁴)	(cm³)	(cm)
HM	340×250×9×14	101.5	79.7	21700	1280	14.6	3650	292	6.00
	390×300×10×16	136.7	107	38900	2000	16.9	7210	481	7.26
	440×300×11×18	157.4	124	56100	2550	18.9	8110	541	7.18
	482×300×11×15	146.4	115	60800	2520	20.4	6770	451	6.80
	488×300×11×18	164.4	129	71400	2930	20.8	8120	541	7.03
	582×300×12×17	174.5	137	103000	3530	24.3	7670	511	6.63
	588×300×12×20	192.5	151	118000	4020	24.8	9020	601	6.85
	♯594×302×14×23	222.4	175	137000	4620	24.9	10600	701	6.90
HN	100×50×5×7	12.16	9.54	192	38.5	3.98	14.9	5.96	1.11
	125×60×6×8	17.01	13.3	417	66.8	4.95	29.3	9.75	1.31
	150×75×5×7	18.16	14.3	679	90.6	6.12	49.6	13.2	1.65
	175×90×5×8	23.21	18.2	1220	140	7.26	97.6	21.7	2.05
	198×99×4.5×7	23.59	18.5	1610	163	8.27	114	23.0	2.20
	200×100×5.5×8	27.57	21.7	1880	188	8.25	134	26.8	2.21
	248×124×5×8	32.89	25.8	3560	287	10.4	255	41.1	2.78
	250×125×6×9	37.87	29.7	4080	326	10.4	294	47.0	2.79
	298×149×5.5×8	41.55	32.6	6460	433	12.4	443	59.4	3.26
	300×150×6.5×9	47.53	37.3	7350	490	12.4	508	67.7	3.27
	346×174×6×9	53.19	41.8	11200	649	14.5	792	91.0	3.86
	350×175×7×11	63.66	50.0	13700	782	14.7	985	113	3.93
	♯400×150×8×13	71.12	55.8	18800	942	16.3	734	97.9	3.21
	396×199×7×11	72.16	56.7	20000	1010	16.7	1450	145	4.48
	400×200×8×13	84.12	66.0	23700	1190	16.8	1740	174	4.54
	♯450×150×9×14	83.41	65.5	27100	1200	18.0	793	106	3.08
	446×199×8×12	84.95	66.7	29000	1300	18.5	1580	159	4.31
	450×200×9×14	97.41	76.5	33700	1500	18.6	1870	187	4.38
	♯500×150×10×16	98.23	77.1	38500	1540	19.8	907	121	3.04
	496×199×9×14	101.3	79.5	41900	1690	20.3	1840	185	4.27
	500×200×10×16	114.2	89.6	47800	1910	20.5	2140	214	4.33
	♯506×201×11×19	131.3	103	56500	2230	20.8	2580	257	4.43
	596×199×10×15	121.2	95.1	69300	2330	23.9	1980	199	4.04
	600×200×11×17	135.2	106	78200	2610	24.1	2280	228	4.11
	♯606×201×12×20	153.3	120	91000	3000	24.4	2720	271	4.21
	♯692×300×13×20	211.5	166	172000	4980	28.6	9020	602	6.53
	700×300×13×24	235.5	185	201000	5760	29.3	10800	722	6.78

注:"♯"表示的规格为非常用规格。

B6 部分 T 型钢

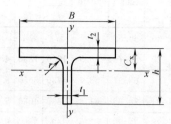

图 B6-1 部分 T 型钢尺寸

部分 T 型钢规格（摘自 GB/T 11263—1998）　　　　表 B6-1

| 类别 | 型号（高度×宽度） | 截面尺寸(mm) | | | | | 截面面积(cm²) | 理论重量(kg/m) | 截面特性 | | | | | | | 对应 H 型钢 |
| | | | | | | | | | 惯性矩(cm⁴) | | 回转半径(cm) | | 截面模量(cm³) | | 重心(cm) | |
		h	B	t_1	t_2	r			I_x	I_y	i_x	i_y	W_x	W_y	C_x	型号
TW	50×100	50	100	6	8	10	10.95	8.56	16.1	66.9	1.21	2.47	4.03	13.4	1.00	100×100
	62.5×125	62.5	125	6.5	9	10	15.16	11.9	35.0	147	1.52	3.11	6.91	23.5	1.19	125×125
	75×150	75	150	7	10	13	20.28	15.9	66.4	282	1.81	3.73	10.8	37.6	1.37	150×150
	87.5×175	87.5	175	7.5	11	13	25.71	20.2	115	492	2.11	4.37	15.9	56.2	1.55	175×175
	100×200	100	200	8	12	16	32.14	25.2	185	801	2.40	4.99	22.3	80.1	1.73	200×200
		♯100	204	12	12	16	36.14	28.3	256	851	2.66	4.85	32.4	83.5	2.09	
	125×250	125	250	9	14	16	46.09	36.2	412	1820	2.99	6.29	39.5	146	2.08	250×250
		♯125	255	14	14	16	52.34	41.1	589	1940	3.36	6.09	59.4	152	2.58	
	150×300	♯147	302	12	12	20	54.16	42.5	858	2760	3.98	7.14	72.3	183	2.83	300×300
		150	300	10	15	20	60.22	47.3	798	3380	3.64	7.49	63.7	225	2.47	
		150	305	15	15	20	67.72	53.1	1110	3550	4.05	7.24	92.5	233	3.02	
	175×350	♯172	348	10	16	20	73.00	57.3	1230	5620	4.11	8.78	84.7	323	2.67	350×350
		175	350	12	19	20	86.94	68.2	1520	6790	4.18	8.84	104	388	2.86	
	200×400	♯194	402	15	15	24	89.62	70.3	2480	8130	5.26	9.52	158	405	3.69	400×400
		♯197	398	11	18	24	93.80	73.6	2050	9460	4.67	10.0	123	476	3.01	
		200	400	13	21	24	109.7	86.1	2480	11200	4.75	10.1	147	560	3.21	
		♯200	408	21	21	24	125.7	98.7	3650	11900	5.39	9.73	229	584	4.07	
		♯207	405	18	28	24	148.1	116	3620	15500	4.95	10.2	213	766	3.68	
		♯214	407	20	35	24	180.7	142	4380	19700	4.92	10.4	250	967	3.90	
TM	74×100	74	100	6	9	13	13.63	10.7	51.7	75.4	1.95	2.35	8.80	15.1	1.55	150×100
	97×150	97	150	6	9	16	19.88	15.6	125	254	2.50	3.57	15.8	33.9	1.78	200×150
	122×175	122	175	7	11	16	28.12	22.1	289	492	3.20	4.18	29.1	56.3	2.27	250×175

续表

类别	型号(高度×宽度)	截面尺寸(mm)					截面面积(cm²)	理论重量(kg/m)	截面特性								对应H型钢
									惯性矩(cm⁴)		回转半径(cm)		截面模量(cm³)		重心(cm)		型号
		h	B	t_1	t_2	r			I_x	I_y	i_x	i_y	W_x	W_y	C_x		
TM	147×200	147	200	8	12	20	36.52	28.7	572	802	3.96	4.69	48.2	80.2	2.82		300×200
	170×250	170	250	9	14	20	50.76	39.9	1020	1830	4.48	6.00	73.1	146	3.09		350×250
	200×300	195	300	10	16	24	68.37	53.7	1730	3600	5.03	7.26	108	240	3.40		400×300
	220×300	220	300	11	18	24	78.69	61.8	2680	4060	5.84	7.18	150	270	4.05		450×300
	250×300	241	300	11	15	28	73.23	57.5	3420	3380	6.83	6.80	178	226	4.90		500×300
		244	300	11	18	28	82.23	64.5	3620	4060	6.64	7.03	184	271	4.65		
	300×300	291	300	12	17	28	87.25	68.5	6360	3830	8.54	6.63	280	256	6.39		600×300
		294	300	12	20	28	96.25	75.5	6710	4510	8.35	6.85	288	301	6.08		
		♯297	302	14	23	28	111.2	87.3	7920	5290	8.44	6.90	339	351	6.33		
TN	50×50	50	50	5	7	10	6.079	4.79	11.9	7.45	1.40	1.11	3.18	2.98	1.27		100×50
	62.5×60	62.5	60	6	8	10	8.499	6.67	27.5	14.6	1.80	1.31	5.96	4.88	1.63		125×60
	75×75	75	75	5	7	10	9.079	7.11	42.7	24.8	2.17	1.65	7.46	6.61	1.78		150×75
	87.5×90	87.5	90	5	8	10	11.60	9.11	70.7	48.8	2.47	2.05	10.4	10.8	1.92		175×90
	100×100	99	99	4.5	7	13	11.80	9.26	94.0	56.9	2.82	2.20	12.1	11.5	2.13		200×100
		100	100	5.5	8	13	13.79	10.8	115	67.1	2.88	2.21	14.8	13.4	2.27		
	125×125	124	124	5	8	13	16.45	12.9	208	128	3.56	2.78	21.3	20.6	2.62		250×125
		125	125	6	9	13	18.94	14.8	249	147	3.62	2.79	25.6	23.5	2.78		
	150×150	149	149	5.5	8	16	20.77	16.3	395	221	4.36	3.26	33.8	29.7	3.22		300×150
		150	150	6.5	9	16	23.76	18.7	465	254	4.42	3.27	40.0	33.9	3.38		
	175×175	173	174	6	9	16	26.60	20.9	681	396	5.06	3.86	50.0	45.5	3.68		350×175
		175	175	7	11	16	31.83	25.0	816	492	5.06	3.93	59.3	56.3	3.74		
	200×200	198	199	7	11	16	36.08	28.3	1190	724	5.76	4.48	76.4	72.7	4.17		400×200
		200	200	8	13	16	42.06	33.0	1400	868	5.76	4.54	88.6	86.8	4.23		
	225×200	223	199	8	12	20	42.54	33.4	1880	790	6.65	4.31	109	79.4	5.07		450×200
		225	200	9	14	20	48.71	38.2	2160	936	6.66	4.38	124	93.6	5.13		
	250×200	248	199	9	14	20	50.64	39.7	2840	922	7.49	4.27	150	92.7	5.90		500×200
		250	200	10	16	20	57.12	44.8	3210	1070	7.50	4.33	169	107	5.96		
		♯253	201	11	19	20	65.65	51.5	3670	1290	7.48	4.43	190	128	5.95		
	300×200	298	199	10	15	24	60.62	47.6	5200	991	9.27	4.04	236	100	7.76		600×200
		300	200	11	17	24	67.60	53.1	5820	1140	9.28	4.11	262	114	7.81		
		♯303	201	12	20	24	76.63	60.1	6580	1360	9.26	4.21	292	135	7.76		

注: 1. "♯"表示的规格为非常用规格。
2. 剖分 T 型钢的规格标记采用: 高度 h×宽度 B×腹板厚度 t_1×翼缘厚度 t_2。

B7 无缝钢管

I——截面惯性矩；

W——截面模量；

i——截面回转半径；

d——外径；

t——壁厚。

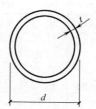

图 B7-1 无缝钢管尺寸

无缝钢管规格 表 B7-1

尺寸(mm)		截面面积 A	每米重量	截面特性			尺寸(mm)		截面面积 A	每米重量	截面特性		
d	t			I	W	i	d	t			I	W	i
		(cm²)	kg/m	(cm⁴)	(cm³)	(cm)			(cm²)	(kg/m)	(cm⁴)	(cm³)	(cm)
32	2.5	2.32	1.82	2.54	1.59	1.05	57	3.0	5.09	4.00	18.81	6.53	1.91
	3.0	2.73	2.15	2.90	1.82	1.03		3.5	5.88	4.62	21.14	7.42	1.90
	3.5	3.13	2.46	3.32	2.02	1.02		4.0	6.66	5.23	23.52	8.25	1.88
	4.0	3.52	2.76	3.52	2.20	1.00		4.5	7.42	5.83	25.76	9.04	1.86
38	2.5	2.79	2.19	4.41	2.32	1.26		5.0	8.17	6.41	27.86	9.78	1.85
	3.0	3.30	2.59	5.09	2.68	1.24		5.5	8.90	6.99	29.84	10.47	1.83
	3.5	3.79	2.98	5.70	3.00	1.23		6.0	9.61	7.55	31.69	11.12	1.82
	4.0	4.27	3.35	6.26	3.29	1.21	60	3.0	5.37	4.22	21.88	7.29	2.02
42	2.5	3.10	2.44	6.07	2.89	1.40		3.5	6.21	4.88	24.88	8.29	2.00
	3.0	3.68	2.89	7.03	3.35	1.38		4.0	7.04	5.52	27.73	9.24	1.98
	3.5	4.23	3.32	7.91	3.77	1.37		4.5	7.85	6.16	30.41	10.14	1.97
	4.0	4.78	3.75	8.71	4.15	1.35		5.0	8.64	6.78	32.94	10.98	1.95
45	2.5	3.34	2.62	7.56	3.36	1.51		5.5	9.42	7.39	35.32	11.77	1.94
	3.0	3.96	3.11	8.77	3.90	1.49		6.0	10.18	7.99	37.56	12.52	1.92
	3.5	4.56	3.58	9.89	4.40	1.47	63.5	3.0	5.70	4.48	26.15	8.24	2.14
	4.0	5.15	4.04	10.93	4.86	1.46		3.5	6.60	5.18	29.79	9.38	2.12
50	2.5	3.73	2.93	10.55	4.22	1.68		4.0	7.48	5.87	33.24	10.47	2.11
	3.0	4.43	3.48	12.28	4.91	1.67		4.5	8.34	6.55	36.50	11.50	2.09
	3.5	5.11	4.01	13.90	5.56	1.65		5.0	9.19	7.21	39.60	12.47	2.08
	4.0	5.78	4.54	15.41	6.16	1.63		5.5	10.02	7.87	42.52	13.39	2.06
	4.5	6.43	5.05	16.81	6.72	1.62		6.0	10.84	8.51	45.28	14.26	2.04
	5.0	7.07	5.55	18.11	7.25	1.60	68	3.0	6.13	4.81	32.42	9.54	2.30
54	3.0	4.81	3.77	15.68	5.81	1.81		3.5	7.09	5.57	36.99	10.88	2.28
	3.5	5.55	4.36	17.79	6.59	1.79		4.0	8.04	6.31	41.34	12.16	2.27
	4.0	6.28	4.93	19.76	7.32	1.77		4.5	8.98	7.05	45.47	13.37	2.25
	4.5	7.00	5.49	21.61	8.00	1.76		5.0	9.90	7.77	49.41	14.53	2.23
	5.0	7.70	6.04	23.34	8.64	1.74		5.5	10.84	8.48	53.14	15.63	2.22
	5.5	8.38	6.58	24.96	9.24	1.73		6.0	11.69	9.17	56.68	16.67	2.20
	6.0	9.05	7.10	26.46	9.80	1.71							

尺寸(mm)		截面面积 A	每米重量	截面特性			尺寸(mm)		截面面积 A	每米重量	截面特性		
				I	W	i					I	W	i
d	t	(cm²)	kg/m	(cm⁴)	(cm³)	(cm)	d	t	(cm²)	(kg/m)	(cm⁴)	(cm³)	(cm)
70	3.0	6.31	4.96	35.50	10.14	2.37	102	3.5	10.83	8.50	131.52	25.79	3.48
	3.5	7.31	5.74	40.53	11.58	2.35		4.0	12.32	9.67	148.09	29.04	3.47
	4.0	8.29	6.51	45.33	12.95	2.34		4.5	13.78	10.82	164.14	32.18	3.45
	4.5	9.26	7.27	49.89	14.26	2.32		5.0	15.24	11.96	179.68	35.23	3.43
	5.0	10.21	8.01	54.24	15.50	2.30		5.5	16.67	13.09	194.72	38.18	3.42
	5.5	11.14	8.75	58.38	16.68	2.29		6.0	18.10	14.21	209.28	41.03	3.40
	6.0	12.06	9.47	62.31	17.80	2.27		6.5	19.50	15.31	223.35	43.79	3.38
73	3.0	6.60	5.18	40.48	11.09	2.48		7.0	20.89	16.40	236.96	46.46	3.37
	3.5	7.64	6.00	46.26	12.67	2.46	114	4.0	13.82	10.85	209.35	36.73	3.89
	4.0	8.67	6.81	51.78	14.19	2.44		4.5	15.48	12.15	232.41	40.77	3.87
	4.5	9.68	7.60	57.04	15.63	2.43		5.0	17.12	13.44	254.81	44.70	3.86
	5.0	10.68	8.38	62.07	17.01	2.41		5.5	18.75	14.72	276.58	48.52	3.84
	5.5	11.66	9.16	66.87	18.32	2.39		6.0	20.36	15.89	297.73	52.23	3.82
	6.0	12.63	9.91	71.43	19.57	2.38		6.5	21.95	17.23	318.26	55.84	3.81
76	3.0	6.88	5.40	45.91	12.08	2.58		7.0	23.53	18.47	338.19	59.33	3.79
	3.5	7.97	6.26	52.50	13.82	2.57		7.5	25.09	19.70	357.58	62.73	3.77
	4.0	9.05	7.10	58.81	15.48	2.55		8.0	26.64	20.91	376.30	66.02	3.76
	4.5	10.11	7.93	64.85	17.07	2.53	121	4.0	14.70	11.54	251.87	41.63	4.14
	5.0	11.15	8.75	70.62	18.59	2.52		4.5	16.47	12.93	279.83	46.25	4.12
	5.5	12.18	9.56	76.14	20.04	2.50		5.0	18.22	14.30	307.05	50.75	4.11
	6.0	13.19	10.36	81.41	21.42	2.48		5.5	19.96	15.67	333.54	55.13	4.09
83	3.5	8.74	6.86	69.19	16.67	2.81		6.0	21.68	17.02	359.32	59.39	4.07
	4.0	9.93	7.79	77.64	18.71	2.80		6.5	23.38	18.35	384.40	63.54	4.05
	4.5	11.10	8.71	85.76	20.67	2.78		7.0	25.07	19.68	408.80	67.57	4.04
	5.0	12.25	9.62	93.56	22.54	2.76		7.5	26.74	20.99	432.51	71.49	4.02
	5.5	13.39	10.51	101.04	24.35	2.75		8.0	28.40	22.29	455.57	75.30	4.01
	6.0	14.51	11.39	108.22	26.08	2.73	127	4.0	15.46	12.13	292.61	46.08	4.35
	6.5	15.62	12.26	115.10	27.74	2.71		4.5	17.32	13.59	325.29	51.23	4.33
	7.0	16.71	13.12	121.69	29.32	2.70		5.0	19.16	15.04	357.14	56.24	4.32
89	3.5	9.40	7.38	86.05	19.34	3.03		5.5	20.99	16.48	388.19	61.13	4.30
	4.0	10.68	8.38	96.68	21.73	3.01		6.0	22.81	17.09	418.44	65.90	4.28
	4.5	11.95	9.38	106.92	24.03	2.99		6.5	24.61	19.32	447.92	70.54	4.27
	5.0	13.19	10.36	116.79	26.24	2.98		7.0	26.39	20.72	476.63	75.06	4.25
	5.5	14.43	11.33	126.29	28.38	2.96		7.5	28.16	22.10	504.58	79.46	4.23
	6.0	16.65	12.28	135.43	30.43	2.94		8.0	29.91	23.48	531.80	83.75	4.22
	6.5	16.85	13.22	144.32	32.41	2.93	133	4.0	16.21	12.73	337.53	50.76	4.56
	7.0	18.03	14.16	152.67	34.31	2.91		4.5	18.17	14.26	375.42	56.45	4.55
95	3.5	10.06	7.90	105.45	22.20	3.24		5.0	20.11	15.78	412.40	62.02	4.53
	4.0	11.14	8.98	118.60	24.97	3.22		5.5	22.03	17.29	448.50	67.44	4.51
	4.5	12.79	10.04	131.31	27.64	3.20		6.0	23.94	18.79	483.72	72.74	4.50
	5.0	14.14	11.10	143.58	30.23	3.19		6.5	25.83	20.28	518.07	77.91	4.48
	5.5	15.46	12.14	155.43	32.72	3.17		7.0	27.71	21.75	551.58	82.94	4.46
	6.0	16.78	13.17	166.86	35.13	3.15		7.5	29.57	23.21	584.25	87.86	4.65
	6.5	18.07	14.19	177.89	37.45	3.14		8.0	31.42	24.66	616.11	92.65	4.43
	7.0	19.35	15.19	188.51	39.69	3.12							

尺寸(mm) d	t	截面面积A (cm²)	每米重量 kg/m	I (cm⁴)	W (cm³)	i (cm)	尺寸(mm) d	t	截面面积A (cm²)	每米重量 kg/m	I (cm⁴)	W (cm³)	i (cm)
140	4.5	19.16	15.04	440.12	62.87	4.79	168	4.5	23.11	18.14	772.96	92.02	5.78
	5.0	21.21	16.65	483.76	69.11	4.78		5.0	25.60	20.14	851.14	101.33	5.77
	5.5	23.24	18.24	526.40	75.20	4.76		5.5	28.08	22.04	927.85	110.46	5.75
	6.0	25.26	19.83	568.06	81.15	4.74		6.0	30.54	23.97	1003.12	119.42	5.73
	6.5	27.26	21.40	608.76	86.97	4.73		6.5	32.98	25.89	1076.95	128.21	5.71
	7.0	29.25	22.96	648.51	92.64	4.71		7.0	35.41	27.79	1149.36	136.83	5.70
	7.5	31.22	24.51	687.32	98.19	4.69		7.5	37.82	29.69	1220.38	145.28	5.68
	8.0	33.18	26.04	725.21	103.60	4.68		8.0	40.21	31.57	1290.01	153.57	5.66
	9.0	37.04	29.08	798.29	114.04	4.64		9.0	44.96	35.29	1425.22	169.67	5.63
	10	40.84	32.06	867.86	123.98	4.61		10	49.64	38.97	1555.13	185.13	5.60
146	4.5	20.00	15.70	501.16	68.65	5.01	180	5.0	27.49	21.58	1053.17	117.02	6.19
	5.0	22.15	17.39	551.10	75.49	4.99		5.5	30.15	23.67	1148.79	127.64	6.17
	5.5	24.28	19.06	599.95	82.19	4.97		6.0	32.80	25.75	1242.72	138.08	6.16
	6.0	26.39	20.72	647.73	88.73	4.95		6.5	35.43	27.81	1335.00	148.33	6.14
	6.5	28.49	22.36	649.44	95.13	4.94		7.0	38.04	29.87	1425.63	158.40	6.12
	7.0	30.57	24.00	740.12	101.39	4.92		7.5	40.64	31.91	1514.64	168.29	6.10
	7.5	32.63	25.62	784.77	107.50	4.90		8.0	43.23	33.93	1602.04	178.00	6.09
	8.0	34.68	27.23	828.41	113.48	4.89		9.0	48.35	37.95	1772.12	196.90	6.05
	9.0	38.74	30.41	912.71	125.03	4.85		10	53.41	41.92	1936.01	215.11	6.02
	10	42.73	33.54	993.16	136.05	4.82		12	63.33	49.72	2245.84	249.54	5.95
152	4.5	20.85	16.37	567.61	74.69	5.22	194	5.0	29.69	23.31	1326.54	136.76	6.68
	5.0	23.09	18.13	624.43	82.16	5.20		5.5	32.57	25.57	1447.86	149.26	6.67
	5.5	25.31	19.87	680.06	89.48	5.18		6.0	35.44	27.82	1567.21	161.57	6.65
	6.0	27.52	21.60	734.52	96.65	5.17		6.5	38.29	30.06	1684.61	173.67	6.63
	6.5	29.71	23.32	787.82	103.66	5.15		7.0	41.12	32.28	1800.08	185.57	6.62
	7.0	31.89	25.03	839.99	110.52	5.13		7.5	43.94	34.50	1913.64	197.28	6.60
	7.5	34.05	26.73	891.03	117.24	5.12		8.0	46.75	36.70	2025.31	208.79	6.58
	8.0	36.19	28.41	940.97	123.81	5.10		9.0	52.31	41.06	2243.00	231.25	6.55
	9.0	40.43	31.74	1037.59	136.53	5.07		10	57.81	45.38	2453.55	252.94	6.51
	10	44.61	35.02	1129.99	148.68	5.03		12	68.61	53.86	2853.25	294.15	6.45
159	4.5	21.84	17.15	652.27	82.05	5.46	203	6.0	37.13	29.15	1803.07	177.64	6.97
	5.0	24.19	18.99	717.88	90.30	5.45		6.5	40.13	31.50	1938.81	191.02	6.95
	5.5	26.52	20.82	782.18	98.39	5.43		7.0	43.10	33.84	2027.43	204.18	6.93
	6.0	28.84	22.64	845.19	106.31	5.41		7.5	46.06	36.16	2203.94	217.14	6.92
	6.5	31.14	24.45	906.92	114.08	5.40		8.0	49.01	38.47	2333.37	229.89	6.90
	7.0	33.43	26.24	967.41	121.69	5.38		9.0	54.85	43.06	2586.08	254.79	6.8
	7.5	35.70	28.02	1026.65	129.14	5.36		10	60.63	47.60	2830.72	278.89	6.83
	8.0	37.95	29.79	1084.67	136.44	5.35		12	72.01	56.62	3296.49	324.78	6.77
	9.0	42.41	33.29	1197.12	150.58	5.31		14	83.13	65.25	3732.07	367.69	6.70
	10	46.81	36.75	1304.88	164.14	5.28		16	94.00	73.79	4138.78	407.76	6.64

续表

尺寸(mm)		截面面积A	每米重量	截面特性			尺寸(mm)		截面面积A	每米重量	截面特性		
d	t			I	W	i	d	t			I	W	i
		(cm²)	kg/m	(cm⁴)	(cm³)	(cm)			(cm²)	(kg/m)	(cm⁴)	(cm³)	(cm)
219	6.0	40.15	31.52	2278.74	208.10	7.53	299	7.5	68.68	53.92	7300.02	488.30	10.31
	6.5	43.39	34.06	2451.64	223.89	7.52		8.0	73.14	57.41	7747.42	518.22	10.29
	7.0	46.62	36.60	2622.04	239.46	7.50		9.0	82.00	64.37	8628.09	577.13	10.26
	7.5	49.83	39.12	2789.96	254.79	7.48		10	90.79	71.27	9490.15	634.79	10.22
	8.0	53.03	41.63	2955.43	269.90	7.47		12	108.20	84.93	11159.52	746.46	10.16
	9.0	59.38	46.61	3279.12	299.46	7.43		14	125.35	98.40	12757.61	853.35	10.09
	10	65.66	51.54	3593.29	328.15	7.40		16	142.25	111.67	14286.48	955.62	10.02
	12	78.04	61.26	4193.81	383.00	7.33							
	14	90.16	70.78	4758.50	434.57	7.26							
	16	102.04	80.10	5288.81	483.00	7.20							
245	6.5	48.70	38.23	3465.46	282.89	8.44	325	7.5	74.81	58.73	9431.80	580.42	11.23
	7.0	52.34	41.08	3709.06	302.78	8.42		8.0	79.67	62.54	10013.92	616.24	11.21
	7.5	55.96	43.93	3949.52	322.41	8.40		9.0	89.35	70.14	11161.32	686.85	11.18
	8.0	59.56	46.76	4186.87	341.79	8.38		10	98.96	77.68	12286.52	756.09	11.14
	9.0	66.73	52.38	4652.32	379.78	8.35		12	118.00	92.63	14471.45	890.55	11.07
	10	73.83	57.95	5105.63	416.79	8.32		14	136.78	107.38	16570.98	1019.75	11.01
	12	87.84	68.95	5976.67	487.89	8.25		16	155.32	121.93	18587.38	1143.84	10.94
	14	101.60	79.76	6801.68	555.24	8.18							
	16	115.11	90.36	7582.30	618.96	8.12							
273	6.5	54.42	42.72	4834.18	354.15	9.42	351	8.0	86.21	67.67	12684.36	722.76	12.13
	7.0	58.50	45.92	5177.30	379.29	9.41		9.0	96.70	75.91	14147.55	806.13	12.10
	7.5	62.56	49.11	5516.47	404.14	9.39		10	107.13	84.10	15584.62	888.01	12.06
	8.0	66.60	52.28	5851.71	428.70	9.37		12	127.80	100.32	18381.63	1047.39	11.99
	9.0	74.64	58.60	6510.56	476.96	9.34		14	148.22	116.35	21077.86	1201.02	11.93
	10	82.62	64.86	7154.09	524.11	9.31		16	168.39	132.19	23675.75	1349.05	11.86
	12	98.39	77.24	8396.14	615.10	9.24							
	14	113.91	89.42	9579.75	701.81	9.17							
	16	129.18	101.41	10706.79	784.38	9.10							

B8　螺旋焊钢管的规格及截面特性（按 GB 9711—88，SY5036～37—83 计算）

I——截面惯性矩；

W——截面抵抗矩；

i——截面回转半径。

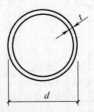

图 B8-1　螺旋焊钢管

螺旋焊钢管的规格及截面特性（按 GB9711—88，SY5036～37—83 计算）　　表 B8-1

尺寸(mm)		截面面积 A	每米重量	截面特性			尺寸(mm)		截面面积 A	每米重量	截面特性		
				I	W	i					I	W	i
d	t	(cm²)	(kg/m)	(cm⁴)	(cm³)	(cm)	d	t	(cm²)	(kg/m)	(cm⁴)	(cm³)	(cm)
219.1	5	33.61	26.61	1988.54	176.04	7.57	426	7	92.10	72.83	20231.72	949.85	14.82
	6	40.15	31.78	2822.53	208.36	7.54		8	105.00	82.97	22958.81	1077.88	14.78
	7	46.62	36.91	2266.42	239.75	7.50		9	117.84	93.05	25646.28	1206.05	14.75
	8	53.03	41.98	2900.39	283.16	7.49		10	130.62	103.09	28294.52	1328.38	14.71
244.5	5	37.60	29.77	2699.28	220.80	8.47	457	6	84.97	67.23	21623.66	946.33	15.95
	6	44.93	35.57	3199.36	261.71	8.44		7	98.91	78.18	25061.79	1096.80	15.91
	7	52.20	41.33	3686.70	301.57	8.40		8	112.79	89.08	28453.67	1245.24	15.88
	8	59.41	47.03	4611.52	340.41	8.37		9	126.60	99.94	31799.72	1391.67	15.84
273	6	50.30	39.82	4888.24	328.81	9.44		10	140.36	110.74	35100.34	1536.12	15.81
	7	58.47	46.29	5178.63	379.39	9.41		11	154.05	121.49	38355.96	1678.60	15.77
	8	66.57	52.70	5853.22	428.81	8.37		12	167.68	132.19	41566.98	1819.12	15.74
323.9	6	59.89	47.41	7574.41	467.70	11.24	478	6	88.93	70.34	24786.71	1037.10	16.69
	7	69.65	55.14	8754.84	540.59	11.21		7	103.53	81.81	28736.12	1202.35	16.65
	8	79.35	62.82	9912.63	612.08	11.17		8	118.06	93.23	32634.79	1365.47	16.62
325	6	60.10	47.70	7653.29	470.97	11.28		9	132.54	104.60	36483.16	1526.49	16.58
	7	69.90	55.40	8846.29	544.39	11.25		10	146.95	115.92	40281.65	1685.43	16.55
	8	79.63	63.04	10016.50	616.40	11.21		11	161.30	127.19	44030.71	1842.29	16.52
355.6	6	65.87	52.23	10073.14	566.54	12.36		12	175.59	138.41	47730.76	1997.10	16.48
	7	76.62	60.68	11652.71	655.38	12.33	508	6	94.58	74.78	29819.20	1173.98	17.75
	8	87.32	69.08	13204.77	742.68	12.25		7	110.12	86.99	34583.38	1361.55	17.72
377	6	69.90	55.40	11079.13	587.75	13.12		8	125.60	99.15	39290.06	1546.85	17.67
	7	81.33	64.37	13932.53	739.13	13.08		9	141.02	111.25	43939.68	1729.91	17.65
	8	92.69	73.30	15795.91	837.98	13.05		10	156.37	123.31	48532.72	1910.74	17.61
	9	104.00	82.18	17628.57	935.20	13.02		11	171.66	135.32	53069.63	2089.36	17.58
406.4	6	75.44	59.75	15132.21	744.70	14.16		12	186.89	147.29	57550.87	2265.78	17.54
	7	87.79	69.45	17523.75	862.39	14.12	529	6	98.53	77.89	33719.80	1274.85	18.49
	8	100.09	79.10	19879.00	978.30	14.09		7	114.74	90.61	39116.42	1478.88	18.46
	9	112.31	88.70	22198.33	1092.44	14.05		8	130.88	103.29	44450.54	1680.55	18.42
	10	124.47	98.26	24482.10	1204.83	14.02							
426	6	79.13	62.65	17464.62	819.94	14.85							

尺寸(mm)		截面面积A	每米重量	截面特性			尺寸(mm)		截面面积A	每米重量	截面特性		
d	t	A	重量	I	W	i	d	t	A	重量	I	W	i
		(cm²)	(kg/m)	(cm⁴)	(cm³)	(cm)			(cm²)	(kg/m)	(cm⁴)	(cm³)	(cm)
529	9	146.95	115.92	49722.63	1879.87	18.39	660.0	9	183.97	144.99	97552.85	2956.15	23.02
	10	162.9	128.49	54933.18	2076.87	18.35		10	204.1	160.80	107898.23	3269.64	22.98
	11	178.92	141.02	60082.67	2271.56	18.32		11	224.16	176.56	118147.08	3580.21	22.95
	12	194.81	153.50	65171.58	2463.95	18.28		12	244.17	192.27	128300.00	3887.88	22.91
	13	210.63	165.93	70200.39	2654.08	18.25		13	264.11	207.93	138357.58	4192.65	22.88
559	6	104.19	82.33	39861.10	1426.16	19.55	711.0	6	132.82	104.82	82588.87	2323.18	24.93
	7	121.33	95.79	46254.78	1654.91	19.52		7	154.74	122.03	95946.79	2698.93	24.89
	8	138.41	109.21	52578.45	1881.16	19.48		8	176.59	139.20	109190.20	3071.45	24.86
	9	155.43	122.57	58832.64	2104.92	19.45		9	198.39	156.31	122319.78	3440.78	24.82
	10	172.39	135.89	65017.85	2326.22	19.41		10	220.11	173.38	135336.18	3806.93	24.79
	11	189.28	149.16	71134.58	2545.07	19.39		11	241.78	190.39	148240.04	4169.90	24.75
	12	206.11	162.38	77183.36	2761.48	19.34		12	263.38	207.36	161032.02	4529.73	24.72
	13	222.88	175.55	83164.67	2975.48	19.31		13	284.92	224.28	173712.76	4886.44	24.68
610.0	6	113.79	89.87	51936.94	1702.85	21.36	720.0	6	134.52	106.15	85792.25	2382.12	25.25
	7	132.54	104.60	60294.82	1976.88	21.32		7	156.72	123.59	99673.56	2768.71	25.21
	8	151.22	119.27	68568.97	2248.16	21.29		8	177.85	140.97	113437.40	3151.04	25.17
	9	169.84	133.89	76759.97	2516.72	21.25		9	200.93	158.31	127084.44	3530.12	25.14
	10	188.40	148.47	84868.37	2782.57	21.22		10	222.94	175.60	140615.33	3965.98	25.11
	11	206.89	162.99	92894.73	3045.73	21.18		11	244.89	192.84	154030.74	4278.63	25.07
	12	225.33	177.47	100839.60	3306.22	21.15		12	266.77	210.02	167331.32	4648.09	24.04
	13	243.70	191.90	108703.55	3564.05	21.11		13	288.60	227.16	180517.74	5014.38	25.00
630.0	6	117.56	92.83	57268.61	1818.05	22.06	762.0	7	165.95	130.84	118344.40	3106.15	26.69
	7	136.94	108.05	66494.92	2110.95	22.03		8	189.40	149.26	134717.42	3535.90	26.66
	8	156.25	123.22	75631.80	2401.01	21.99		9	212.80	167.63	150959.68	3962.20	26.62
	9	175.50	138.33	84679.83	2688.25	21.96		10	236.13	185.95	167071.28	4385.07	26.59
	10	194.68	153.40	93639.59	2972.69	21.93		11	259.40	204.23	183053.12	4804.54	26.55
	11	213.80	168.42	102511.65	3254.34	21.89		12	282.60	222.45	198905.91	5220.63	26.52
	12	232.86	183.39	111296.59	3533.23	21.85		13	305.74	240.63	214630.33	5633.34	26.49
	13	251.86	198.31	119994.98	3809.36	21.82		14	328.82	258.76	230227.09	6024.71	26.45
660.0	6	123.21	97.27	65931.44	1997.92	23.12	813.0	7	177.16	139.64	143981.73	3541.99	28.50
	7	143.53	113.23	76570.06	2320.31	23.09		8	202.22	159.32	163942.66	4033.03	28.46
	8	163.78	129.13	87110.33	2639.71	23.05		9	227.21	178.85	183753.89	4520.39	28.43

续表

尺寸(mm) d	t	截面面积 A (cm²)	每米重量 (kg/m)	I (cm⁴)	W (cm³)	i (cm)	尺寸(mm) d	t	截面面积 A (cm²)	每米重量 (kg/m)	I (cm⁴)	W (cm³)	i (cm)
813.0	10	252.14	198.53	203416.16	5004.09	28.39	920.0	16	454.17	357.20	464443.38	10096.60	31.97
	11	277.01	218.06	222930.23	5484.14	28.36	1020.0	8	254.21	200.16	325709.29	6386.46	35.78
	12	301.82	237.55	242296.83	5960.56	28.32		9	285.71	229.89	365343.91	7163.61	35.75
	13	326.56	256.98	261516.72	6433.38	28.29		10	317.14	249.58	404741.91	7936.12	35.71
	14	351.24	276.36	280590.63	6902.60	28.25		11	348.51	274.22	443904.22	8704.00	35.68
820.0	7	178.70	140.85	147765.60	3604.04	28.74		12	379.81	298.81	482831.80	9467.29	35.64
	8	203.97	160.70	168256.44	4103.82	28.71		13	411.06	323.34	521525.58	10225.99	35.61
	9	229.19	180.50	188594.94	4599.88	28.68		14	442.24	347.83	559986.50	10980.13	35.57
	10	254.34	200.26	208781.84	5092.24	28.64		15	473.36	372.27	598215.50	11729.72	35.53
	11	279.43	219.96	228817.91	5580.93	28.60		16	504.41	396.66	636213.50	12474.77	35.50
	12	304.45	239.62	248703.90	6065.95	28.57	1120.0	8	279.33	219.89	432113.97	7716.32	39.32
	13	329.42	259.22	268440.55	6547.33	28.53		9	313.97	247.09	484824.62	8657.58	39.28
	14	354.32	278.78	288028.62	7025.09	28.50		10	348.54	274.24	537249.06	9593.73	39.25
	15	379.16	298.29	307468.86	7499.24	28.47		11	383.05	301.35	589388.32	10524.79	39.21
	16	413.93	317.75	326766.02	7969.81	28.43		12	417.49	328.40	641243.45	11450.78	39.18
914.0	8	227.59	179.25	233711.41	5114.04	32.03		13	451.88	355.40	692815.48	12371.71	39.14
	9	255.75	201.37	262061.17	5734.38	32.00		14	486.20	382.36	744105.44	13287.60	39.11
	10	283.86	223.44	290221.72	6350.58	31.96		15	520.46	409.26	795114.35	14198.47	39.07
	11	311.90	245.46	318193.90	6962.67	31.93		16	554.65	436.12	845843.26	15104.34	39.04
	12	339.87	267.44	345978.57	7570.65	31.89	1220.0	10	379.94	298.90	695916.69	11408.47	42.78
	13	367.79	289.36	373576.55	8174.54	31.86		11	417.59	328.47	763623.03	12518.41	42.75
	14	395.64	311.23	400988.69	8774.37	31.82		12	455.17	357.99	830991.12	13622.81	42.71
	15	423.43	333.06	428215.82	9370.15	31.79		13	492.70	387.46	898022.09	14721.67	42.68
	16	451.16	354.84	455258.77	9961.90	31.75		14	530.16	416.88	964717.06	15815.03	42.64
920.0	8	229.09	180.44	238385.26	5182.29	32.25		15	567.56	446.26	1031077.17	16902.90	42.61
	9	257.45	202.70	267307.72	5811.04	32.21		16	604.89	475.57	1097103.53	17985.30	42.57
	10	285.74	224.92	296038.43	6435.62	32.17	1420.0	10	442.74	348.23	1001160.59	15509.30	49.85
	11	313.97	247.06	324578.25	7056.05	32.14		11	486.67	382.73	1208714.17	17024.14	49.82
	12	342.13	269.21	352928.00	7672.35	32.11		12	530.53	417.18	1315807.13	18532.49	49.78
	13	370.24	291.28	381088.55	8284.53	32.07		13	574.34	451.58	1422440.79	20034.38	49.75
	14	398.28	313.31	409060.74	8892.62	32.04		14	618.08	485.94	1528616.74	21529.81	49.71
	15	426.26	335.23	436845.40	9496.64	32.00		15	661.76	520.24	1634335.48	23018.81	49.68
								16	705.37	554.50	1739599.14	24501.40	49.64

B9　方　钢　管

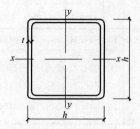

I——截面惯性矩；

W——截面抵抗矩；

i——截面回转半径。

图 B9-1　方钢管尺寸

方钢管规格　　　　　　　　　　　　　　　　　表 B9-1

尺寸(mm)		截面面积	重量	截面特征		
				I_X	W_X	I_X
h	t	(cm^2)	(kg/m)	(cm^4)	(cm^3)	(cm)
25	1.5	1.31	1.03	1.16	0.92	0.94
30	1.5	1.61	1.27	2.11	1.40	1.14
40	1.5	2.21	1.74	5.33	2.67	1.55
40	2.0	2.87	2.25	6.66	3.33	1.52
50	1.5	2.81	2.21	10.82	4.33	1.96
50	2.0	3.67	2.88	13.71	5.48	1.93
60	2.0	4.47	3.51	24.51	8.17	2.34
60	2.5	5.48	4.30	29.36	9.79	2.31
80	2.0	6.07	4.76	60.58	15.15	3.16
80	2.5	7.48	5.87	73.40	18.35	3.13
100	2.5	9.48	7.44	147.91	29.58	3.95
100	3.0	11.25	8.83	173.12	34.62	3.92
120	2.5	11.48	9.01	260.88	43.48	4.77
120	3.0	13.65	10.72	306.71	51.12	4.74
140	3.0	16.05	12.60	495.68	70.81	5.56
140	3.5	18.58	14.59	568.22	81.17	5.53
140	4.0	21.07	16.44	637.97	91.14	5.50
160	3.0	18.45	14.49	749.64	93.71	6.37
160	3.5	21.38	16.77	861.34	107.67	6.35
160	4.0	24.27	19.05	969.35	121.17	6.32
160	4.5	27.12	21.15	1073.66	134.21	6.29
160	5.0	29.93	23.35	1174.44	146.81	6.26

B10　冷弯薄壁矩形钢管的规格及特性

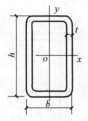

图 B10-1　冷弯薄壁矩形钢管尺寸

冷弯薄壁矩形钢管的规格及特性　　　　　　　　　　表 B10-1

尺寸(mm)			截面面积	每米长质量	x—x			y—y		
h	b	t			I_x	i_x	W_x	I_y	i_y	W_y
			(cm²)	(kg/m)	(cm⁴)	(cm)	(cm³)	(cm⁴)	(cm)	(cm³)
30	15	1.5	1.20	0.95	1.28	1.02	0.85	0.42	0.59	0.57
40	20	1.6	1.75	1.37	3.43	1.40	1.72	1.15	0.81	1.15
40	20	2.0	2.14	1.68	4.05	1.38	2.02	1.34	0.79	1.34
50	30	1.6	2.39	1.88	7.96	1.82	3.18	3.60	1.23	2.40
50	30	2.0	2.94	2.31	9.54	1.80	3.81	4.29	1.21	2.86
60	30	2.5	4.09	3.21	17.93	2.09	5.80	6.00	1.21	4.00
60	30	3.0	4.81	3.77	20.50	2.06	6.83	6.79	1.19	4.53
60	40	2.0	3.74	2.94	18.41	2.22	6.14	9.83	1.62	4.92
60	40	3.0	5.41	4.25	25.37	2.17	8.46	13.44	1.58	6.72
70	50	2.5	5.59	4.20	38.01	2.61	10.86	22.59	2.01	9.04
70	50	3.0	6.61	5.19	44.05	2.58	12.58	26.10	1.99	10.44
80	40	2.0	4.54	3.56	37.36	2.87	9.34	12.72	1.67	6.36
80	40	3.0	6.61	5.19	52.25	2.81	13.06	17.55	1.63	8.78
90	40	2.5	6.09	4.79	60.69	3.16	13.49	17.02	1.67	8.51
90	50	2.0	5.34	4.19	57.88	3.29	12.86	23.37	2.09	9.35
90	50	3.0	7.81	6.13	81.85	2.24	18.19	32.74	2.05	13.09
100	50	3.0	8.41	6.60	106.45	3.56	21.29	36.05	2.07	14.42
100	60	2.6	7.88	6.19	106.66	3.68	21.33	48.47	2.48	16.16
120	60	2.0	6.94	5.45	131.92	4.36	21.99	45.33	2.56	15.11
120	60	3.2	10.85	8.52	199.88	4.29	33.31	67.94	2.50	22.65
120	60	4.0	13.35	10.48	240.72	4.25	40.12	81.24	2.47	27.08
120	80	3.2	12.13	9.53	243.54	4.48	40.59	130.48	3.28	32.62
120	80	4.0	14.95	11.73	294.57	4.44	49.09	157.28	3.24	39.32
120	80	5.0	18.36	14.41	353.11	4.39	58.85	187.75	3.20	46.94
120	80	6.0	21.63	16.98	406.00	4.33	67.67	214.98	3.15	53.74
140	90	3.2	14.05	11.04	384.01	5.23	54.86	194.80	3.72	43.29
140	90	4.0	17.35	13.63	466.59	5.19	66.66	235.92	3.69	52.43
140	90	5.0	21.36	16.78	562.61	5.13	80.37	283.32	3.64	62.96
150	100	3.2	15.33	12.04	488.18	5.64	65.09	262.26	4.14	52.45

B11 卷边槽形冷弯型钢

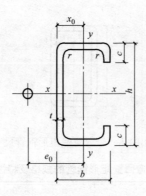

图 B11-1 卷边槽形冷弯型钢尺寸

卷边槽形冷弯型钢规格 表 B11-1

序号	截面代号	截面尺寸				截面面积 A	质量 g	x_0	$x-x$		
		h	B	c	t				I_x	i_x	W_x
		(mm)				(cm²)	(kg/m)	(cm)	(cm⁴)	(cm)	(cm³)
1	C140×2.0	140	50	20	2.0	5.27	4.14	1.590	154.03	5.41	22.00
2	C140×2.2	140	50	20	2.2	5.76	4.52	1.590	167.40	5.39	23.91
3	C140×2.5	140	50	20	2.5	6.48	5.09	1.580	186.78	5.39	26.68
4	C160×2.0	160	60	20	2.0	6.07	4.76	1.850	236.59	6.24	29.57
5	C160×2.2	160	60	20	2.2	6.64	5.21	1.850	257.57	6.23	32.20
6	C160×2.5	160	60	20	2.5	7.48	5.87	1.850	288.13	6.21	36.02
7	C180×2.0	180	70	20	2.0	6.87	5.39	2.110	343.93	7.08	38.21
8	C180×2.2	180	70	20	2.2	7.52	5.90	2.110	374.90	7.06	41.66
9	C180×2.5	180	70	20	2.5	8.48	6.66	2.110	320.20	7.04	46.69
10	C200×2.2	200	70	20	2.0	7.27	5.71	2.000	440.04	7.78	44.00
11	C200×2.2	200	70	20	2.2	7.96	6.25	2.000	479.87	7.77	47.99
12	C200×2.5	200	70	20	2.5	8.98	7.05	2.000	538.21	7.74	53.82
13	C220×2.0	220	75	20	2.0	7.87	6.18	2.080	574.45	8.54	52.22
14	C220×2.2	220	75	20	2.2	8.62	6.77	2.080	626.85	8.53	56.99
15	C220×2.5	220	75	20	2.5	9.73	7.64	2.074	703.76	8.50	63.98
16	C250×2.0	250	75	20	2.0	8.43	6.62	1.932	771.01	9.56	61.68
17	C250×2.2	250	75	20	2.2	9.26	7.27	1.933	844.08	9.55	67.53
18	C250×2.5	250	75	20	2.5	10.48	8.23	1.934	952.33	9.53	76.19

序号	截面代号	y—y				y_1—y_1	e_0	I_t	I_ω	k	$W_{\omega 1}$	$W_{\omega 2}$
		I_1	i_y	W_{ymax}	W_{ymin}	I_{y1}						
		(cm⁴)	(cm)	(cm³)	(cm³)	(cm⁴)	(cm)	(cm⁴)	(cm⁴)	(cm⁻¹)	(cm⁴)	(cm⁴)
1	C140×2.0	18.56	1.88	11.68	5.44	31.86	3.87	0.0703	794.79	0.0058	51.34	52.22
2	C140×2.2	20.03	1.87	12.62	5.87	34.53	3.84	0.0929	852.46	0.0065	55.98	56.84
3	C140×2.5	22.11	1.85	13.96	6.47	38.38	3.80	0.1351	931.89	0.0075	62.56	63.56
4	C160×2.0	29.99	2.22	16.02	7.23	50.83	4.52	0.0809	1596.28	0.0044	76.92	71.30
5	C160×2.2	32.45	2.21	17.53	7.82	55.19	4.50	0.1071	1717.82	0.0049	83.82	77.55
6	C160×2.5	35.96	2.19	19.47	8.66	61.49	4.45	0.1559	1887.71	0.0056	93.87	86.63
7	C180×2.0	45.18	2.57	21.37	9.25	75.87	5.12	0.0916	2934.34	0.0035	109.50	95.22
8	C180×2.2	48.97	2.15	23.19	10.02	21.49	5.14	0.1213	3165.62	0.0038	119.44	103.58
9	C180×2.5	54.42	2.53	25.82	11.12	92.06	5.10	0.1767	3492.15	0.0044	113.99	115.73
10	C200×2.2	46.71	2.54	23.32	9.35	75.88	4.96	0.0969	3672.33	0.0032	126.74	106.15
11	C200×2.2	50.64	2.52	25.31	10.13	82.49	4.93	0.1284	3963.82	0.0035	138.26	115.74
12	C200×2.5	56.27	2.50	28.18	11.25	92.09	4.89	0.1871	4376.18	0.0041	115.14	129.75
13	C220×2.0	56.88	2.69	27.35	10.50	90.93	5.18	0.1049	5313.52	0.0028	158.43	127.32
14	C220×2.2	61.71	2.68	29.70	11.38	98.91	5.15	0.1391	5742.07	0.0031	172.92	138.93
15	C220×2.5	68.66	2.66	33.11	12.65	110.51	5.11	0.2028	6351.05	0.0035	194.18	155.94
16	C250×2.0	58.46	2.63	30.25	10.50	89.95	4.90	0.1125	6944.92	0.0025	190.93	146.73
17	C250×2.2	63.68	2.62	32.94	11.44	98.27	4.87	0.1493	7545.39	0.0028	208.66	160.20
18	C250×2.5	71.31	2.69	36.86	12.81	110.53	4.84	0.2184	8415.77	0.0032	234.81	180.01

B12 卷边 Z 形冷弯型钢

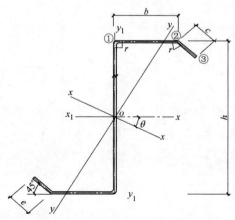

图 B12-1 卷边 Z 形冷弯型钢尺寸

斜卷边 Z 形冷弯型钢的截面特性　　　　　表 B12-1

序号	截面代号	截面尺寸(mm)				截面面积 A	质量 g	θ	$x_1-x_2\times$		
		h	B	c	t	(cm^2)	(kg/m)	(°)	I_{xl} (cm^4)	i_{xl} (cm)	W_{xl} (cm^3)
1	Z140×2.0	140	50	20	2.0	5.392	4.233	21.986	162.065	5.482	23.152
2	Z140×2.2	140	50	20	2.2	5.909	4.638	21.998	176.813	5.470	25.259
3	Z140×2.5	140	50	20	2.5	6.676	5.240	22.018	198.446	5.452	28.349
4	Z160×2.0	160	60	20	2.0	6.192	4.861	22.104	246.830	6.313	30.854
5	Z160×2.2	160	60	20	2.2	6.789	5.329	22.113	269.592	6.302	33.699
6	Z160×2.5	160	60	20	2.5	7.676	6.025	22.128	303.090	6.284	37.886
7	Z180×2.0	180	70	20	2.0	6.992	5.489	22.185	356.620	7.141	39.624
8	Z180×2.2	180	70	20	2.2	7.669	6.020	22.193	389.835	7.130	43.315
9	Z180×2.5	180	70	20	2.5	8.676	6.810	22.205	438.835	7.112	48.759
10	Z200×2.0	200	70	20	2.0	7.392	5.803	19.305	455.430	7.849	45.543
11	Z200×2.2	200	70	20	2.2	8.109	6.365	19.309	498.023	7.837	49.802
12	Z200×2.5	200	70	20	2.5	9.176	7.203	19.314	560.921	7.819	56.092
13	Z220×2.0	220	75	20	2.0	7.992	6.274	18.300	592.787	8.612	53.890
14	Z220×2.2	220	75	20	2.2	8.769	6.884	18.302	648.520	8.600	58.956
15	Z220×2.5	220	75	20	2.5	9.926	7.792	18.305	730.926	8.581	66.448
16	Z250×2.0	250	75	20	2.0	8.592	6.745	15.389	799.640	9.647	63.791
17	Z250×2.2	250	75	20	2.2	9.429	7.402	15.387	875.145	9.634	70.012
18	Z250×2.5	250	75	20	2.5	10.676	8.380	15.385	986.898	9.615	78.952

参 考 文 献

[1] 焦红. 钢结构工程计量与计价 [M]. 北京：中国建筑工业出版社，2005.

[2] 王松岩. 钢结构设计与应用实例 [M]. 北京：中国建筑工业出版社，2007.

[3] 中华人民共和国住房和城乡建设部. 建设工程工程量清单计价规范（GB 50500—2013）[S]. 北京：中国计划出版社，2013.

[4] 冶金工业部建筑研究总院设计院. 压型钢板、夹芯板屋面及墙体建筑构造（01J925-1）[S]. 北京：中国建筑标准设计研究所出版，2001.

[5] 中华人民共和国住房和城乡建设部. 钢结构设计规范（GB 50017—2003）[S]. 北京：中国计划出版社，2003.

[6] 中华人民共和国住房和城乡建设部. 钢结构工程施工规范（GB 50755—2012）[S]. 北京：中国建筑工业出版社，2003.

[7] 焦红. 建筑工程概预算. [M]. 北京：机械工业出版社，2010.

[8] 中华人民共和国住房和城乡建设部. 建筑结构制图标准（GB/T 50105—2010）[S]. 北京：中国建筑工业出版社，2010.

[9] 焦红，王松岩. 钢结构工程识图与预算快速入门. [M]. 北京：中国建筑工业出版社，2011.